科技之巅 3

《麻省理工科技评论》
10项全球突破性技术深度剖析

麻省理工科技评论　著
DeepTech 出品

U0258416

人民邮电出版社

北　京

图书在版编目（CIP）数据

科技之巅. 3，《麻省理工科技评论》100项全球突破
性技术深度剖析 / 麻省理工科技评论著. -- 北京 ：人
民邮电出版社，2019.7
ISBN 978-7-115-51391-5

Ⅰ. ①科… Ⅱ. ①麻… Ⅲ. ①科学技术－技术发展－
研究－世界 Ⅳ. ①N11

中国版本图书馆CIP数据核字(2019)第098568号

◆ 著　　　　麻省理工科技评论
　　责任编辑　恭竟平
　　责任印制　周昇亮

◆ 人民邮电出版社出版发行　　北京市丰台区成寿寺路 11 号
　　邮编　100164　电子邮件　315@ptpress.com.cn
　　网址　http://www.ptpress.com.cn
　　北京九天鸿程印刷有限责任公司印刷

◆ 开本：787×1092　1/16
　　印张：17.5　　　　　　　　　2019 年 7 月第 1 版
　　字数：358 千字　　　　　　 2024 年 12 月北京第 14 次印刷

定价：99.00 元

读者服务热线：(010)81055296　印装质量热线：(010)81055316
反盗版热线：(010)81055315
广告经营许可证：京东市监广登字 20170147 号

创新技术，创造未来

2007 年，Steve Jobs（史蒂夫·乔布斯）的第一部 iPhone 面世，它无法读懂任何人类语言。那时的电脑就像"失聪"一样无法识别语音，人们似乎也淡忘了这件事。十多年后的今天，机器可以识别语音，其准确度可与人类匹敌。

iPhone 问世之初，电脑就像盲人，无法辨认出照片中的各种简单物体。但如今，算法在某些图像识别任务中甚至比人类做得更好。比如可以发现哪些皮肤瑕疵可能致癌，甚至可以生成全新、逼真的"虚假"图像、视频和声音，即使训练有素的专业人士也无法将之与真实图像、视频和声音区分开来。

一般性技术，尤其是机器学习领域，在相对较短的时间内取得了一系列惊人的突破。当人们关注下个十年会有什么样的进步时，我们不妨回顾一下在过去十年中出现的两种重要模式。

其一，人类通常会高估技术的短期效果，而低估其长期效果。以已故美国科学家 Roy Amara（罗伊·阿马拉）的名字命名的"Amara's Law"（阿马拉定律）仍然大致成立，相关信息可查看有关《机器人启示录》的各种媒体报道，看看人类如何领先一步。

现在，我们定义的"长期"可能没有以前那么长。我们所处的超级连接、永远在线的实时通信环境意味着现阶段思想比以往任何时候都传播得更快、更远，变化发生得更快。工作不会因为时间固定在一个特定区间而停止。技术推动历史以更快的速度发展，这又加速了新突破性工具和技术的发展。因此，如果您在阅读这本书时了解到许多领域的最新飞跃令人惊讶，那么，可以期待，未来几年内创新步伐将会更快。

从过去几年《麻省理工科技评论》评选的"突破性技术"中，我们可以发现第二种模式：学科孤岛解体。

随着人类知识宝库的爆发性增长，专业化发展如此迅速，最聪明的人才也无法吸收所有知识。举例来说，曾经某个人是微生物学家，那么现在他可以把整个职业生涯缩到范围更小的领域，仅仅研究土壤中的微生物，甚至只关注一类特定的土壤微生物。智力劳动的专业化划分直接导致许多新的发现。然而，这也导致了重要的知识分布在不同群体的头脑和文件中，而这些人群彼此不交谈，就无法理解对方。

现如今，有一股新的力量在推动跨学科的研究和实践，由我担任首席技术专家的卡耐基梅隆大学技术与社会中心（Block Center for Technology and Society）就是其中一个机构。跨学科边界的协同作用就是一个很好的例证，粒子物理学中率先应用的数学技术已经找到了进入机器学习算法的方法，而机器学习算法现被用于制造依赖于物理知识的纳米材料。在能源专家和科学家的手中，这些材料可以帮助人类收集和储存更多的可再生能源，并解除人为气候变化带来的威胁。阅读这本书时，请注意一下模糊研究领域内偶然的或者几乎被遗忘的想法，这些想法一旦被应用于其他领域，将会引发巨大变革。

读完这本书，您一定会对人类的思想和辛勤杰作产生敬畏之情，人类有很多地方值得骄傲。人类不能停止创新。创新不是凭空产生的。创新能重塑世界、人类生活和社会结构。此外，人类对当前问题的许多解决方案不可避免地会产生意料之外的影响，包括正面影响和负面影响，而且会产生新问题需要解决。

例如，在机器学习领域，就道德使用这些技术以及它们所带来的影响等问题，社区提出了更多的前沿思想。人们发现，技术进步能改变工作本质。这意味着重新审视教育和提高全球劳动力技能等问题非常重要，包括技术本身在改进教育过程和结果方面如何发挥重要作用。

现如今，学习已经成了新的挑战，传统的教育模式陈旧落后，跟不上科技日新月异的变化，使人无法面对未来。机器学习可以使每个学习者获得前所未有的体验。学习者不但被个性化地尊重和对待，而且能低成本获得最高的学习质量，以更少的时间获得更好的效果。这种人工智能智适应的学习方法在全球范围内的快速应用，将给产业带来颠覆性改变，更重要的是，会将人脑的学习潜能大幅度发挥出来。这是我加入乂学教育松鼠 AI（一个人工智能自适应学习平台）担任首席人工智能科学家的原因之一。

无论是技术专家、狂热分子，还是新事物接触者，都可以参与到创新技术和创造未来的过程中来。希望通过对最新突破性技术的全面研究，人们可以找到机会和灵感，为这个加速变革的时代做出积极贡献。

Tom Mitchell
美国工程院院士，卡耐基梅隆大学计算机科学学院院长，松鼠 AI 首席科学家

拨开云雾，前路更清晰

我们生活在一个名副其实的大时代，大时代意味着机会多，但机会多也预示着确定性和不确定性并存。

第四次工业革命正在到来，技术进步驱动全球发展

工业革命、电力革命和信息技术革命在过去 120 年间实现了人类文明的三次巨大发展，释放出的生产力远超数千年文明所积累的总和。今天，我们又来到新的时代拐点上，以信息和通信技术（ICT）为基石、人工智能（AI）为使能的第四次技术革命即将引领人类社会迈向万物感知、万物互联、万物智能的世界。数字世界将给每个人、每个家庭和每个组织带来巨大的红利，并将在我们的个人生活、商业和社会形态等领域掀起前所未有的变革，随之而来的是一个价值 23 万亿美元的数字化转型市场。

各行各业跨入数字化产业周期，产业数字化孕育新机会

毋庸置疑，技术发明加速了人类文明的发展。而今，AI、5G、生物医疗、机器人、基因等技术将起到关键的推动作用。

如 5G，它将成为智能社会的连接平台和基础设施。预计 5G 只需要 3 年就可以达到 5 亿用户，而 3G 用了 10 年，4G 用了 5 年。我们预测，到 2025 年，5G 网络将覆盖全球 58% 的人口，服务 28 亿用户。5G 不仅更快，还能互联万物，让人与人、人与物、物与物，在任何时候、任何地点都能连接智能的网络，给人带来极致体验。

又如 AI，虽然目前还处于初级阶段并且有些泡沫，但已经在改变各行各业，如平安城市、智慧园区、交通运输、教育和医疗等。近几年，AI 正在帮助企业加速上云。以大企业为例， AI 是企业上云的核心驱动力，因为很多企业已经认识到，AI 可以帮助它们利用云上的数据创造巨大的价值，将会是云上竞争的关键。我们预计，2025 年，97% 的大企业都会使用 AI，77% 的云上应用都会用到 AI。

新的时代呼唤理论创新，突破技术发展瓶颈

不能忽视的是，时代呼唤理论的创新和基础技术的发明，因为它们是一切突破性技术的基础，也是产业发展的基础。以信息产业为例，众所周知，经过 50 多年的高速发展，产业已经遇到了发展瓶颈。一方面是理论瓶颈，现在的创新主要是把几十年前的理论成果，通过技术创新和工程创新来实现。比如，信息产业的基础香农定律是 70 多年前的 1948 年发表的，5G 时代，产业几乎达到了香农定律的极限；码分多址（CDMA）是演员 Hedy Lamarr（海蒂·拉玛）在 1941 年发明的。ICT 产业发展已经遇到了瓶颈，需要新的理论突破和基础技术发明。另一方面是工程瓶颈，摩尔定律驱动了 ICT 的发展，以前 CPU 的性能每年提升 50%，而现在只能提升 10%，已经达到了工程极限，工程难题下一步该如何突破？

大学与工业界的合作，是双向的能量交换和增益过程

理论突破和基础技术发明的主要源头是学术界，是大学。工业界与大学的合作，并不是工业界单方面从大学获取成果，而是双向的能量交换和增益过程。工业界不仅可以帮助大学加快研究成果的商业落地，同时也可以让研究者们了解工业界遇到的挑战和真实场景、需求，这对研究有极大的促进作用。理论突破和技术发明的不确定性非常高，这种不确定性决定了创新不能是封闭式的，一定是开放式的，需要大学、研究机构与工业界联合起来，共同推动。

寄语未来

志士惜日短，在这样的大时代中，我们不仅要顺应潮流，抓住发展机遇，还要主动适应新时代！比如，我们要习惯与机器人一起工作，要习惯机器人 /AI 是我们的顶头上司，执行它们给我们下达的指令。

很高兴看到《科技之巅 3》的出版，书中涉及的基因、材料、生物医疗、人工智能和机器人等技术，是我们智能时代的核心、基础技术，这些技术的突破和进步，必将对我们智能社会的发展起到巨大的推动作用，而《科技之巅 3》为我们拨开云雾，让前路更清晰。

徐文伟

华为董事，华为战略研究院院长

科技的动人与迷人

撰文：周鉴

人类发展经历了漫长时期。最重要的进化，是学会使用工具，有了"技术"。

没有工具，人类就是一种脆弱的物种，没有任何人可以手无寸铁地面对自然。技术伴随人类成长，从野蛮走向文明。人类历史就是一部技术史。

几十万年前，地球上有多种猿人，都如同非洲丛林中的普通种群，以啃食野果为生。但是，其中一种猿人，也许是基因突变，也许是偶然使然，学会了以锋利的石块采割果实，捕猎动物，剥取兽皮。这一"技术"的获得，使其从其他猿人和动物中分离出来，人类学家称其为"智人"（Homo sapiens）。人类历史由此开始，史称旧石器时代。

石器之外，智人还学会了取火。火对于古人类犹如电对于现代人。火能煮熟食物，以前无法

吃的块茎、种子、皮肉通过火烤可以成为熟食。食物的改善让人类大脑进一步发育，加快了进化。火提供温暖，让人类在冰河时期未遭灭绝。火提供照明，让人类在夜幕降临后也能活动，并能进入洞穴等黑暗场所。火能击退野兽，还能将茂密的丛林烧成食物满地的原野。

语言是取火之外的又一重大技术。语言从唱鸣喊叫进化而来，最初的语言是少数惊叹词和名词，慢慢发展到表达行动和关系。语言让人类得以交换、传递思想，集结同类，促使人类成为社会性动物，发展出社会组织（氏族、部落）。

约 12,000 年前，以制陶技术为标志，新石器时代开始。制陶技术属于"火化技术"，后来发展出冶金技术，用天然粗铜冷加工制作了很多有用的工具。新石器时代房屋建造已经使用灰泥和砂浆，利用土料土坯和石块建造房屋。新

石器时代晚期，有了专职的陶匠、编织匠、泥水匠、工具制作匠。人们观察天空，判断方向、季节和收割时间。约 10,000 年前，人类掌握了野生植物的生长规律，开始播种、耕作，从食物采集转至食物生产，发展出农业和牧业技术。随后编织技术出现，人们剪羊毛，种植亚麻和棉花，纺线，织布，开始过上了定居的生活，并有了较完备的食物生产和生活方式。

约 6,000 年前，以青铜器（铜锡合金）的出现为标志，人类进入青铜器时代，直至公元初年。较之石器，金属工具有更大的优势。金属制造涉及采矿、冶炼、锻造和铸造等复杂技术，需要熔炉风箱。金银加工、面包酿酒技术也随后出现。动物被用来牵引和运输，出现了车、船。依靠新的灌溉技术和农业技术，生产力提高，人口增加，国家开始出现。

为了分配剩余产品，需要把口头的和定量的信息记录下来，于是出现了书写和计算。由"结绳记事"进化到文字，出现了楔形文字、象形文字、拼音文字。书写替代了身传口授，其后渐渐产生出有文学价值的成分。计算是随同书写一起发展起来的技术，用于计数、交换、记账。天文学、占星术、气象学和巫术伴随历法出现，历法不仅用于农业，也用于仪式活动和经济活动，如确定签约和履约的日期。天文学、占星术、巫术用于预测庄稼收成、军事行动或皇帝的未来。医术也发展起来，皇家有了专职御医，他们积累了解剖学和草药的经验与知识。

青铜器时代后期，出现了埃及、中国、印度、希腊、罗马等古文明。强盛的罗马帝国横跨地中海、欧洲和近东。

古罗马有古代最伟大的工程师和技师。罗马文明就是技术的文明。技术造就了所向无敌的罗马军团和四通八达的道路网、供水系统。罗马政体民主、法律完备，是保证帝国机器运转的极重要的社会技术。公元前 100 年，罗马人发明了水泥。这是创造世界的一项关键技术，它改变了建筑工程，成为构筑罗马文明的砌块。可以说，水泥支撑了罗马帝国的扩张。到处都有技术和工程活动。工程师得到社会的认可，有的人还得到过国家工程领域的最高地位，如罗马的 Vitruvius（维特鲁威）曾担任罗马皇帝奥古斯都的建筑师。

约公元前 600 ~ 公元前 300 年，史称古希腊时代。希腊人的心智中萌生了一种奇特的崭新的精神力量，开始了发现世界和认识自然的抽象思索与观察、辩论，对象包括天体、地震、雷电、疾病、死亡、人类知识的本性等。科学，又称为自然哲学，由此滥觞发源。

希腊海岸曲折，山岳嶙峋，寒风凛冽，生存条件并非优越，却孕育了一个活力充溢的种族，建立起先进的文明。很少有古代社会像古希腊一样涌现过那么多的贤哲，在远古建立过那么良好的政体。古希腊民主制度在一定程度上释放出自由空气，赋予部分希腊人思索的闲暇和乐趣，这些希腊人能理性地探讨社会制度，也就能理性地探究自然原理。科学在希腊诞生，绝非偶然。

希腊米利都的 Thales（泰勒斯，公元前 625 ~ 公元前 545 年）也许是世界上第一位科学家。他发现了静电，用三角形原理测量海上船只的距离，提出尼罗河河水每年的泛滥是地中海季风引起的，他认为大地像船浮在水上，地震是浮托大地的水在做某种运动时引起的，水是孕育生命的万物之源。他的观点也许是幼稚的，方法却是"科学"的：采用理性思考的方式，没有涉及神或超自然的东西。别忘了，当时是巫术和迷信盛行的蒙昧时代。泰勒斯及其追随者都是有神论者，他告诫人们"神无处不在"，例如，磁石就有"灵魂"。然而，泰勒斯却让自然界脱离神性，把自然当作研究目标，理性思考，提出解释。

希腊不断涌现科学家。Pythagoras（毕达哥拉斯，公元前 580 ~ 公元前 500 年）证明了毕达哥拉斯定理（勾股定理）。Empedocles（恩培多克勒，公元前 495 ~ 公元前 435 年）提出月亮因反射而发光，日食由月亮的位置居间所引起。Democritus（德谟克利特，公元前 460 ~ 公元前 370 年）提出万物由原子构成。Euclid（欧几里得，公元前 330 ~ 公元前 275 年）总结了平面几何五大公理，编著了流传千古的《几何原本》。Archimedes（阿基米德，公元前 287~ 公元前 212 年），是静力学和流体静力学的奠基人，提出了浮力定律，用逼近法（微积分的雏形）算出球面积、球体积、抛物线、椭圆面积，研究出螺旋形曲线（阿基米德螺线）的性质，发明了"阿基米德螺旋提水器"，成为后来螺旋推进器的先祖；他研究螺丝、滑车、杠杆、齿轮等机械原理，提出"杠杆原理"和"力矩"的概念，曾说"给我一个支点，我

就能撬起整个地球"；他设计、制造了举重滑轮、灌地机、扬水机等多种器械；为抗击罗马军队的入侵，他制造了抛石机、发射机等武器，最后死于罗马士兵的剑下。

这些科学开拓者要么自己拥有资产，要么以担任私人教师、医师为业，那时并不存在"科学家"这一职业（"科学家"这一名词直到 2,000 多年后的 1840 年才出现）。苹果为什么掉落在地上？星星为什么悬在空中？古希腊人探索科学完全发自对自然奥秘的兴趣或精神追求，形成了亚里士多德的纯科学传统。

Aristotle（亚里士多德，公元前 384 ~ 公元前 322 年）与 Plato（柏拉图，公元前 427 ~ 公元前 347 年）、Socrates（苏格拉底，公元前 469 ~ 公元前 399 年）并称为西方哲学奠基人。苏格拉底年轻时喜欢自然哲学，但哲学的偏好使他放弃了自然研究，专注于思考人的体验和美好生活。苏格拉底后来被雅典法庭以侮辱雅典神和腐蚀青年思想之罪名判处死刑，他本可以逃亡，却认为逃亡会破坏法律的权威，自愿饮毒汁而死。他的衣钵传给柏拉图。柏拉图建立了一所私人学校（柏拉图学园，存在 800 年之久），传授和研究哲学、科学。学园大门上方有一条箴言："不懂几何学者莫入。"亚里士多德、欧几里得是其中的学生。

柏拉图死后，亚里士多德在爱琴海各地游历，被召为王子的家庭教师，王子就是后来的亚历山大大帝。如同所有的希腊科学家一样，亚里士多德不接受国家当局的监督，与当权者无任何从属关系。他的讲书院设在雅典郊区的一处

园林里。他的纯科学研究涉及逻辑学、物理学、宇宙学、心理学、博物学、解剖学、形而上学、伦理学、美学，既是希腊启蒙的巅峰，也是其后两千年学问的源头。他塑造了中世纪的学术思想，影响力延及文艺复兴时期。他观察自由落体运动，提出"物体下落的快慢与重量成正比"。他研究力学问题，认为"凡运动的事物必然都有推动者在推着它运动"，因而"必然存在第一推动者"，即存在超自然的神力。他认为地上世界由土、水、气、火四大元素组成。在他看来，白色是一种纯净光，其他颜色是因为某种原因而发生变化的不纯净光。他对 500 多种不同的植物、动物进行了分类，对 50 多种动物进行了解剖研究，他是生物学分门别类第一人，也是著述多种动物生活史的第一人。他的显著特点是寻根问底：为什么有机体能从一个受精卵发育成完整的成体？为什么生物界中目的导向的活动和行为如此之多？他认为仅仅构成躯体的原材料并不具备发展成复杂有机体的能力，必然有某种额外的东西存在，他称之为 eidos，这个词的意思和现代生物学家的"遗传程序"颇为相近。亚里士多德坚信世界基本完美无缺而排除了进化的观点。他专注于科学，却远离技术，认为科学活动不应考虑功利、应用。在追随亚里士多德的历代科学家看来，他代表了科学的本质和纯粹——对自然界以及人类在其中地位的一种非功利的、理性的探索，纯粹为真理而思考。

亚里士多德的科学方法论被奉为经典，影响了两千年。那时的科学清高脱俗，不触及实际问题，更不用说去解决实际问题了。不仅如此，从柏拉图开始就形成了一种轻视体力劳动的风气，排斥科学的任何实际的或经济上的应用，使理论与实践分离。

罗马与希腊相反，其工程技术欣欣向荣，科学却不景气。罗马人不重视——实际是蔑视科学理论和希腊学问。他们全力以赴地解决衣食住行、军事征战的技术问题，不需要对日月星辰这些司空见惯的现象寻求解释。

公元 476 年，罗马帝国灭亡，被蛮族文化取代，大部分罗马文明被破坏，欧洲进入黑暗的"中世纪"（476 ~1453 年）。罗马先进的知识和技术，包括水泥制造技术，都失传了。在其后的 1,200 年里，欧洲人不得不依赖落后的沙土黏合材料建造房屋，直至 1568 年法国工程师 Philibertdel'Orme（德洛尔姆，1514~1570 年）重新发现罗马的水泥配方。

在此后的 1,000 多年里，中国成为技术输出的中心，向欧亚大陆输送了众多发明，如雕版印刷术、活字印刷术、金属活字印刷术、造纸术、火药、磁罗盘、磁针罗盘、航海磁罗盘、船尾舵、铸铁、瓷器、轮式碾磨机、水碾磨机、冶金鼓风机、叶片式旋转风选机、风箱、拉式纺机、手摇纺丝机械、独轮车、航海运输、车式碾磨机、胸带挽具、轭、石弓、风筝、螺旋桨、走马灯（靠蜡烛的热气流转动）、钻井技术、平衡环、平面拱桥、铁索桥、运河船闸、航海制图法，等等。英国哲学家 Francis Bacon(弗朗西斯·培根，1561~1626 年) 写道："我们应该注意到这些发明的力量、功效和结果。印刷术、火药、指南针这三大发明在文学、战争、航海方面改变了整个世界许多事物的面貌和状态，并由此引起了无数变化，以致似乎没有任何帝国、任何派别、任何星球，能比这些技术发明对人类事务产生更大的动力和影响。"

所谓物极必反，中世纪的"黑暗"促成了欧洲的一系列技术创新，包括农业技术、军事技术及风力水力技术，使欧洲一跃成为一种生机勃勃的具有侵略性的高度文明。欧洲水源丰沛，农田不需要灌溉，但土壤板实，必须深耕。欧洲农业革命的两大技术创新，一是采用重犁深耕。重犁配有铁铧，安装在轮子上，由8头犍牛牵引，从深处翻起土壤。二是用马代替牛作为挽畜，马拉得更快，更有耐力。欧洲传统用牛，其颈上挽具只适合牛的短颈，不适合马。中国人的胸带挽具传入欧洲，这种像项圈一样的挽具将着力点移到马的肩部，不会压迫气管，使马的牵引力增加了四五倍。欧洲从此改用马做畜力，重犁获得普遍推广，由二田轮作改进为三田轮作，提高了生产力。马替代牛，降低了运输成本，扩大了人的活动范围，使社会更加丰富多彩。

技术促成中世纪欧洲崛起的不只是农业。马镫改变了欧洲的军事技术。骑士是欧洲封建制度的代表形象，全身披挂甲胄，威风凛凛地跨骑在用盔甲防护的战马上。但欧洲没有马镫，骑士双脚悬空骑在高头大马上，无法坐稳，一旦临敌，往往得滚身下马，步行迎战。马镫由中国传入，它没有运动部件，虽然简单，却可以让骑手稳坐马背，作战时不会摔下来。一位骑手配备了马镫，就构成一个稳固的整体，可快速驰骋，产生强大的冲力，形成所谓的"骑兵冲刺"，欧洲的骑兵简直就是中世纪的"坦克"。骑兵冲刺这种新型战争技术使骑士成为职业军人，由贵族领主供养，由此产生了封建关系。这种区域性封建关系自由分散，不需要专制社会那样的中央政府管理。

在发生这些变化的同时，欧洲的工程师们发明了新机械，找到了新能源，最突出的是改进和完善了水车、风车和其他机械，利用风力驱动风车，利用潮汐驱动水轮。欧洲各地都有丰满的小河，到处都能看到水车运转。水车推动着各种各样的机器，如锯木机、磨面机和锻打机等。机械的使用节省了劳力，奴隶制度随之消失。

中国人在9世纪发明了火药，13世纪传到欧洲，14世纪初欧洲人造出大炮。到1500年，欧洲制造枪炮成为十分普遍的技术。16世纪滑膛枪出现。在大炮、滑膛枪面前，弓箭、大刀、骑兵、长枪退出战场。"火药革命"削弱了骑士和封建领主的军事作用，取而代之的是用火药装备起来的陆军、海军。葡萄牙人发明了风力驱动的多桅帆船，取代老式的有桨划船。装上大炮，成为炮舰，最终产生了全球性影响，为重商主义和殖民主义开辟了道路。

技术的发展在欧洲产生如此巨大的影响，科学在其中并没起什么作用。重大的发明如火药和罗盘在中国发明。当时在自然哲学中无任何知识可用于研制兵器。航海属于技艺，不属于科学。炮兵、铸造匠、铁匠、造船工程师和航海家在进行发明创造的时候，靠的是代代相传的经验、技艺。以造船为例，船帆和索具不好用，就改进；炮舷窗不灵活，就尝试安装灵活机动的炮车。技术是逐步改进完善的，经验是实践积累的。技术和工业仍同古罗马时代一样，与科学没有联系，既没向科学贡献什么，也没从科学得到什么。

欧洲人认识到自然界有取之不尽的资源，应开发利用，于是独创了一种研究学问的机构——大学，成为科学和知识走向组织规范化的一个转折点。但早期的大学不是研究机构，既没有把科学也没有把技术作为追求目标，主要培养牧师、医生、律师。自然科学设在文学院，主要课程是逻辑学。亚里士多德的逻辑和分析方法成为研究任何问题的唯一概念工具，学者们按照神学观点来解释世界，地球是宇宙的中心，太阳照亮了星星。直到哥白尼、伽利略出现。

1543 年，波兰科学家 Nikolaj Kopernik（哥白尼，1473~1543 年）出版了他的《天体运行论》，推翻了地心说，提出了日心说，开始了科学革命（至牛顿时期完成），让人类从中世纪的观点走出，从一个封闭的世界走向一个无限的宇宙。1616 年，宗教裁判所判定哥白尼的学术为异端邪说。

意大利科学家 Galileo Galilei（伽利略，1564~1642 年）研究了斜面、惯性和抛物线运动。在已有望远镜的基础上，制成了放大 30 倍的望远镜，指向天空，搜寻天上世界，发现了月球的山脉、木星的卫星、太阳的黑子、银河由星星组成，验证了哥白尼学说。1632 年，伽利略出版《关于托勒密和哥白尼两大世界体系的对话》，1633 年，他被宗教裁判所判定为"最可疑的异教徒"，遭终身监禁并被迫在大庭广众下认罪。70 岁的伽利略已是半盲，作为囚徒，又写出了一本科学杰作《关于两种科学的对话》，阐述了两项重要发现：受力悬臂的数学分析及自由落体运动，后者推翻了亚里士多德的"越重的物体下落得越快"的两千年定论，现代科学开始。

在伽利略逝世的同年，Isaac Newton（牛顿，1643~1727 年）出生。1665 年，牛顿因为躲避黑死病，离开剑桥回家乡隐居 18 个月。这 18 个月是科学史上的幸运时期，在此期间牛顿酝酿了一生主要的科学成果：微积分，色彩理论，运动定律，万有引力，几个数学杂项定理。但他不喜欢撰写和公布自己的学问，直到因为与皇家学会发生龃龉，在 Edmond Halley（埃德蒙·哈雷，1656~1742 年）的劝说下，才于1687 年出版了《自然哲学的数学原理》，阐述了万有引力和三大运动定律，展示了地面物体与天体的运动都遵循着相同的自然定律，奠定了此后三个世纪里物理学和天文学的基础。借助牛顿定律正确算出彗星回归的哈雷，在牛顿的《自然哲学的数学原理》的前言中用诗句赞道："在理性光芒的照耀下，愚昧无知的乌云，终将被科学驱散。"

科学当时仍属哲学范畴。《自然哲学的数学原理》充满了哲学意蕴，读过此书的人脑海中都会浮现出一个宇宙的形象：一部神奇而完美有序的机器，行星转动如同钟表的指针一样，由一些永恒而完美的定律支配，机器后面隐约可见上帝的身影。美国开国元勋制定宪法时不忘牛顿体系，称："牛顿发现的定律，使宇宙变得有序。我们会制定一部法律，使社会变得有序。"

牛顿证明了科学原理的真实性，证明了世界是按人类能够发现的机理运行的。把科学应用于社会的舆论开始出现，人们期待科学造福人类。甚至牛顿也在论述流体力学时轻描淡写了一句："我想这个命题或许在造船时有用。"视科学为有用知识的弗朗西斯·培根提升了该理论，提出了"知识就是力量"。

但是，也仅此而已。牛顿力学在 300 年后才被用于航天发射和登月飞行，当时只能作为知识储存在书本里。16 世纪和 17 世纪的欧洲，在科学革命的同时并未发生技术革命或工业革命。印刷机、大炮、炮舰一类的发明未借助科学。除了绘图学，没有任何一项科学的成果在近代早期的经济、医学、军事领域产生过较大的影响。即使是伽利略的抛物线研究，显然在大炮和弹道学方面有潜在价值，可事实上，在伽利略之前，欧洲的大炮已有 300 年的历史，在没有任何科学或理论指导的情况下，凭着实践经验，大炮技术已发展得相当完备了。炮兵学校有全套教程，包括射程表等技术指南。毋宁说是炮兵技术影响了伽利略的抛物线研究，而不是伽利略的科学影响了当时的炮兵技术。

当时航海技术中最大的"经度难题"，也不是靠科学解决的。由于无法测量船只所在的经度，欧洲人的海上活动受到限制，只能傍海岸航行。包括伽利略在内的很多天文学家尝试过解决办法，未能成功。1714 年，英国国会以 2 万英镑悬赏"确定轮船经度的方法"，要求仪器在海上航行时每日误差不超过 2.8 秒。1716 年，法国政府也推出类似的巨额奖金。最后的解决办法，不是科学，而是技艺。英国钟表匠 John Harrison（哈里森，1693~1776 年）先后做出 4 个海上计时仪，其 3 号钟使用双金属条感应温度，弥补温度变化（今天依然在用），装上平衡齿轮（滚动轴承和螺旋仪的前身）防止晃动，抵消船上的颠簸和晃荡，比任何陆地上的钟表都精确，每日误差不到 2 秒。45 天的航行结束，准确地预测了船只的位置，符合领奖条件，但英国国会拒绝履约。哈里森继续改进，4 号钟用发条替代钟锤，进行了两次从英格兰到西印度群岛的航海实验，3 个多月误差不超过 5 秒，相当于将航天探测器降落在海王星上，降落点误差只有几英尺（1 英尺 ≈30.48 厘米）。国会还想耍赖，但航海界认定 4 号钟比皇家天文台的航海图优越得多。哈里森在 83 岁生日那天得到了奖金。

17 世纪是实验科学兴起和传播的时期。Gilbert（吉尔伯特，1544~1603 年）用磁体做实验，伽利略让不同球体在斜面滚下，Evangelista Torricelli（托里拆利，1608~1647 年）用装有水银的管子发现了空气压力原理，William Harvey（哈维，1578~1657 年）解剖过无数尸体和活体以了解心脏的作用，Robert Hooke（胡克，1635~1703 年）通过测试弹簧获得胡克定律，牛顿让光束通过透镜和棱镜从而研究光的组成。

实验成为检验理论或猜想的一种方便且必需的工具。科学家依靠仪器，同一时代的科学更多地靠技术帮助，却很少给技术以帮助。以望远镜为例，天文学家一直在使用技术上不断改进的望远镜，得出许多惊人的发现。第一架望远镜是荷兰眼镜匠 Hans Lippershey（汉斯·利伯希，1570~1619 年）发明的。高倍望远镜光束穿过透镜后会产生色散、球面像差和畸变。解决方案还是来自技术领域，依靠玻璃制造工艺解决。用几种折射率不同的玻璃互相补偿制成复合透镜，这已经是 1730 年以后的事情了。

18 世纪初，牛顿、伽利略等科学巨人引领的科学革命正归于沉寂，欧洲仍然是一片农业社会景象。90% 的人住在乡村，从事农业。即使城市居民，能够见到的制成品要么是农田的产物，要么是能工巧匠的制品。能源不过是动物或人类的肌肉力量，加上木材、风力、水力而已。

18 世纪 60 年代，James Watt（瓦特，1736~1819年）在 Thomas Newcomen（纽科门，1663~1729年）发明的基础上改良蒸汽机。煤在蒸汽机中燃烧，提供动力，引发工业革命。蒸汽机加快了新能源（煤）的开采和使用。（此前动力和热力来源，包括炼铁，主要靠燃烧木材。）中国的铁匠在 11 世纪就发明了用煤做燃料的熔炼方法，英国直到 1709 年才由 Abraham Darby（亚伯拉罕·达比，1676~1717 年）发明了焦炭，不再依靠森林提供燃料。

炼铁局面改观，世界进入铁器和机器时代。英国发明家 Richard Trevithick（理查德·特里维西克，1771~1833 年）的高压蒸汽机用于铁路，1814 年第一台蒸汽机车出现，1830 年迎来铁路时代。1886 年，德国工程师 Karl Friedrich Benz（卡尔·本茨，1844~1929 年）制造出世界上第一辆汽车。这一系列技术革命引发了从手工劳动向动力机器和工厂化生产的飞跃。

18 世纪之前，人们不知工厂为何物。工业革命后出现的工厂发展出高度集中的规模生产，标准化部件的制造制度（源于英国，在美国得到更广泛的应用）被 Henry Ford（亨利·福特，1863~1947 年）在汽车工业中发展成生产流水线，大大提高了生产力。

构成 18 世纪工业革命基础的所有技术，仍然是工程师、技师、工匠发明出来的，几乎没有或根本没有科学理论的贡献。科学家仍沿袭亚里士多德的传统，追求知识和精神上的满足，不考虑理论的应用。技术行家们也未汲取科学的营养，如同古罗马的工程师，追求实用，实践出真知，对理论不感兴趣。科学与技术各行其道，直到 19 世纪末。

在技术独步天下的时代，英国首先颁行专利法，成为技术史上的重大事件。18 世纪 80 年代，法国化学家 C.L.Berthollet（贝托莱，1748~1822 年）发明漂白织物的氯化方法。因蒸汽机而富裕的瓦特，其岳父是一位漂白剂制造商，瓦特想由他们三人共同申请专利，获取厚利。贝托莱拒绝道：“一个人爱科学，就不需要财富。”他以纯科学态度进行研究并发表了结果。这件事显示了 18 世纪以后技术与科学的一个区别：科学是发表、共享，寻求知识和真理；技术是垄断，寻求实用和价值。仍以瓦特为例，他并非蒸汽机的发明人，只是改良人，但他首先申请了专利，并想方设法延长专利保护期。英国当时的大政治家 Edmund Burke（埃德蒙·布克，1729~1797 年）在国会上雄辩经济自由，反对制造不必要的垄断，但瓦特的合作伙伴太强大，简单的原则无法打败他。专利获批后，瓦特的主要精力就不再放在蒸汽机技术的改进上，而是借助法律打压和阻挡其他发明者和改良者。蒸汽机在英国的真正普遍推广和重大改进实际上是在瓦特专利期满之后。

科学史和技术史都证明了同样或类似的发现发明可以在不同区域、由不同的人做出。牛顿和莱布尼茨分别发明了微积分，达尔文和华莱士分别发现进化论，就是有力的证明。自然规律、原理就在那里，它们迟早会在某处或某时被某人发现或利用。蒸汽机如果不是瓦特改进，也会有别人改进。但专利法的基础是：某种发明或点子只能是一个人想到，别人如果想到，就是窃取；最初的发明不可触动，不允许别人做出改进，否则就是侵权。这与科学精神背道而驰。

科学与技术的这一分野，导致了人们对科学和技术的不同观感。一个重大的科学发现，几乎全人类为之庆贺；一项重大技术的出现，人们首先想到的是又一个商业机会、盈利模式。正如美国科学家 James Trefil（特莱菲尔，1938 ~）所谓的 Trefil Law（特莱菲尔定律）所说："每当有人发现自然的原理，其他人很快就会跟从研究，并找出如何从中牟利的方法。"我们看到十几岁的孩子因为下载歌曲而被追诉"音乐盗版"，看到非洲艾滋病人因为无力支付专利持有者的高价药物而死亡，也看到某些国家的政府宁愿侵犯知识产权也支持仿制药物，以挽救人的性命。"知识产权""专利和版权"现

在已成为争论的主题。专利制度保护了发明，也阻碍了技术的改进和推广。但这是另一话题，在此不表。

历史进入 19 世纪。英国科学家 Michael Faraday（迈克尔·法拉第，1791~1867 年）于 1821 年发现了电磁感应现象，奠定了电磁学基础。1870 年，James Clerk Maxwell（麦克斯韦，1831~1879 年）在法拉第的基础上总结出电磁理论方程（麦克斯韦方程），统一了电、磁、光学原理，与牛顿物理一起成为"经典物理学"的支柱。Albert Einstein（爱因斯坦，1879~1955 年）书房的墙壁上，悬挂着牛顿、法拉第、麦克斯韦三人的相片。

除了电学理论，化学、热力学等领域也取得重大进展，形成了物理和化学的基础定律。电力带来第二次工业革命。与历史不同的是，此次工业革命是以物理学和化学为基础。科学不再是纯理论，而是用于设计更为精良的技术和工艺。自此开始，科学引领技术，成为文明的引导力量。

此后的 20 世纪，科学可谓群星灿烂。Max Planck（普朗克，1858~1947 年）的方程式，爱因斯坦的相对论，Erwin Schrödinger（薛定谔，1887~1961 年）和 Paul Dirac（狄拉克，1902~1984 年）的量子力学，Alfred Lothar Wegener（魏格纳，1880~1930 年）的大陆漂移学说，Thomas Hunt Morgan（摩尔根，1866~1945 年）的遗传变异理论，Edwin P.Hubble(哈勃，1889~1953 年）的宇宙膨胀说，Werner Karl Heisenberg（海森堡，1901~1976 年）的不确定性原

理，Francis Harry Compton Crick（克里克，1916~2005 年）和 James Dewey Watson（沃森，1928~）的 DNA 结构，John von Neumann（冯·诺依曼，1903~1957 年）和 Alan Mathison Turing（图灵，1912~1954 年）的计算机理论。航天技术将人类送上太空和月球，哈勃望远镜在 600 千米的太空观察到 130 亿光年外的原始星系。人类对世界有了全新的认识，科学有了全新的工具。计算机无限地扩大了人的脑力，其意义要超过机器扩大人的体力。

20 世纪是人类的悲惨世纪，两次世界大战，伤亡人数超过 1.2 亿。参战方都从实验室源源不断推出新式武器：战机、坦克、潜艇、毒气、原子弹。16 世纪，Leonardo Da Vinci（列奥纳多·达·芬奇，1452~1519 年）就构思过"可以水下航行的船"，被视为"邪恶""非绅士风度"而遭摒弃。但第一次世界大战时期的 1914 年 9 月 22 日，德国 U－9 号潜艇在一个小时内就击毁 3 艘英国巡洋舰。第一次世界大战期间，各国潜艇共击沉 192 艘战舰、5,000 余艘商船。第二次世界大战更被称为物理学家的战争，图灵的破译机破解了德国"Enigma"密码系统，帮助盟军制服了德国潜艇，雷达帮助英国皇家空军赢得了不列颠之战，原子弹加速了第二次世界大战的结束。

历史上，帝国的兴起都不会依靠巫术般的科技，也很少有战略家想到要制造或扩大科技的差距。19 世纪前，军事的优势主要在于人力、后勤和组织；但 20 世纪以后，特别是原子弹的威力，唤起了各国政府对科学和技术的迷恋与贪求，揭开了科技发展的新一页。强大的武器需要精确的制导技术，推动了计算机、电子技术的发展，人类步入数字时代。集成电路、微处理器和互联网普及到每个家庭和个人，科技进入了一个更广阔的空间——商业应用。

政治和商业的卷入，重新塑造了科学和技术本身。亚里士多德开创的纯粹科学越来越稀有，科学和技术越来越受政治和资本的支配，没有明确应用前景或商业价值的科学和技术难以获得资本的支持。科学家不再是希腊先贤那样的自由个体，而是研究机构或组织的雇员，按主管者规划的"专业"方向探索。许多科学研究和技术发展，都是军事所发起。随着一个又一个难题的攻克，人们开始相信科技无所不能。

一个世纪前，人们或许还能把科学与技术区分开来，机器由工程师或技术人员制造。但在数字时代，科学和技术相互依存：没有科学就产生不出新技术，而产生不出新技术，科学研究也就失去了意义。科学和技术实际上以"流水线"模式衔接推进——基础研究发现原理、规律，打开视野和思路；应用研究探索其技术或商业的可行性；技术研发把成果制成有用的产品。

20 世纪奠定基础的数字技术，在 21 世纪大放异彩。移动网络、大数据渗透到每个领域，机器人不仅进入生产流水线，更进入以前被认为是"专业工作"的领域，顶替人的岗位。即使是最复杂的医疗领域，医院的所有检查和大部分诊断已不是由医生而是由机器承担；人工智能（AI）的诊断水平已开始超越最有经验的医生，纳米机器人做手术比外科医生更快、更完美。人工智能已具备深度学习的能力，意味着人工智能必将超越人的知识、能力，彻底改变未来的社会场景。

21 世纪，生物技术异军突起。过去数千年来，人们探索宇宙星辰、原子电子，对自身的生老病死却鞭长莫及。20 世纪后期，DNA 双螺旋结构模型的发现、遗传信息传递"中心法则"及 DNA 重组技术的建立，使生命科学找到了方向。世界第一份人类基因草图公布，人类基因组的全序列（遗传密码）不久就可测定完毕，记忆与行为、衰老与死亡、细胞增殖、胚胎发育及癌症的各种基因密码可望破译。生物技术将有效地解决人类所面临的健康、环境、食品、资源等重大问题。

今天，人类生活的各个方面，没有科技尚未进入的领域。以无处不在的手机为例，方寸之间，集人类数千年科学和技术成果之大成，数百位科学家、发明家薪火相传，才带来今天这种执世界于掌心的智能设备。每次打开手机，都在使用物理、化学、光学、电磁学、计算机、互联网、无线电、通信、量子力学、相对论的原理。科学与技术水乳交融，技术进化日益加速。

回顾历史，技术胼手胝足、劳苦功高地扶持人类的发展。3,000 年前，科学涓涓细流，滥觞发源。从泰勒斯发现静电到法拉第发现电磁感应，科学家走了 2,000 年。21 世纪，技术创新如同井喷。车库或地下室里的青年一夜之间推出一项改天换地的新技术，世界丝毫不会惊讶。

为了聚焦"改变世界"的重大科技创新，著名的科技杂志 *MIT Technology Review*（《麻省理工科技评论》）自 2001 年起，评选和发布各年度的"十大突破性技术"（TR10），并预测其大规模商业化的能力以及对人类生活和社会的影响。

本书《科技之巅 3》，是《麻省理工科技评论》2009~2018 年间"新兴突破技术"的汇集，并配有相关专家精到的深度评述。这百项技术，有的已经走向市场，主导着产业技术的发展，有的还在艰难挺进，但无一例外地展示了前沿科技创新的惊人效果和潜力。即使是看似"夭折"的项目，也英气犹存，寄托着理想和雄图，富含着启发和教训，潜藏着新的突破。如书中的 Joule Biotechnologies 公司，成功发明了一种微生物，通过光合作用直接将二氧化碳和水转换为汽油和柴油，历经 10 年奋斗，公司虽然倒在产业化和大规模生产的门槛上，但世界各地实验室里获取氢气、甲烷、酒精、柴油等太阳能燃料的研究却更为蓬勃，创新层出不穷，终有一天，将彻底摆脱人类的能源与环境之痛。这是科技创新者的冰与火之歌。科技的动人与迷人，正在于此。

目录CONTENTS

入选年份	技术名称
2013	Deep Learning 深度学习
2015	Vehicle-to-Vehicle Communication 车对车通信
2015	Apple Pay 苹果支付
2016	Tesla Autopilot 特斯拉自动驾驶仪
2017	Reinforcement Learning 强化学习
2017	Self-Driving Trucks 自动驾驶货车
2017	Paying with Your Face 刷脸支付
2018	Babel-Fish Earbuds 巴别鱼耳塞
2018	AI for Everyone 给所有人的人工智能
2018	Dueling Neural Networks 对抗性神经网络

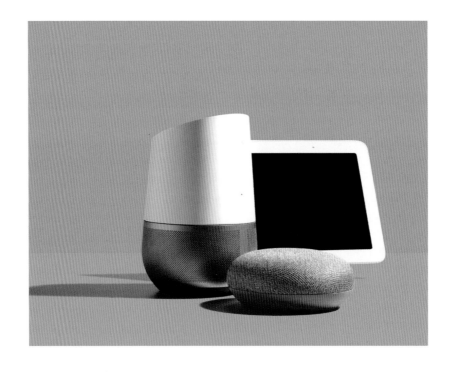

第二章 人机交互，为解决"交流障碍"问题而生 /24

入选年份	技术名称
2009	Intelligent Software Assistant 智能软件助手
2011	Gestural Interfaces 手势界面
2013	Smart Watches 智能手表
2014	Oculus Rift
2015	Magic Leap
2016	Conversational Interfaces 语音接口

第三章 硬件与算法，好马还需好鞍 /42

入选年份	技术名称
2009	Hash Cache 哈希存储
2009	Racetrack Memory 赛道内存
2010	Mobile 3-D 移动 3-D
2012	3-D Transistors 3D 晶体管
2012	Sparse Fast Fourier Transform 稀疏傅里叶变换
2012	Light-Field Photography 光场摄影
2014	Neuromorphic Chips 神经形态芯片
2017	The 360-Degree Selfe 360 度自拍
2017	Practical Quantum Computers 实用型量子计算机
2018	Material's Quantum Leap 材料的量子之跃

入选年份	技术名称
2010	Real-Time Search 实时搜索
2010	Social TV 社交电视
2011	Social Indexing 社交索引
2012	Crowdfunding 众筹模式
2012	Facebook's Timeline 脸书的"时间线"
2013	Temporary Social Media 暂时性社交网络
2014	Mobile Collaboration 移动协作
2015	Project Loon 谷歌气球
2016	Slack

入选年份	技术名称
2009	Software-Defined Networking 软件定义网络
2010	Cloud Programming 云编程
2011	Cloud Streaming 云端信息流 / 流媒体
2011	Crash-Proof Code 防崩溃代码
2011	Homomorphic Encryption 同态加密
2013	Big Data from Cheap Phones 来自廉价手机的大数据
2014	Ultraprivate Smartphones 超私密智能手机
2017	Botnets of Things 僵尸物联网
2018	Perfect Online Privacy 完美的网络隐私
2018	The Sensing City 传感城市

第六章 "机器人"，从电影和小说里走出来 /105

入选年份	技术名称
2009	Biological Machine 生物机器
2013	Baxter: The Blue-Collar Robot Baxter 蓝领机器人
2014	Agile Robots 灵巧型机器人
2014	Agricultural Drones 农用无人机
2016	Reusable Rockets 可回收火箭
2016	Robots That Teach Each Other 知识分享型机器人

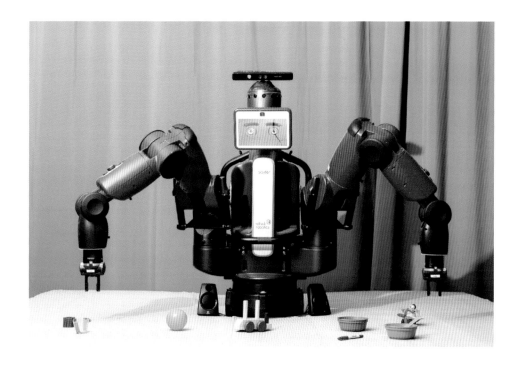

入选年份	技术名称
2009	Traving Wave Reactor 行波反应堆
2010	Solar Fuel 太阳能燃料
2010	Light Trapping Photovoltaics 光捕捉式太阳能发电
2011	Smart Transformers 智能变压器
2012	Ultra-Efcient Solar 超高效太阳能
2012	Solar Microgrids 太阳能微电网
2013	Ultra-Efcient Solar Power 多频段超高效太阳能
2013	Supergrids 超级电网
2014	Smart Wind and Solar Power 智能风能和太阳能
2016	Solar City's Gigafactory Solar City 的超级工厂
2016	Power From the Air 空中取电
2017	Hot Solar Cells 太阳能热光伏电池
2018	Zero-carbon Natural Gas 零碳排放天然气发电

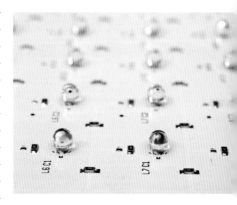

入选年份	技术名称
2009	Liquid Battery 液态电池
2009	Nanopiezo Electronics 纳米压电器件
2010	Green Concrete 绿色混凝土
2011	Solid State Battery 固态电池
2012	High-Speed Materials Discovery 高速筛选电池材料
2013	Additive Manufacturing 增材制造技术
2014	Microscale 3-D Printing 微型 3D 打印
2015	Nano-Architecture 纳米结构材料
2015	Megascale Desalination 超大规模海水淡化
2018	3-D Metal Printing 3D 金属打印

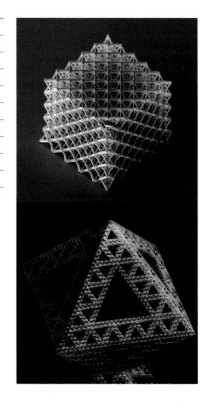

入选年份	技术名称
2009	Paper Diagnostics 诊断试纸
2010	Engineered Stem Cells 干细胞工程
2010	Dual-action Antibodies 双效抗体
2010	Implantable Electronic 植入式芯片
2012	Egg Stem Cells 卵原干细胞
2013	Memory Implants 移植记忆
2014	Brain Mapping 脑部图谱
2015	The Liquid Biopsy 液体活检
2015	Brain Organoids 大脑类器官
2016	Immune Engineering 免疫工程
2017	The Cell Atlas 细胞图谱
2017	Reversing Paralysis 治愈瘫痪
2017	Gene Therapy 2.0 基因疗法 2.0
2018	Artificial Embryos 人造胚胎

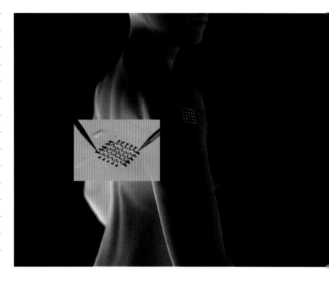

入选年份	技术名称
2009	$100 Genome 100 美元基因测序
2011	Seperating Chromosomes 分离染色体
2011	Synthetic Cells 合成细胞
2011	Cancer Genomics 癌症基因组学
2012	Nanopore Sequencing 纳米孔测序
2013	Prenatal DNA Sequencing 产前 DNA 测序
2014	Genome Editing 基因组编辑
2015	Supercharged Photosynthesis 超高效光合作用
2015	Internet of DNA DNA 的互联网
2016	Precise Gene Editing in Plants 精确编辑植物基因
2016	DNA App Store DNA 应用商店
2018	Genetic Fortune-telling 基因占卜

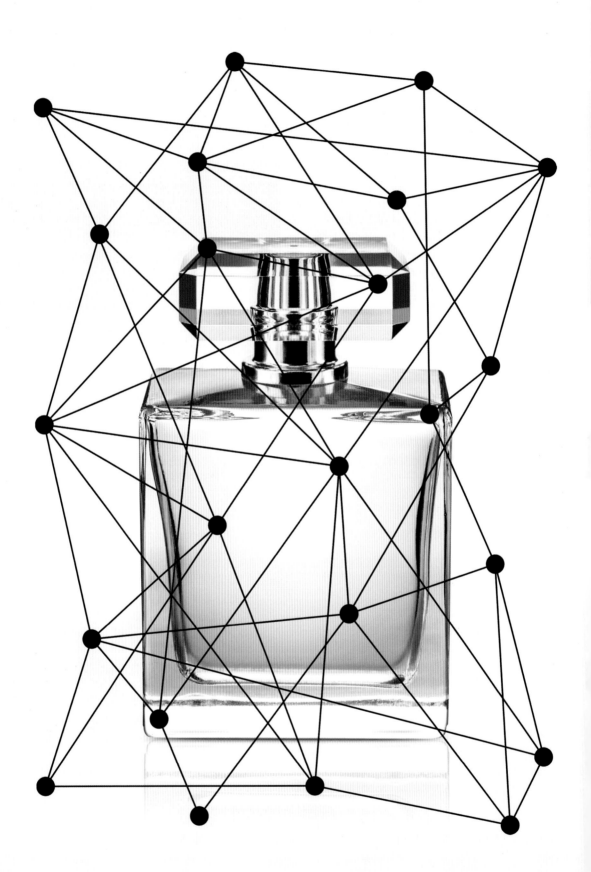

第一章
人工智能，"吃一堑长一智"的机器

撰文：赵珊

主要技术：

入选年份	技术名称
2013	Deep Learning 深度学习
2015	Vehicle-to-Vehicle Communication 车对车通信
2015	Apple Pay 苹果支付
2016	Tesla Autopilot 特斯拉自动驾驶仪
2017	Reinforcement Learning 强化学习
2017	Self-Driving Trucks 自动驾驶货车
2017	Paying with Your Face 刷脸支付
2018	Babel-Fish Earbuds 巴别鱼耳塞
2018	AI for Everyone 给所有人的人工智能
2018	Dueling Neural Networks 对抗性神经网络

机器能思考吗？

早在 20 世纪初，人类就开始想象机器像人类一样思考的可能性。

如果说 1900 年出版的童话故事《绿野仙踪》里渴望有一颗心的铁皮人还只是对这个话题的初步涉猎，那么到了 20 世纪 50 年代，著名科幻小说作家艾萨克·阿西莫夫所创作的机器人系列科幻小说就已经铺垫了史诗般的未来科幻世界架构，极大地丰富了机器人独立思考能力的各种细节。阿西莫夫笔下的机器人，除了在能力上可以成为人类工作和日常生活的助手，它们随着强大计算能力而衍生出的独立思想也会带来各种各样的威胁。

在各种文学作品里面我们看到的"思考的机器"，就是人工智能的起源。

到了 20 世纪 50 年代，科学家和数学家们迈出了实现机器思考这个可能性的第一步。人工智能（Artificial Intelligence，AI）这个概念被正式提出。英国科学家和数学家阿兰·图灵在 1950 年提出了这个问题：如果人类可以从已有信息进行推理和逻辑判断来解决问题，那为什么机器不可以这么做呢？

"可以"，很多人都是这么想的。

在之后的几十年，发达国家的政府都在人工智能上投入了大量的研究经费，还有世界顶尖的科学家耗费了巨大的心血和精力来证明"可以"这个答案。遗憾的是，这么多的投入却收效甚微。人工智能技术尽管有所发展，但离实际的应用还是十分遥远。

人工智能是在进入 21 世纪后才得以繁盛发展起来的，这主要得益于机器学习方式，尤其是深度学习领域的突破、电脑硬件急速发展和信息爆发式增长，这三个条件缺一不可。机器学习（Machine Learning）的手段是让电脑从大量的真实经验、信息和案例中学习，然后会像人类一样吃一堑长一智，在以后遇到同样的问题时，电脑就有能力用学习到的经验做出准确的判断。互联网的爆发让大数据变成了可能，给机器学习提供了充足的原材料。同时，我们的电脑越来越强大，能够存储并处理这些庞大的数据。1970 年，Intel 4004 处理器每秒可以运行 92,000 条指令，而我们现在的普通手机能每秒处理 10 亿条指令。

不断涌现的成果向投资者和研究者证明了人工智能是可以实现的，而且其应用能极大地提高商业利润和社会生产力。人工智能也在最近 10 年迎来了重要的发展，从实验室研究全面走向商业应用，并且普及到我们日常生活中的很多细节：在购物网站可以看到根据个人浏览和购买记录推荐的商品；智能手机的语音助手根据对话就能为人们提供天气信息，找到最优的出行路线；我们的车可以实现"自动驾驶"。很多这些在 10 年前只存在于想象中的场景，现在都在人工智能的推动下变成了人们生活中习以为常的事情。

2017 年麦肯锡关于人工智能的报告指出，人工智能领域的投资仍在高速增长中，主要以 Google（谷歌）和百度这样的科技巨头为主。全球范围内，人工智能领域 2016 年吸引的投资高达 390 亿美元。其中科技巨头占了最大头，投资预测在 200 亿～300 亿美元，其中 90% 的投资是花费在研发上，而 10% 是用于人工智能相关的收购。私募资金、风险投资和种子资金的增长也十分迅速，加起来虽然比不上大科技公司，但总体也达到相当庞大的 60 亿~90 亿美元。机器学习作为人工智能的主要技术手段，吸收了高达六成的投资份额[1]。

除了企业和民间投资之外，各国政府也大力支持人工智能的科研项目。美国政府 2015 年投资于人工智能领域的研发高达 10 亿美元。韩国政府宣布投资 1 万亿韩元（将近 60 亿元人民币）和其国内领先的联合企业共同创建一个人工智能研究中心。中国已将人工智能列为重大科技项目[2]，并于 2017 年建立了以百度为首的深度学习技术及应用国家工程实验室。

人工智能领域的相关技术在近五年频繁入选《麻省理工科技评论》十大突破性技术。在 2017 年和 2018 年，全球十大突破性技术里人工智能领域连续两年独占三项，可见人工智能领域近几年受到的关注之大。

人工智能领域在过去 10 年来达到目前的发展高度，技术上最大的功臣无疑是深度学习（Deep Learning）。深度学习利用多层人工神经网络，从极大的数据量中学习，对未来做出预测，让机器变得更加聪明。

过去 10 年，深度学习是人工智能领域里绝对的王牌主力，被《麻省理工科技评论》评为十大突破性技术的其他重要人工智能技术的发展都得益于深度学习的技术支持。深度学习的涵盖范围之大，对社会和科技发展的影响之深，使其无论是现在还是在未来 10 年都会是人工智能领域里最重要的课题之一。

除了深度学习之外，强化学习（Reinforcement Learning）也是近几年来机器学习领域的热门技术。强化学习能使计算机在没有明确指导的情况下像人一样自主学习。在达到足够的学习量之后，强化学习的系统最后能够预测正确的结果，从而做出正确的决定。强化学习和深度学习的整合，让机器学习有了进一步的运用，衍生出深度强化学习（Deep Reinforcement Learning）。2016 年，Google 的围棋软件利用深度强化学习击败了世界围棋冠军，成为人工智能的又一个里程碑。虽然国际象棋、围棋等脑力运动代表着人类智慧的堡垒，但是强化学习技术的"接地气"的应用场景还不算多，目前也无法在产出的商业价值上与深度学习相媲美。这主要是受限于很多领域目前还无法提供强化学习系统训练过程中所需的极大数据量。

无论是深度学习还是强化学习，在发展到一定程度之后都受到一个瓶颈的困扰：主要的机器学习手段还是来自蛮力计算，而且极其依赖大量的数据来训练系统。Dueling Neural Networks，又称为 Generative Adversarial Networks（对抗性神经网络，GAN），是近年来最有潜力解决这个困扰的重要机器学习模型，在 2018 年入选了十大突破性技术。GAN 的原理是两个人工智能系统可以通过相互对抗来创造超级真实的原创图像或声音。GAN 赋予了机器创造和想象的能力，也让机器学习减少了对数据的依赖性，对于人工智能是一大突破。

有了技术上的突破，人工智能的商业应用也是全面开花。其中《麻省理工科技评论》认为最具突破性的应用，是利用人工智能改进自动驾驶汽车的表现，如特斯拉自动驾驶仪（2016 年）、自动驾驶货车（2017 年），还有图像识别，如苹果支付（2015 年）、刷脸支付（2017 年），以及语音识别，如巴别鱼

对抗性神经网络的原理

耳塞（2018 年）。

下面，本章将先介绍人工智能里最有发展前景的三种机器学习方式：深度学习、强化学习和对抗性神经网络，然后细述这些技术支持下最显著的商业应用及其市场前景。

深度学习，人工智能的一大突破

深度学习，在某种意义上是"深层人工神经网络"的重命名，从 2006 年开始在 Geoffrey Hinton、Yann LeCun（杨立昆）、Yoshua Bengio、Andrew Ng（吴恩达）等教授以及学术界、工业界很多研究人员的推动下重新兴起，并在语音（2010 年）和图像（2012 年）识别领域取得了重大技术突破。

尽管在 2013 年才被列为全球十大突破性技术之一，但事实上，深度学习已经有几十年的发展历史了。

传统机器学习系统主要是由一个输入层和一个输出层组成的浅层神经网。在神经网络里，程序绘制出一组虚拟神经元，然后给它们之间的连接分配随机数值或称"权重"，经由反复的训练来实现误差最小化。但是早期的神经网络只能模拟为数不多的神经元，所以不能识别太复杂的模式。

深度学习中的"深度"是一个术语，指的是一个神经网络中的层的数量。顾名思义，深度学习网络与更常见的单一隐藏层神经网络的区别在于层数的深度，也就是数据在模式识别的多步流程中所经过的节点层数。浅层神经网络有一个所谓的隐藏层，而深度神经网络则不止一个隐藏层。多个隐藏层让深度神经网络能够以分层的方式学习数据的特征，因为简单特征（比如两个像素）可逐层叠加，形成更为复杂的特征（比如一条直线）。

在深度学习网络中，每一个节点层在前一层输出的基础上学习识别一组特定的特征。随着神经网络深度的增加，神经元节点所能识别的特征也就越来越复杂，因为每一层会整合并重组前一层的特征。第一层神经元学习初级特征，例如分辨图像边缘或语音中的最小单元，方法是找到那些比随机分布出现得更多的数字化像素或声波的组合。一旦这一层神经元准确地识别了这些特征，数据就会被输送到下一层，并自我训练以识别更复杂的特征，例如语音的组合或者图像中的一个角。这一过程会逐层重复，直到系统能够可靠地识别出音素（根据语音的自然属性划分出来的最小语音单位）或物体为止。

一旦算法框架构建起来后，人工神经网络就需要很多的"训练"来达到误差最小化。所以这也是深度学习的名字的由来，深度（多层的神经网络）和学习（大量的数据训练）都是必不可少的。机器学习有三种主要学习方式：监督学习、无监督学习和强化学习。每一种学习方式都可以用在深度人工神经网络的训练过程中。

发展至今，深度人工神经网络的算法在图像识别、声音识别、推荐系统等重要问题上不

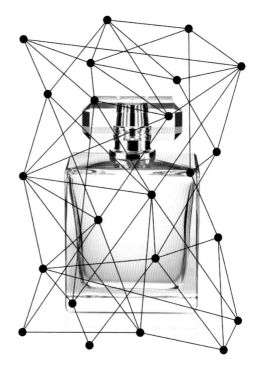

"神经网络"

断刷新准确率纪录。从沉寂了几十年到火爆的热门技术，有三个重要原因推动了深度学习的发展 [3]。

1. 大数据
根据 Cisco（思科）统计，全球互联网流量在 1992 年的时候是每日 100GB，而到了 2015 年的时候，流量已经达到了每秒 20,235GB。现在全球九成的数据都是在过去两年里产生的。

这些大数据是训练深度人工神经网络里上百万的神经元和权重的前提。

用数据构建神经网络的最好例子是 Google X 的一个项目。2012 年 6 月，Google 展示了当

时最大的神经网络之一，其拥有超过 10 亿个连接，启用了 16,000 个 CPU。由斯坦福大学计算机科学教授 Andrew Ng 和 Google 研究员 Jeff Dean（杰夫·迪安）带领的团队给这个系统展示了 1,000 万张从 YouTube 视频中随机选择的图片。这种图片数据量在十年前是无法想象的。

2. 图像处理器带来的强大计算能力

让人工神经网络快速运行是很困难的，因为成千上万的神经元要同时互动。取决于任务种类，有时候使用传统的中央处理器（Central Processing Unit，CPU）运行神经网络需要几周才能出结果。然而用图形处理器（Graphics Processing Unit，GPU），时间能大大节省，同样的任务只需要几天或者几小时就可以出结果。

NVIDIA（英伟达）公司首先推出了 GPU，主要用于处理游戏中每秒产生的大量的帧数据。专家们发现，将 GPU 加入深度学习的架构中，赋予其训练神经网络的能力，可以有执行大量任务的并行计算能力，能更迅速地处理各种各样的任务。GPU 让深度学习系统有能力完成几年前计算机不可能完成的工作，比如房屋地址识别、照片分类和语音转录。前文所提到的有 10 亿个连接的 Google X 项目，训练人工神经网络的时候使用了 1,000 台电脑和 16,000 个 CPU。然而在同等工作量和时间下，装备了 64 个 GPU 的 16 台电脑就可以运算出结果。

3. 高级算法的改进

尽管神经网络一直在不断完善，但是 Geoffrey Hinton 和他的同事在 2006 年的发现被大部分人认为是深度学习的转折点。

2006 年，Hinton 在 *Science* 和相关期刊上发表了论文，首次提出了"深度信念网络"的概念。与传统的训练方式不同，"深度信念网络"有一个"预训练"（pre-training）的过程，这可以方便地让神经网络中的权值找到一个接近最优解的值，之后再使用"微调"（fine-tuning）技术来对整个网络进行优化训练。这种分阶段两部训练技术的运用大幅度减少了训练多层神经网络的时间。

这种新的算法让深度学习在真正意义上实现了"深度"，也将深度神经网络带入研究与应用的热潮，将深度学习从边缘课题变成了 Google 等互联网巨头仰赖的核心技术。

深度学习在过去五年处于爆发式增长状态，在人工智能领域占据主导地位。据 Gartner 统计，深度学习的专家职位从 2014 年之后才开始出现，直到 2018 年，市面上大概有 40,000 多深度学习专家的职位空缺。这些需求大多来自 Facebook（脸书）、Apple、Microsoft（微软）、Google 和百度等科技巨头。大科技公司大量投资深度学习的项目，除了聘请专家以外，它们还大举收购专攻深度学习的小公司。

深度学习的应用无处不在。互联网广告实时

投放，在图片中辨认和标记好友，把语音转成文字或者将文字转成语音，把网页上的文字翻译成不同的语言，还有无人驾驶，这些都有深度学习的支持。除此之外，很多我们没有想到的地方也能找到深度学习的影子。信用卡公司用深度学习来做反欺诈测试，医院和实验室使用深度学习来测试、确诊和治疗疾病。自动化流程性能的改进、模式训练和问题解决，这些应用中都有深度学习技术的支持。

尽管有了这么多的进展，但并非每个人都认为深度学习能把人工智能变成某种能与人类智慧相匹敌的东西。主要的批评者认为，深度学习就像一个黑盒子，无从得知其中发生了什么，经验过多，理论不足。还有一些人认为，深度学习还是以数据驱动的方式解决复杂模式识别问题，更倾向于蛮力计算。如何从少量的数据中生成良好的神经网络，这也是深度学习前沿研究中的一个重要课题。

为深度学习奠定基石的 Hinton 认为，我们需要把这些包括他自己曾提出的突破性模型都推翻，彻底改变现在使用的神经元类型。他说："我认为我们研究计算机视觉的方式是错误的。虽然它现在比其他任何东西都管用，但这并不意味着它是正确的。"2017 年 10 月，Hinton 发表了两篇研究论文，交出了"胶囊网络"（Capsule Networks）的研究成果。胶囊网络是神经网络的变体，目的是让机器更好地通过图像或视频来了解世界。胶囊网络旨在弥补当今机器学习系统大量依靠

数据分析的缺陷。深度神经网络支持下的图像识别软件需要大量的示例照片来学习。这是因为系统无法对新场景知识进行泛化，例如，从新的视角观看相同的对象时准确地将其识别出来。举例来说，教计算机从多个角度识别一只猫，可能需要成千上万张不同角度的照片；而人类孩童不需要如此明确和大量的训练，就可以学会识别一只家养宠物。尽管对于胶囊网络目前还没有大量数据和案例来证明其优越性，但这无疑是建立深度学习领域架构的第一人对自己的再一次革命性超越尝试。

关于深度学习的未来，就算是被誉为深度学习始祖的 Hinton 也承认，自己也不知道人工智能革命接下来会将我们带向何处。他说："在这个领域，很难预测五年以后的事情，毕竟事情往往并不会像你期待的那样如期而至。"

不过可以确定的是，这仅仅只是开始。

强化学习，人机围棋大战机器的胜利

如果说深度学习目前是人工智能领域最火爆的技术，那么强化学习的热度也当仁不让地紧随其后。

机器学习的过程中通常会利用概率论、统计学、计算机科学等知识，从训练数据中识别特征模式、学习规律，以此对未来数据进行分类、预测。强化学习属于机器学习的一种方式。

虽然在 2017 年被评为十大突破性技术，但强化学习实际上并不是新鲜产物，它已经有几十年的历史了。它的基本思想是，学习在不同环境和状态下哪种行为能把预期利益最大化。然而，这种方法一直无法推广到现实世界中的复杂问题上，其中最主要的原因是，现实中可能遇到的情况错综复杂，无法进行枚举。不过，近年来随着设备计算速度的提升，以及深度学习架构的兴起，强化学习得到了真正意义上的成长。深度学习在解决复杂模式识别问题上有了突破性的进步。当深度学习与强化学习结合后，对现实情况的枚举就换成了首先对现实情况做模式识别，然后对有限的模式进行枚举，这就大大减少了计算量和存储代价。这种学习方式也更接近人类思维的模糊判断的特点，被认为是人工智能领域接下来的几年里最值得关注的技术。

Google 的 DeepMind 以围棋高手 AlphaGo 一战成名，Google 也是最早将深度学习与强化学习进行结合的公司之一。DeepMind 将深度学习、强化学习和蒙特卡洛树搜索等方法相融合，开发了一个叫作 AlphaGo 的围棋程序。2016 年，AlphaGo 以 4:1 大胜围棋顶尖棋手李世石，受到全世界瞩目，也让深度强化学习走入人们的视野。

当时，主要的深度学习方法是监督式学习，也就是必须对训练数据进行标注。这项工作通常需要人力完成，而深度学习所需的数据量又十分巨大，所以标注数据的获得经常成

为深度学习方法的一大瓶颈。强化学习在一定程度上避免了这个问题，因为它的学习过程不依赖于标注，而是由一个奖励函数来主导。这和人类在大多数情况下的学习方式是一致的，因为多数时候人类的学习过程并没有监督和标注，而是根据产生的结果好坏来调整，如婴儿学习走路的过程。因此，学术界有不少人认为，强化学习是未来机器学习的发展方向。

但是，在目前的情况下，强化学习要达到深度学习的广泛应用程度还有很大的距离。2017 年，在旧金山举行的人工智能大会上，人工智能著名专家 Andrew Ng 就公开表示，强化学习目前的热度与它带来的商业价值完全不成正比，更像是一种过分宣传。强化学习是一种优势和劣势都十分明显的技术。与深度学习的结合让它在计算上优势显著，但是其劣势也十分突出，就是所需要的数据比其他的机器学习方式都要大得多。

这种数据上的"饥渴"其实在很多领域都是难以满足的。比如，在药物研发的应用中，训练数据的获得往往涉及从大批人群中进行组织采样，费用高、耗时长，进行一次算法训练的代价是巨大的，而研发过程中还需要不断地迭代训练。在未来，如何将强化学习高效地应用于现实世界，训练数据将会是研究者需要解决的重要问题。而在选择强化学习的应用时，扬长避短才能最大限度地发挥它的商业价值。强化学习方法的工业应用目前还不算多，主要用于那些能够提供大量数据的

领域，例如自动生产机器人和自动驾驶汽车。

虽然还有自身限制的问题没有得到解决，但强化学习已经崭露头角，热度一直居高不下。更多以强化学习为主的创业公司和学术研究小组相继涌现，业内不少人都很有信心。接下来的几年我们就应该能看到强化学习的更多商业应用了。

对抗性神经网络，数字版的"猫鼠游戏"

不管是深度学习还是强化学习，目前主要的机器学习手段还是依赖大量的数据进行分析和系统训练。这离人类的思考方式还是有很大区别。人类在思考时可以进行泛化，例如，婴儿知道什么是猫之后，再见到其他的猫就能马上知道这是猫。但是通过深度学习进行图片鉴别训练后的系统，可能需要看了100 万张不同的猫的照片后，才能以高准确度来鉴别哪张图片是猫。在人工智能的应用和普及过程中，就算有互联网大数据，还是有很多领域无法提供如此大的数据。机器无法进行泛化，这从另外一个方面也反映了机器学习一直只能通过大量数据分析模仿人类的逻辑分析能力，而一直难以实现人类大脑的另一强大功能——想象力。

直到 2014 年，当时还是蒙特利尔大学博士生的 Ian Goodfellow 突然想到了这个问题的答案——"对抗性神经网络"（GAN）。他构想的模型会使用两个神经网络（一种简化的人脑数学模型，是现代机器学习的基石），然

Ian Goodfellow

后让这两者在数字版的"猫捉老鼠"游戏中相互拼杀。

这两个网络会使用同一个数据集进行训练。其中一个神经网络叫生成网络，它的任务就是依照所见过的图片来生成新的图片，比如长了两只兔耳朵的猫。而另外一个神经网络叫判别网络，它的任务则是判断它所见到的图片是与训练时的图片相似，还是由生成网络创造出来的"假货"，比如，判断那只长着兔耳朵的猫有多大可能是真的。

两个网络互相进行对抗，这样就建立起良好的竞争。每个网络都在成千上万的尝试中不

Ian Goodfellow 的发明可用来创造各种图片，包括室内设计

断改善自己，而这一切都不需要人力干扰。这样，最终我们就能得到可以以假乱真的"赝品"，以及一个十分善于鉴别"赝品"的网络。

慢慢地，生成网络创造图片的能力会强到无法被判别网络识破的程度。基本上，经过训练之后，生成网络学会了识别并创造看起来十分真实的猫图片。两个系统可以通过相互对抗来创造超级真实的原创图像或声音，而在此之前，机器从未有这种能力。这给机器带来一种类似想象力的能力。这项技术已经成为过去十年最具潜力的人工智能突破，帮助机器产生甚至可以欺骗人类的成果。Facebook 人工智能研究的主管杨立昆认为，对抗性神经网络是"深度学习过去 20 年来最酷的想法"。

NVIDIA 于 2017 年在明星图片数据库的基础

上，用对抗性神经网络制造出一组十分真实的高像素的假明星图片 [4]。

2018 年在 Arxiv 网站发表的一篇论文显示，通过对抗性神经网络，只需给系统输入简单的文字，系统就会生成图片 [5]。

因为只有短短 4 年的历史，GAN 目前还处在研究举证阶段，还没有得到广泛的商业应用。目前 GAN 研究领域的主力还是 Google，其聘请了 GAN 概念的创造者 Ian Goodfellow 来带领其研究团队。对于未来可能的应用，人工智能三大奠基人之一的 Yoshua Bengio 认为，GAN 特别适合运用在自动驾驶技术的研发上。目前自动驾驶系统的完善还是取决于大量的数据训练，系统需要有所有驾驶时会产生的各种意外情况的数据才能避免交通意外。而 GAN 可以通过自动生成能力有效地解决这个数据问题。除此之外，业内专家认为，GAN 在药物研究上也能有效提高研发的效率并节省成本。

赋予机器"创造力"的 GAN 解决了一直困扰人工智能领域的数据来源问题，可以说真正实现了不依赖人类的无监督学习。关于真正的爆发和广泛的商业应用，相信被誉为"神来之笔"的 GAN 需要的只是更多的时间。

自动驾驶，车联网的未来已来

如前文所述，机器学习是人工智能领域不断取得突破的核心技术。如今，许多机器学习被广泛地开发出各种商业用途，包括金融、医疗、汽车、制造业、机器人等。无人驾驶是机器学习衍生出的尖端技术应用之一。Tesla 的自动驾驶仪及自动驾驶货车分别在 2016 年和 2017 年入选十大突破性技术。

对于大部分人来说，在考取驾照之前，学车本身就要花好多时间。因为驾驶需要高度集中的注意力和对于突发状况的快速应变能力，稍有疏忽，路上的交通意外就会频频发生。

那计算机如何能应对如此复杂的情况呢？简单来说，计算机把驾驶本身细分成各种任务：道路、路标、行人、行驶的车辆等。无人驾驶需要针对每一项都建立一种机器学习方法，最后再整合起来。

即便如此，只建立一种任务的学习方法的难度也是十分可观的。比如一个国家的交通标志就有好几百种，世界上所有国家的交通标志加起来就更多了。能见度低以及交通标志受到损坏等复杂状况，使计算机辨认出交通标志的难度进一步加大。这还仅仅是无人驾驶的其中一个任务，计算机同时还要辨认行人以及其他行驶的车辆，并做出相应的反应。

过去几年，无人驾驶技术因为深度学习和强化学习的发展而取得了重要突破。在复杂的路况下，自动驾驶汽车已经能做到对路面情况的及时反应和对车辆的精确控制。如此飞跃性的表现，是自动驾驶汽车通过反反复复的深度强化学习实现的。在平时的训练过程中，根据车辆在行驶中的表现，控制软件会自动进行操作，尝试对指令进行微调。在每一次操作成功后，系统都会加强对这些动作的偏好，以达到最终的理想效果。

无人驾驶的技术对于未来的科技和人类生活有十分重要的意义。Intel（英特尔）2017 年发表的一份研究报告预测，无人驾驶在 2035 年能带来 8,000 亿美元的经济价值，到 2050 年，这个数字将会翻倍到 7 兆美元。除了经济价值之外，无人驾驶还能在 2035~2045 年避免 585,000 人次因为普通人力驾驶造成的交通意外死亡 [6]。无人驾驶的潜力之大，从 Tesla 自动驾驶仪（2016 年）和无人驾驶货车（2017 年）在前后两年入选《麻省理工科技评论》十大突破性技术可见一斑。

作为先驱者，Tesla 在 2014 年推出一款在保险杠周围及车身两侧装有 12 个超声波传感器

自动驾驶汽车

的轿车。再加 4,250 美元，客户就能购买到一个通过传感器、摄像头、前置雷达以及数空刹车制动避免碰撞的"技术包"。这个技术包能使汽车接管操控并在碰撞之前停下

来。但通常情况下，这些硬件只是处于待机状态，最重要的任务是收集大量的数据。一年后，公司对当时已售出的 6 万辆安装了传感器的汽车推送了软件更新，官方将此次软

全变道及自动停车。通过一夜之间的软件更新，Tesla 推动汽车行业向全自动驾驶迈出了巨大的一步，现在，其他的汽车公司，包括 Mercedes-Benz（梅塞德斯）、BMW（宝马）和 GM（通用），还开发了自动平行泊车等功能。

目前 Tesla 的市场估值有 500 亿美元，早已超过了老牌汽车厂商 Ford（福特）的 440 亿美元。要知道，Tesla 2017 年只卖了 10 万台汽车，而 Ford 的销售量达到了 660 万台。这种收入和估值的不成正比，与其说是虚高，倒不如说是反映了投资者对未来汽车产业的一种期望和信心 [7]。基于对无人汽车未来的展望，科技公司也纷纷投身于自动驾驶的研究之中。和汽车厂商销售汽车的角度不一样，科技公司在无人驾驶技术领域投资主要是因为看好"乘客经济"（Passenger Economy）这块市场。Intel 在 2017 年花费 150 亿美元收购了以色列的自动驾驶系统开发公司 Mobileye，并计划在 2018 年和 2019 年两年投资 2.5 亿美元开发自动驾驶技术 [8]。除了 Intel，Google 也不甘其后，其子公司 Waymo 开发的无人驾驶汽车已经处在频频测试之中。并且已经联合美国的打车公司 Lyft 开发业务，未来将会是 Uber 的有力竞争对手。

件更新命名为 Tesla 7.0，但人们记住的是其昵称——自动驾驶仪（Autopilot）。自动驾驶仪和飞行员在航行中所使用的软件相似，汽车可自己控制速度，驾驭道内的行驶，其

除了自动驾驶汽车，近年来自动驾驶货车产业也得到了很多关注。乍一看，自动驾驶货车所面临的机遇和挑战与一般的自动驾驶汽车没有什么不同，然而事实远非如此——货车不仅仅是"加长版"的汽车这么简单，使

用自动驾驶货车在经济上的合理性可能更甚于普通的自动驾驶汽车。

2014 年，自动驾驶货车初创公司 Peloton Technology 进行了一次测试。在这次测试中，该公司研发的自动驾驶系统被装载在两辆货车上，前一辆货车的司机正常驾驶，后一辆货车在有些时段会由计算机操控，司机不必时刻担负开车的任务。两辆车一个在前一个在后，保持着 10 米的安全距离，只要前车司机踩了刹车，后车也会立即制动以避免撞车。这种将货车组成"队列"的方法可以减少货车承受的风阻，由此达到节油的目的。据悉，前车、后车减少的用油量分别为 4.5% 和 10%，一年下来能节省约 10 万美元的油费。该技术成熟以后，将更多的货车组成队列会帮助货运公司进一步削减成本。该公司称，这套系统会为司机提供更多的路面信息，而且雷达可以在危急关头自动启动刹车——这无疑将提升货车的安全性。使用自动驾驶货车运送物资安全、节能，并能节省很多司机成本，有望在未来彻底颠覆传统的运输产业。

尽管已经取得很多突破性的进展，但是目前普遍的观点都认为，自动驾驶技术还没有完善到能完全取代人力驾驶，只能将其看作一种辅助司机的半自动驾驶。现在的法律监管一直强调司机必须留意路面状况，双手不能离开方向盘。但是在市场营销的时候，各种广告总会美化"自动驾驶"的强大，对消费者极有误导性。例如，2017 年 Benz 投放的

E-Class 汽车广告里就有司机双手离开方向盘的画面，广告语也暗示了无人驾驶："世界已经准备好迎接自动驾驶的汽车了吗？不管如何，未来已经降临了。"最后其被美国监管机构认为误导性过强，毕竟新的 Benz 型号只是装备了定速巡航的某些自动驾驶的功能，而不是真正的无人驾驶。特斯拉自动驾驶仪刚推向市场的时候，Tesla 的用户就上传了不少在高速公路上的视频：司机双手脱离方向盘，看报纸、喝咖啡，甚至坐在车顶。这样的行为很多是违法的。近年来自动驾驶汽车导致了几宗致命的交通意外，每一次都引起广泛关注和报道。其中一宗近至 2018 年 3 月，一辆 Tesla 的 X 系轿车在美国加州撞向路边护栏，司机当场死亡。事后 Tesla 确认当时汽车是处于自动驾驶状态，而现在调查仍然在继续。同月，在美国的亚利桑那州，Uber 的无人驾驶汽车在自动驾驶状态下撞到了一个过马路的行人，致其死亡。Uber 因为这宗事故暂停了自动驾驶部门的运营。

面对诸如坏天气、意外障碍、复杂的城市交通等情况，自动驾驶的传感器与软件很容易出错，所以目前还无法完全离开人力操作。很多人相信，基于车对车通信（Vehicle-to-Vehicle，V2V）的车联网技术能有效解决这一关键问题，这也是无人驾驶未来能全面推行的必要前提。

V2V 通信系统由一套无线网络构成，车辆之间通过它来传递信息，以实时了解其他车辆的动向。数据包括速度、位置、方向、刹车、

稳定性等信息。V2V 技术使用专用短程通信（Dedicated Short-Range Communications，DSRC），一种由联邦通信委员会和国际标准化组织定义的通信技术标准。有时 DSRC 也被描述成一种 Wi-Fi，因为它的工作频率在 5.9GHz，与 Wi-Fi 网络类似。但准确地说，DSRC 是一种"类 Wi-Fi"制式，其覆盖范围约 300 米。

车对车通信可以把汽车的位置、速度、制动状态等数据无线传递给百米范围内的车辆，接收数据的车辆就可以对周围的环境绘制一张详细情况图，从而避免车辆发生碰撞。即使司机再谨慎或者传感器再灵敏，也总有力所不及的时候，而车对车通信却可以眼观六路、耳听八方。在自动驾驶还不够完善、技术也不够成熟的情况下，用无线技术把汽车连接成通信网络似乎能有效减少交通意外。该技术入选了 2015 年度《麻省理工科技评论》十大突破性技术。

美国政府曾提出法案提议，把强制要求所有新车都装载车对车通信技术的计划提上议程。美国交通部认为，V2V 是智能交通系统的一个重要部分，智能交通系统将会利用 V2V 通信数据来提高交通治理水平，并且允许车辆与路边设施如交通灯和警示牌通信。车对车通信技术可以有效辅助自动驾驶，让车辆 360 度感知路面情况，以改善驾驶的安全程度。

德国汽车厂商目前是汽车产业内车对车通信技术的最大推动者。Benz 在 2016 年的 E-class 系列和 2018 年上市的 S 系列上都装上了车对车通信技术系统。2016 年，包括 BMW、Benz 和 Audie（奥迪）在内的汽车厂商联合向 Nokia（诺基亚）支付了 31 亿美元，买下了 Nokia Here 的大部分股份，其地图服务将会成为打造车联网的平台。这一厂商联合认为，将高度准确的电子地图与实时的车辆数据相结合能提高路面的安全性，而且只有这样的支持系统才能让全自动驾驶变为可能。基于 Here 地图的技术平台目前只有 BMW、Benz 和 Audie 可用，只有实现跨品牌车之间的互联，才能真正地形成车联网，V2V 技术才能更有效地用于减少交通意外。

V2V 通信目前还处在商业试用阶段，近两年的发展不如自动驾驶迅猛。尽管已经有品牌推出了具备车对车通信技术的新车，但车对车通信技术在未来 10 年内是否能成为主流，前景还不是十分明朗。首先，V2V 的发展十分依赖于通信模块的研发和商用，以及未来的通信技术。以现有的通信技术，要创建 V2V 通信网络有不小的困难。车载计算机每秒至少要处理 10 次接收到的数据，才能准确判断汽车发生碰撞的概率。清晰、可靠、极快的网络，用以和其他车辆、基建设施及其他设备进行"对话"，是 V2V 通信的首要挑战。其次，为了确保汽车接收信息的真实性，发射器要采用特定的无线频谱。而在迟迟没有统一的行业技术标准的情况下，原有保留给车对车通信技术的工作频率受到了有线电视和互联网公司的威胁。在一些国家，例如澳大利亚，车对车通信技术并没有特定的工作频率，为这项技术未来的推广增加了不少困难。除了技术上的障碍，信息安全和个人隐私的保护也是 V2V 技术大规模商用需要面临和解决的重要问题。早在 2015 年，就有实时联网测试的汽车被黑客攻击，被完全操纵，造成安全威胁[9]。这暴露了汽车联网的安全保护还十分弱。

支付技术早已遍地开花

现在，很多人出门都不用带钱包了，拿着手机就能在各种购物和娱乐场所进行消费。移动支付已经取代现金和银行卡，成为不少人的主要支付方式。得益于智能手机的普遍使用，以及对更简单、快捷、安全的金融交易的需求，移动支付的金额会更快地增长。全球移动支付市场到 2023 年预计会高达 4.5 万亿美元。美国联邦储备委员会在 2015 年的一份报告中指出，美国 39% 的手机用户在 2015 年使用了移动支付。

以交易方式来分类，移动支付主要可分为三种：SMS 短信（Short Messaging Service）、WAP 无线应用协议（Wireless Application Protocol）和 NFC 近场通信（Near Field Communication）。

最简单的移动支付是通过短信的形式予以支付。WAP 移动支付是目前使用最为广泛的移动支付方式。阿里的支付宝和腾讯的微信支付都属于 WAP 下第三方主导的移动支付。研究表明，全球移动支付市场特别是短信支付，将会大幅提高[11]。

NFC 近场通信是由 Philips（飞利浦）于 2004 年发起，与 Nokia、Sony（索尼）等著名厂商联合主推的一项无线技术。NFC 是一种短距高频的无线电技术，由非接触式射频识别及互联互通技术整合演变而成。在单一芯片上结合感应式读卡器、感应式卡片和点对点的功能，能在短距离内与兼容设备进行识别和数据交换。

2014 年推出的苹果支付，通过将 NFC 技术与 iPhone 的指纹识别传感器（用于解锁手机）结合，极大地提升了移动支付的用户体验。当手机贴近收银终端时，苹果支付自动激活，通过 Touch ID 成功识别用户指纹解锁后便可完成付款，而无需像使用 Google 钱包、Paypal、微信和支付宝一样，必须先打开应用程序、进入付款功能、输入金额或扫描二维码等。

苹果支付在安全性方面也比较领先，甚至优于信用卡。与支付宝和微信支付不一样，使用苹果支付的手机不保存真实卡号，商家也不会看到，更无需把卡号储存在黑客经常窃取的数据库中。每次交易生成一个唯一代码，该代码只能使用一次。交易时，POS 终端会读取手机的 NFC 芯片，接收手机的序列号和独特的交易代码，并将此数据发送给商家的收单银行。收单银行把交易数据发送给消费者的银行，消费者的银行利用数据来验证手机的有效性，确定授权付款的账户，最终决定授权交易或拒绝交易。

Apple 公司对 iPhone 中的软件和硬件的整合程度，让苹果支付成为一种足够便捷的服务，凭借着 iPhone 雄厚的市场占有量，从而强势打入移动支付市场，并且让移动支付的使用率大大提高。

因为其中的独特技术都不是新的，苹果支付之所以能在 2015 年被评为全球十大突破性技术，更多的是因为其顺应了市场需求和背靠着自身的 iPhone 用户改变了移动支付的市场格局。但是凭借人工智能支撑下的精确图像识别技术，Apple 公司在 2017 年推出的 Face ID（人脸识别解锁）与苹果支付相结合后让刷脸支付成为可能，则可以真正称得上是移动支付中身份验证的一大创新。Apple 公司最新推出的 iPhone X 更是彻底抛弃了指纹识别技术，依赖 Face ID 进行身份验证解锁。刷脸支付在 2017 年被评为十大突破性技术之一。

在全球范围内，刷脸支付其实是在中国首先有了商业应用。2015 年，在德国汉诺威消费电子博览会的开幕式上，阿里巴巴董事会主席马云首次向外界展示了脸部识别技术：他将自己的脸置于机器的识别框内，系统自动识别后完成了支付，为他成功购买了一枚 1948 年汉诺威工业博览会的纪念邮票。这项崭新的支付认证技术由蚂蚁金服与 Face++ Financial 合作研发，在购物后的支付认证阶段通过扫脸取代传统的密码。2017 年 9 月 1 日，支付宝在 KFC 的 KPRO 餐厅上线刷脸支付，正式将刷脸支付推向了商用。

从目前的市场反响来看，刷脸支付还属于发展早期，离市场大范围普及还有很远的路要走。消费者一开始热情高涨，但是试用过后就兴趣缺乏。刷脸支付目前在市场上的接受度并不高，主要原因有两个。

首先，消费者普遍对刷脸支付的技术成熟度和安全性感到十分忧虑。事实上，光线、角度、遮挡等因素都会影响到人脸识别的精度。Apple 公司宣称 Face ID 只有百万分之一的误差率，但还是无法完全说服大部分的消费者。这种误差率是来自一百万人里会有两个人长得比较像的估算。但是如果你碰巧来自比较大的家族，近亲很多，那么和你长得像的兄弟姐妹能通过脸部识别解锁你的手机的概率则要远远大于百万分之一。在中国，蚂蚁金服在理论上说误差率有十万分之一，但以中国的人口基数和支付数额来说，这样的误差率还是无法证明刷脸支付的技术已经成熟可靠到能作为唯一的验证手段。

其次是便利性。刷脸支付比起原有的密码或指纹解锁，并没有提供更多的便利性。基于刷脸支付安全性的现行评估，中国现行的支付管理办法中仅允许以人脸识别作为渠道来辅助身份认证，所以消费者最后还是要输入密码，这对市场的初始推广造成了不少困难。就算在技术成熟后，刷脸支付作为唯一支付手段在便利性上的优势也不明显。中国的支付行业在支付宝和微信支付的推动下，一直走在全球的前列。得益于网络支付平台的兴起，现在的支付方式已经变得越来越便捷，特别是手机端的支付宝和微信支付，让手机成为另一个可以傍身的钱包。在吃完饭准备买单时，或是在超市买东西付账时，店家刷一下消费者手机中的二维码，消费者输入密码确认转账信息后，就可以将钱付给店家。支付过程不过十几秒，本身就已经十分方便。在便利性上，原有的十几秒相比刷脸支付的几秒，这样微小的差距很难让人直观地感受到刷脸支付的优势，而去改变原有的支付习惯。

综合来说，刷脸支付仍处于试行阶段。若要大范围地运用，不仅需要软硬件设备的投入、人脸识别技术的成熟，而且需要更多的消费者宣传来吸引用户改变现有的支付方式。

巴别鱼耳塞，耳朵里的实时翻译

在风靡一时的科幻经典《银河系漫游指南》中，无论到任何星球，只要把一条小小的黄色巴别鱼塞进耳朵里，双语沟通都不是障碍。它能连接到人的大脑里，自动翻译银河系里的任何星球语言。

虽然银河系旅游还没能实现，但是针对全球近 200 个国家有 7,000 多种语言，巴别鱼这样的翻译助手还是大有助益的。近年来，深度学习算法被运用到自然语言处理领域后，基于序列到序列（Sequence to Sequence）的端对端神经网络机器翻译（Neural Machine Translation，NMT）大幅度提高了机器翻译的质量和水平，"耳朵里"的实时翻译已经不再是科幻小说里才有的产物了。"巴别鱼耳塞"在 2018 年被评为全球十大突破性技术。

过去两年里，市面上有不少公司都推出了实时翻译耳塞，其中最受关注的就是 Google。2017 年，Google 推出了 Pixel Buds，一副价值 159 美元的无线耳塞，得到了业内不少关注。Pixel Buds 能够实时翻译 40 种语言。很多人都认为巴别鱼的真人版终于要实现了，但是上市后大部分用户对它的评价比较一般。要使用实时翻译，Pixel Buds、Pixel 智能手机和手机上的 Google 翻译软件缺一不可。在一个人佩戴耳塞、另一个人手持手机时，佩戴耳塞的人用自己的语言讲话（默认是英语），然后 Google 翻译应用就会对所讲的话进行翻译，并在智能手机上大声播放。手持手机的人回应后，回答被翻译，然后在耳塞中播放。

Google 翻译之前就已经有了对话功能，其 iOS 和安卓版应用都可以自动识别说话者的语言，然后自动翻译。但背景噪声会增加应用理解话语的难度，同时也会让应用很难判断说话人何时停顿、何时开始翻译。Pixel Buds 有效解决了这些问题，因为佩戴人可以在说话的同时用手指点击和长按右边的耳塞。将交互分别放在智能手机和耳塞上，可以让双方都能控制麦克风，帮助讲话者保持眼神交流，因为这样就不用来回传递手机了。

但除此之外，Pixel Buds 的翻译并不能算得上实时，谷歌翻译软件每次只能翻译一段话，所以流畅持续的双语对话还不能实现。Pixel Buds 事实上并没有对 Google 翻译软件的用户体验有显著的改善，再加上佩戴起来并不舒服的耳机，让不少抱着"巴别鱼真人版"期望的用户多少有点失望。

市面上还有很多新晋的耳机品牌推出了只有实时翻译功能的无线耳机。来自德国慕尼黑的耳机品牌 Bragi 就推出了 Dash Pro，支持 iTranslate 即时翻译功能。Dash Pro 这款耳机更像是高配的无线耳机加载了可选的 iTranslate 即时翻译功能，而 iTranslate 需要付费才能使用。在只有一对 Dash Pro 时，iTranslate 付费用户就可以将 Dash Pro 当作收音麦克风，并即时配合智能手机将句子（如普通话）翻译成 40 种不同国家的语言，再由智能手机的喇叭输出；而对方听完之后再对手机说话，iTranslate 就会向耳机输出翻译的句子。如果拥有两对 Dash Pro，而双方又都是 iTranslate 的用户的话，就可以完全实现即时无线的语音翻译。比起 Pixel Buds，Dash Pro 在耳塞体验和翻译的实时感上都有了改进。

Waverly Labs 是一家位于美国纽约的创业公司，最近推出了更接近于巴别鱼的耳机版 Pilot（先锋）。与市面上可买到的其他翻译耳塞不一样，Waverly Labs 的 Pilot 的一双耳塞并不是捆绑在一起的，事实上，它们是被交谈的双方共用的。Pilot 耳塞听到语言后会

AI 产品

在双方用户的耳朵里播放出来，让实时的双语交谈变成可能。以众筹起家的中国公司 Timekettle 最近也成功开发出了 WT2 实时翻译耳机，其使用方法和先锋耳机相似，2018 年年中上市。

在中国，有许多公司积极投入这一技术的发展，科大讯飞、百度、搜狗可以说是这个领域的领先者。除了提供智能语音、翻译等服务外，它们也将技术引入硬件，不过，相较于外国业者偏好以耳机作为切入点，中国企业则选择翻译机，如科大讯飞推出晓译翻译机，百度则有共享 Wi-Fi 翻译机，搜狗也发表了旅行翻译宝和速记翻译笔。

可以预见的是，通过人工智能实现的即时翻译将会是未来的重要应用。

给所有人的人工智能

全球人工智能软件的市场价值在 2016 年的评估约为 4.8 亿美元；到 2022 年，这一数字预计能达到 130 亿美元，可见人工智能领域增长之快和市场需求之大 [12]。

人工智能软件的领头羊目前有 Google、百度、IBM、Microsoft、SAP、Salesforce 等科技公司。如今的人工智能技术绝大多数仅用于科技行业，为这个领域带来了效率的提升以及多种新的产品和服务。除了科技业界外，人工智能在其他产业的应用还处于实验性的早期阶段。很少有公司能大规模使用人工智能技

术。Mckinsey（麦肯锡）在 2017 年的人工智能研究报告中指出，全球了解人工智能的公司中只有 20% 正在有规模地使用人工智能的相关科技。更多的公司则表示，它们并不清楚人工智能的投资回报率 [13]。

人工智能的应用程度	行业
高	·科技、通信类 ·汽车、生产线 ·金融
中	·零售 ·快速消费品 ·媒体、娱乐
低	·教育 ·医疗保健 ·旅游

人工智能的应用行业

在创新成果以破竹之势蜂拥而现之时，人工智能却面临着其技术突破远远快于实际应用的尴尬之地。能源、零售、制造和教育产业的案例分析表明，人工智能技术可以帮助改善销售预测，提高自动化进程，提供有效的针对性营销和定价，还能增强用户体验。然而，一个成功的人工智能项目对于一个企业有极多要求：首先要商业立项，然后建立其正确的数据系统，建构或者购买人工智能工具，接着改变生产所需的过程、技能和文化。这个起点和过程无疑是艰辛的。

突破这一瓶颈的一大关键在于云端机器学习工具的出现。这让人工智能入门的门槛陡然降低，势必能加速人工智能的普及化。

现在多家大型科技公司都推出了开源的人工智能和机器学习工具。Amazon（亚马逊）旗下的 AWS 子公司在云 AI 市场上占有绝对统治地位。Google 则试图通过 TensorFlow 这款可以开发机器学习系统的开源人工智能框架来发起挑战。Google 近来公开的 Cloud AutoML 也是一套经过预先训练，可以让人工智能变得更容易使用的系统。以 Azure 平台加入云服务大战的 Microsoft 则选择与 Amazon 合作，推出了一款开源深度学习框架 Gluon。在理论上，Gluon 可以让创建神经网络（一款试图复制人脑学习方式的重要人工智能技术）变得和开发手机 App 一样简单。在提供开源的学习工具的基础上，Amazon 与 Google 还创办了云端人工智能咨询服务。

除了机器学习方法和工具外，计算硬件是人工智能的核心之一，算力更高的计算硬件可以在更短的时间里完成神经网络的训练。由于人工智能处理器（如 NVIDIA 的 GPU）更新换代很快，售价高，对于企业来说频繁更换硬件的经济成本过重。而云计算平台把资源集约化共享给大众，使人工智能技术的入门门槛和成本都一再降低。

当这项技术通过云端来到每个人的面前的时候，真正的人工智能革命也就指日可待了。

21 世纪，计算力日益强大、数据量爆发性增长、机器学习算法不断完善，给人工智能的突破性发展提供了充足的条件。在过去 10 年，人工智能呈爆发性增长状态，吸引了科技巨头们的巨额投资，而其应用已经开始逐步渗透到我们的日常生活中。

人工智能近 10 年的发展很大部分要归功于机器学习算法的突破。深度学习是目前最具影响力的机器学习算法，在可见的未来都会是人工智能研发的重要课题。强化学习与深度学习相结合后，可以大大提高机器学习的表现，也是目前十分热门的机器学习方式。尽管有了许多突破，但之前的机器学习方式一直被诟病是一种蛮力计算，对数据依赖性过强。2014 年对抗性神经网络概念的提出，赋予了机器一种创造力，很有潜力解决原有机器学习方式的一大弱点。深度学习、强化学习和对抗性神经网络将会是未来几年里人工智能研发的主要技术方向。

将人工智能技术落到实处，自动驾驶无疑是最受关注的顶尖技术应用。尽管目前的自动驾驶技术更像是一种驾驶助手，无法实现脱离人力驾驶，但是这几年自动驾驶技术的许多研发成果都表明其前途一片光明，真正的"无人车"上路指日可待。为了让自动驾驶更安全，打造智能交通，能够有效增强交通行驶安全的车对车通信技术也十分受重视。比起以科技公司和汽车厂商为研发主力的自动驾驶技术，车对车通信的推广更受政府对智能交通规划的影响。

机器学习算法完善后，语音识别和图像识别的准确率大大提高，生出了多样的商业应用。阿里巴巴推出了依托于图像识别的刷脸支付；现在多家公司在语音识别和转换的技术上开发出了即时翻译的工具。

过去 10 年，人工智能的发展是腾飞的。这还仅仅是开始。目前人工智能的商业研发还是集中于 Google 和百度这样的科技巨头，在其他产业的普及仍十分有限。除了技术和人才都不如科技产业充沛外，涉及的软硬件投入花费和商业模式改变都是人工智能应用在其他产业起步艰难的主要原因。由各大科技公司推出的云端机器学习工具可以大大降低其他公司使用人工智能进行开发应用的门槛，预期能大大加快人工智能在各个产业的普及。

鉴于其对未来社会和经济发展的重要性，人工智能已被我国列为重要的科技项目之一。由百度这样的科技公司牵头大力投入人工智能的研发，中国是紧跟在美国之后的具备领先人工智能技术的国家之一。北京和深圳目前是中国人工智能的研发枢纽。中国在研发上的先天优势就是人口庞大和工业体系完善，能提供人工智能研发目前必需的极大数据量。而且中国市场体量大，为人工智能的未来应用和推广提供了良好的试验田。如何将人工智能运用在我国的产业升级计划中，将会是对未来经济发展很关键的研究课题。

专家点评

—— 曾晓东 ——

（蚂蚁金服创新科技事业部高级技术专家）

毫无疑问，如今的 AI 已经从实验室的 Demo 阶段跨越到了应用阶段，主要体现在 AI 在众多任务上的精度与效率上。这点与深度学习的崛起密不可分，2012 年之后，深度学习技术极速攻占各个领域。现在来看，深度学习会长时间霸占各领域技术应用的主导地位。我个人认为这当中的原因主要有三个：第一个是学习门槛的普世化，深度学习的简易度以及通用性，让技术人员跨界变得容易，其有效性又引来更多的学习者进入这项技术，这让深度学习群体基数扩大得很快，也使得这个领域技术研究的迭代越来越快；第二个是数据获取便利，在互联网高度发达的时代，数据的获取比以往都来得容易，可以用较低成本获取大量的

数据来优化模型；第三个是高计算能力，GPU 等高性能计算的兴起，让我们可以以天甚至小时级别的时间来跑模型试验，也为设计更加复杂的网络提供基础条件。另外，AI 也已经进入了 AI Inside 的阶段，成为各类智能产品的基础能力。正如上文所呈现的突破性技术中，已经存在一部分成果，如刷脸支付、翻译耳塞等。可以预见，这个趋势的速度只会更快，不会放缓。个人相信，AI 智能产品会越来越以"人"为中心构建，产品项目中所有的科技应用都是基于使用者的需求出发，解决他们现在或将会面临的问题，让人类生活更加便捷、美好。

参考文献

[1] McKinsey Discussion Paper, 2017, ARTIFICIAL INTELLIGENCE THE NEXT DIGITAL FRONTIER?

[2] 人民日报，2018 年 2 月 22 日.

[3] Deep Learning, Past, Present & Future, Henry H. Eckerson, Eckerson Group.

[4] Progressive growing of GANs for Improved Quality, Stability and Variation, by Kero et al., ICLR2018.

[5] StackGAN: Text to Photo-realistic Image Synthesis with Stacked Generative Adversarial Networks, by Zhan- et al., Computer Vision and Pattern Recogniztion, 2016.

[6] Accelerating the Future: The Economic Impact of the Emerging Passenger Economy, Strategy-analytics Report 2017.

[7] Forbes, 4 Reasons Why Tesla Is Worth More Than Ford, John Wasik, 2017.

[8] When Intel and Mobileye combined to spur autonomous vehicles, Financial Time, 12/12/2017.

[9] Hackers Remotely Kill a Jeep on the Highway-With Me in It, Wired, 21/07/2015.

[10] Consumers and Mobile Financial Services 2015 Report, March 2015, Board of Governors of Federal Reserve System.

[11] Mobile Payment Market by Mode of Transaction (SMS, NFC, and WAP), Type of Mobile Payment (Mobile Wallet/Bank Cards and Mobile Money), and Application (Entertainment, Energy & Utilities, Healthcare, Retail, Hospitality & Transportation, and Others) - Global Opportunity Analysis and Industry Forecast, 2016-2023.

[12] Artificial Intelligence Software Market Worth 13.89 Billion USD and CAGR of 75.37% Is Estimated by 2022, Digital Journal.

[13] McKinsey Discussion Paper, 2017, ARTIFICIAL INTELLIGENCE THE NEXT DIGITAL FRONTIER?

第二章
人机交互，为解决"交流障碍"问题而生

撰文：杨一鸣

主要技术：

入选年份	技术名称
2009	Intelligent Software Assistant 智能软件助手
2011	Gestural Interfaces 手势界面
2013	Smart Watches 智能手表
2014	Oculus Rift
2015	Magic Leap
2016	Conversational Interfaces 语音接口

计算机可以说是 20 世纪世界上最伟大的发明之一了，它对人类的生产活动和社会活动产生了极其重要的影响。

1946 年，世界上第一台通用计算机"ENIAC"在美国宾夕法尼亚大学诞生，发明人是美国人 John W. Mauchly 和 J. Presper Eckert，自此，计算机和我们的联系逐渐密切。它最初的应用领域是军事科研，如今，计算机已遍及学校、企事业单位，进入寻常百姓家，成为信息社会中必不可少的工具。

其实，我们与计算机相处的时间甚至占据了我们大多数的时间，我们与计算机的交流和互动也变得越来越多样化。而交流和互动就是人机交互技术的核心，它也逐渐成为计算机技术中重要的发展方向。简而言之，人机交互技术就是连接人类和计算机的桥梁，它的主要使命就是如何方便、快捷、准确地将人类的信息和需求传递给计算机，然后将计算机得出的结果反馈给人类。最早的人机交互界面就是简单的键盘和鼠标，我们只是希望能有一台计算能力超群的"工具"来帮助我们计算一些复杂的数学难题，例如，美国国防部最早使用"ENIAC"来进行弹道计算。我们只需要输入数字、指令，按下按钮，等待结果就可以了，这时期的人机交互几乎就像我们与牙牙学语的小朋友之间的交流一样简单。

随着硬件和操作系统的发展，计算机的作用已经不再局限于计算，它同样能基于超群的计算能力处理一些复杂的问题。此时，我们不仅需要告诉计算机我们要计算什么难题，有时还需要输入更多的问题描述语，而多种计算机语言就在此时出现，我们可以依靠一小段程序来描述我们希望计算机替我们演算的步骤。不过，计算机语言的描述也是有限的，我们依靠计算机语言进行人机交互还是停留在二维的屏幕上，输入的信息量十分有限，而且输出的信息反馈也不直观。还没有人能做到像电影《黑客帝国》中的 Neo 一样，一眼就能看穿代码。

为了解决这样的交流"障碍"，人机交互技术的发展趋势朝着更高效的方向发展，将会使我们与计算机之间的交流变得更方便、更流畅，也能让那些不是程序员或者没有编程基础的人能和计算机更方便地交流，就像日常生活一样。最早的革新出现在软件端，以聊天机器人为雏形发展出来的 Siri 等智能软件助手，就像润滑剂一般改善着人机交互的效率和体验，它们结合硬件应用于移动端、智能家居和智能设备中。

人机交互技术的界面逐渐跳出了二维的电子屏幕，变得立体。依靠接口硬件技术的革新和突破，人机交互界面早已跳出条条框框，开始从单纯的电子人机交互界面延伸出来。借助语音识别、图像处理以及 VR/AR 技术，人机交互已经和我们的感官联系在一起。

计算机的发明和广泛应用，决定了人机交互必定成为如今技术的一个主要发展方向，人类与计算机之间的交流也将是当今世界科技发展的主题之一。从 2009 年至 2018 年的 10 年间，出现了不少人机交互的相关技术。随着人工智能等相关技术的发展，人机交互也将向着智能化和便捷化发展。整体来看，它们都围绕着一个共同的主题，即如何更好地提高人机交互的体验和效率。

10 年间，入选《麻省理工科技评论》十大突破性技术的人机交互技术，涵盖了信息处理、输入输出界面以及交互平台等方面，这已经是人机交互技术的主要部分了，也预示着人机交互技术将以平稳的步伐和全面的发展进入下一个发展阶段。本章一共收录了 6 项人机交互技术，其中"智能软件助手"属于信息处理部分，紧随其后的"手势界面"

和"语音接口"属于人机交互技术的输入输出界面，而"智能手表""Oculus Rift"和"Magic Leap"则属于人机交互的平台和感官延伸，它们在人机交互技术中具有鲜明的代表性。并且在某种程度上，它们代表了整个人机交互技术的发展趋势。下面我们将对每一项入选技术的背景、原理、发展现状、市场化情况进行详细梳理。

智能软件助手：Hi！Siri

对于智能软件助手，大家可能还不是太熟悉，但一说 Siri，估计大家都知道。活跃在 Apple 产品上的 Siri 已经成为网红，以"Hi！Siri"开头的众多段子更是让人忍俊不禁。Siri 不仅仅是依靠关键字搜索信息的人工智

处处可见的人机交互

能，它的主题是"交流"。其实，Siri 不像一般的搜索引擎只是单纯地收集信息，然后呈现给用户，它更多的是开启了与用户交流的新方式，将计算机、互联网服务和用户及其需求联系起来。正如 Siri 之父 Adam Cheyer 所说："Siri 是一个'处理引擎'（Do Engine），而不仅仅是'搜索引擎'（Search Engine）。"与其说 Adam Cheyer 做的是纯粹的技术创新，倒不如说是概念的创新。他将用户需求带入了人机交互，创造出来的智能软件助手也将人机交互变得更加智能和便捷。

智能软件助手以 2009 年的 Siri 为代表，入选 2009 年《麻省理工科技评论》十大突破性技术。它依靠初见萌芽的人工智能技术以及语音识别技术，在逐渐风靡世界的智能手机应用端生根发芽，已经成为人工智能相关技术以及人机交互技术在我们日常生活中最成熟、广泛的应用方式。除了技术层面的创新，智能软件助手理念的提出更是一种模式的创新，它以与用户交流为切入点，不仅收集信息和提供信息，还为用户提供整合后的互联网资源。智能软件助手也因此深入我们的生活中，为我们提供了更加高效、更加便捷的人机交互服务，而将用户体验、交流和平台合为一体的产品设计也注定了智能软件助手的成功。

Siri 最初起源于"硅谷的黄埔军校"——SRI International。Siri 之父 Adam Cheyer 当时正在那里任职，并且正在参与一个名为"CALO"的研究项目。"CALO"之名源于拉丁文

"calonis"，意为"士兵的助手"，该项目由军方出资，是截至当时美国历史上最大的人工智能项目，其项目全称为"Cognitive Assistant that Learns and Organizes"。正如其名，包括 Adam Cheyer 在内的项目组决策团队设定的目标就是依靠人工智能打造一款具有学习能力的智能个人软件助手，并希望能充分利用软件与用户的互动提升智能助手的能力。项目自 2003 年启动，于 2008 年结束。在 5 年时间里，差不多有 500 人次投入到这个项目中。而在这个项目结束后，Adam Cheyer 和其他朋友一起成立了 Siri 公司，开发 Siri。

Adam 想做的其实就是智能化的人机交流，而人工智能带来的仅仅是人机交互中的反馈部分，它将人机交互变得更加智能。但是在输入端需要更加直观和方便的方式，这就需要一个具有广大用户群体的交流平台。Adam 瞄准了当时逐渐风靡的智能手机——iPhone，他把自己的作品——智能软件助手 Siri 做成了 App，希望借助智能手机的平台抓住世人的目光。一台智能手机有什么呢？一个方便用户输入的屏幕和操作系统、网络连接，更重要的是它还具有语音模块。有了基于语音模块的语音识别功能，智能手机助手才变得更加贴近用户。用户只需用声音与之对话，就能实现与文字输入一样的效果。其实，Siri 最初也以文字聊天服务为主，随后通过与全球最大的语音识别厂商 Nuance 合作，Siri 实现了语音识别功能。

仅仅结合人工智能和语音识别，也只能将

Siri 打造成更高效的搜索引擎。智能软件助手的最后一块拼图就是互联网服务资源的整合，这一步是将用户需求与互联网服务直接挂钩，智能软件助手作为一个门户，"倾听"用户的需求并分析需求，评估互联网服务并提出个性化的答案。这也是智能软件助手作为"处理引擎"的重要元素。

2008 年，Apple 公司正式对外发布 App Store 以及 SDK（软件开发工具包），大力推动了 iOS 系统中小型程序的发展，而整合了众多互联网服务功能的 Siri 以手机 App 的形式在 App Store 上架了，这就是现在我们看到的 Siri 的雏形。在最原始的版本里，Siri 可以连接到 42 个不同的网页服务，从点评服务 Yelp 到购票网站 StubHub，再到影评网站 Rotten Tomatoes 等，然后从上述信息中返回一个答案。让用户不用打开另外一个应用，就可以享受订位、叫出租等服务。

对于自己的初代产品，Adam 说："那个时候，人们根本不知道应该怎么去使用它，或者说，不了解它比起搜索引擎有什么好处。实际上，Siri 做的远比单纯的搜索引擎要多。搜索引擎永远停留在单向的人机交流，Siri 的主题就是交流，它比起搜索引擎，能处理更复杂的问题，也能从与用户的交流中获取用户的需求，从而有针对性地寻找答案，从与 Siri 连接的网络资源中寻找答案，最终提供个性化的反馈服务。"为此，Adam 及其团队做了一个精彩的 Demo 来说服投资人。他们来到一个投资人的办公室，一开始就问那些投资人有没有最新的手机，并掏出 200 美元现钞，说如果投资人可以在 5 分钟内回答出这几个问题，就可以拿走这 200 美元。什么问题呢？比如，3 英里（1 英里 ≈1.61 千米）以内的哪家评价高的印度餐馆能提供最好的咖喱等。结果投资人拿出手机，根本不知道怎么去查。而 Adam 对着 Siri 简单地说了几句话，Siri 直接就说出了答案。投资人当场就了解到 Siri 功能的强大，也为这样的智能软件助手概念所折服。

终于，2009 年 Siri 直接作为最新一代 Apple 手机 iPhone4S 的闪光点出现在手机中。时任 Apple 公司 CEO 的 Tim Cook 更是告诉世人，iPhone4S 中的"S"代表的就是 Siri。虽然 CALO 和 Siri 有很大的不同，但是它还是给后来的 Siri 以及其他智能软件助手很多灵感。现在的智能软件助手已经能与用户很流畅地交流，并根据用户提供的信息学习和预测用户的偏好。

10 年间，随着人工智能和语音识别技术的发展，全球范围内技术应用成熟的语音智能软件不止 Siri 一家。不过，由于智能语音技术的研发周期长、投入大，如果不是有核心技术团队的大公司，则基本无法跨过行业壁垒。时至今日，认知度较高的语音助手除了 Siri 之外，还包括 Google 的 Google Now、Microsoft 的 Cortana 小娜和小冰、科大讯飞的灵犀语音助手，以及百度的度秘等。以上提到的智能软件助手各有所长，出于平台需要、发展战略等原因，设定的个性和功能都不太相同。一般而言，判断一个智能软件助手是否强大，技术层面看它的智能化和语音识别率，更重要的，还需要考虑它背后整合的网络资源。这些都决定了在日常环境中它是不是一个随时待命、反应迅速、机智体贴的虚拟陪伴者。

在 2017 年 Apple 公司 WWDC 开发者大会上，Siri 的更新当中加入了实时翻译功能，支持英语、法语、德语等语言，未来将陆续支持别的语言。与此同时，Siri 的智能化还进一步得到提升，支持上下文的预测功能。这一切关于智能化的提升都需要数据的输入，智能软件助手也跳出了计算机和智能手机的范围，深入到智能穿戴电子产品和智能家居产品中。iWatch 等智能手表，只要能连接到网络，都能使用功能强大的智能软件助手，反过来，这些智能手表所收集的信息又能作为智能软件助手学习的资料。我们可以将语音助手看作一个住在各种智能设备里的人工智能，借助语音识别，它能听懂我们的话，然后根据我们的需求提供个性化的服务。

手势界面：让人机互动彻底展现

人机交互界面的一个里程碑就是图形界面，采用键盘和鼠标输入。简单的设置，通过我们的双手操作就能让计算机知道我们想要在什么位置怎样输入数据。而如果将其中的鼠标键盘去除，直接用我们的双手输入，是不是能让人机交互变得更加方便呢？

在 2002 年上映的电影《少数派报告》中，有这么一套操作系统：主角凭空用双手操作就能控制计算机形成指令。这一套人机交互界面概念就是《少数派报告》的科技顾问 John Underkoffler 提出的。这种基于手势的界面影响了随后十几年的用户界面和硬件创新。2006 年，Prime Sense 创始人之一 Alexander Shpunt 受到 Underkoffler 启发，开始为 Microsoft 开发一套 3D 的视觉识别系统，用于识别用户在三维空间内的手势动作，从而使得手势控制电脑成为可能。Microsoft 也成功地将这套系统应用于家庭游戏机 Xbox360 的 Kinect 体感游戏模块。在 2009 年 6 月 1 日的 E3 游戏大展（Electronic Entertainment Expo/Exposition）上，Kinect 首次发布，惊艳全球。它彻底颠覆了游戏的单一操作，使人机互动的理念更加彻底地展现出来。

3D 视觉识别系统的技术核心是传感器和动作识别，传感器是什么样的，动作识别的空间定级就确定了。例如，传感器是 Kinect 体感游戏模块，其动作识别的空间定级就是我们的三维空间；传感器是触控面板，动作识别的空间就仅限于二维的触控面板之上。

其实，自 2007 年 1 月 9 日历史上第一台 iPhone 发布以来，手势操作的概念就以各种形式展开，界面的放大缩小、截屏、录制等操作都可以由用户定义。硬件的升级甚至允许 iPhone 等智能手机用户能使用按压的力度来实现与某些智能手机上不同的功能选项。但是这都仅仅停留在二维的手势动作识别，

电影《少数派报告》中的手势操作界面

当我们将屏幕也去除，我们的双手就被完完全全地释放到了我们的三维空间里，我们的操作也变得更加随心所欲，但是相对应地，对于人机交互系统的动作识别以及处理速度也提出了更高的要求。此时，动作识别的传感器不能只是二维的屏幕或简单的摄像头了，必须是能够捕捉三维空间信息的特种摄像头，例如 Kinect 使用的深度摄像头（Depth Camera）。这种摄像头能够先利用红外光处理场景，获得物体景深的信息并进行编码，然后通过另一个图像传感器读取编码后的场景，最后通过算法推算出场景的三维信息。

Kinect 的发布也将手势界面正式带到我们面前，这种不靠键盘鼠标和触摸屏幕的操作界面将人机交互的图形界面输入解放出来，延伸到我们双手的活动空间。总的来说，Kinect 系统集成了即时动态捕捉、影像辨识、麦克风输入、语音识别、社群互动等功能。

玩家的手势动作能被 Kinect 捕捉并识别，从而在游戏中进行操作，或是与其他玩家互动，抑或通过互联网与其他 Xbox 玩家分享图片和信息等。与之前 Nintendo（任天堂）出品的 Wii 体感游戏机不同，带有 Kinect 的 Xbox360 将手柄完全去除，依靠纯粹的三维动作识别，将游戏玩家和游戏之间的"隔阂"消除，彻底颠覆了游戏的体验。微软互动娱乐业务副总裁 Don Mattrick 说："这个技术让我们在不用发售新主机的情况下就可以步入一个互动娱乐的新纪元。"

其实，Kinect 开创的不仅仅是游戏界的新纪元，它也开启了人机交互界面的新纪元，而 Kinect 仅仅是手势界面革命的开端。除了游戏，手势界面还在自动驾驶汽车、消费电子、运输行业、国防、医疗保健、零售业、智能家居方面有所发展。

例如，在智能家居方面就出现了一款名为"Hayo"的智能家居控制器，可以对房间进行 3D 扫描并运行，将房间里的任何物品或位置转换为虚拟遥控器，只需一个手势你就能控制灯、电视、音乐播放器、监控、电话、短信等。Hayo 智能家居控制器最酷的地方在于，你可以在任何地方创建需要的遥控器，它完全抛弃了传统的实体遥控器、开关，你只需要大手一挥，灯就打开了。而 Hayo 还集成了一套学习系统，在一些人们活动较为频繁、操控次数较多的空间里的操控效果愈发精准。在人们使用的过程中，它会不断地学习和调校相应的指令，从而能够更准确地达到操控目的。Hayo 将依靠动作识别进行控制的概念带入智能家居，可谓前无古人。而将人工智能与动作识别相结合也是别出心裁，这也将成为动作识别和手势界面的发展方向。这样会使手势界面的动作识别准确度变得更高，相关平台及其服务也将得到优化。

其实，在计算机技术飞速发展的时代，硬件和网络的发展都为之提供了持续的动力。通过对比，我们不难发现，一方面，如今的内存和硬盘容量都已经增大了 10,000~1,000,000 倍。CPU 处理器以及图形处理能力也得到了深远的发展。各式各样的智能软件以及电子产品都应运而生，人工智能也从萌芽阶段开始飞速发展。而另一方面，网络的出现也将我们带入一个新的纪元。计算机早期出现的时候还根本没有网络，但现在它已经成为我们生活中一个不可或缺的东西。智能软件助手也随着网络、人工智能的发展得以出现，

并逐渐成为计算机发展的核心技术方向。但是，这些年过去了，我们使用得最广泛的人机交互界面还只是图形交互界面。而在此背景下，手势操作界面和语音接口出现了，先后于 2011 年和 2016 年入选《麻省理工科技评论》十大突破性技术，它们也代表着人机交互界面革命的开始。

语音接口接下交互界面革新的接力棒

语音接口技术的发展远比我们想象的要早，在 20 世纪 70 年代，有一位名叫 Ron Kaplan（罗恩·卡普兰）的科学家，他是一位语言学家，同时也是一位心理学家和计算机专家。他将著名语言学家 Noam Chomsky（诺姆·乔姆斯基）的理论用于人机交互语言的重构。他参与的研究会话用户界面的团队开发出一个会话用户系统，用户可以使用标准英语来预订机票。但是这种技术无法用于大规模的系统性工作，因此也就无法普及。Kaplan 表示："当时这种技术的成本过高，大概要达到每个用户一百万美元。"事实上，这种技术需要更快的处理速度，更智能、更高效的分布式处理电脑。卡普兰当时估计需要 15 年的时间。不过这一等就是 40 年。如今，计算机处理、语音识别、移动通信、云计算、神经网络等技术的发展都已经成熟，成本也达到可以接受的水平，可以使得用户语音接口市场化。语音接口技术以独特的用户体验博得了人们的关注，丰富了我们与计算机交流的途径，从手势界面接下了人机交互界面革新的接力棒，也于 2016 年入选十大

突破性技术。

2016 年，Kaplan 出任语音识别软件公司 Nuance Communications 的首席科学家及副总裁。该公司是世界上最大的语音接口业务公司之一，其为 Ford 开发了车内语音系统 Sync System，还参与了 Apple 公司 Siri 的开发。除了 Nuance，Amazon、Intel、Microsoft 和 Google 等公司也都在研发人机交互的语音接口，此外还有数 10 个初创企业也在从事相关研究。它们的目标很明确，就是让用户能够跟自己的设备如同和朋友谈话一样交互——用户的设备能够听懂用户在说什么、表达什么意思。

Steve Jobs（史蒂夫·乔布斯）在 1979 年就看到了图形用户界面的重要性，清楚其是拓展计算机市场的重要方式。但即便是图形用户界面，依旧把大量受众拒于赛博空间的大门之外。它依旧需要用户去学习计算机语言，而如今的图形用户界面元素剧增，程序的功能越来越多，在图形用户界面中充斥的菜单和图标选项也越来越复杂，已经到了信息超载的边缘。拥有超强功能的软件 Photoshop 或是 Excel，都有着大量的菜单项，我们往往需要花很长的时间去记住各种快捷键的使用方式。

而现在，随着语音技术的发展，我们与计算机之间的交互将会更加直接，而更贴近自然语言的语音接口将会进一步拉近我们与技术之间的关系，计算机也将变得更贴心、更友好、更富于个性化。尤其对不是以英语为母语的国家来说，它们将更加适合语音接口的

发展。以中国为例，汉字本来就不适合用触摸屏输入，直接将汉语识别成计算机语言将会使我们与计算机的交流更方便。在中国，能看到许多人手里拿着最新款的手机，如 iPhone、SAMSUNG 和小米。近距离观察，你会发现他们并不是在使用触摸屏，而是在发语音。微信强大的语音功能已经改变了我们使用手机以及发送信息的方式，如今我们更多的是采用语音信息的方式进行交流，语音接口已经成为人机交互的重要门户。

特别对于某些特定群体的人来说，语音接口技术的发展将会在很大程度上取代其对图形用户界面的使用。一些不方便通过键盘鼠标或者根本不会用键盘鼠标进行输入的人群，例如视障者、老年人，他们在很大程度上并不适合使用图形用户界面，那么语音接口技术就给了他们一个很好的选择。

需要指出的是，语音技术并不会完全取代鼠标和键盘，甚至是触控面板和手势界面。如果你需要使用台式机，那么你肯定会保留这些人机交互方式，因为这些将会更加准确。虽然更多时间你可能会通过语音接口调用功能，譬如"裁剪工具在哪里"，但这些基本都是一些简单的操作，而复杂的操作还需要通过鼠标和键盘进行输入。

语音接口技术的出现使人机交互更为直接，将我们和计算机之间的交流从计算机语言中释放出来，也给智能软件助手注入了新的活力。它们也从屏幕中走出来，与我们以"声"

会友，也正是 Siri 和 Nuance 的结合才使得 Siri 为世人所惊叹。

智能手表：用"手腕"处理事务

2011 年，在国际消费电子展览会（CES）上，大家都在谈论智能手机，各大消费电子厂商纷纷推出自己的智能手机；2012 年，平板电脑成为 CES 的主题，Ultrabook 的概念被炒热；到了 2013 年，CES 的焦点都放在了可穿戴智能设备上，其中不乏明星公司的恢弘巨制，例如 Google 公司的 Google Glass，也有接近普通消费者的智能手表。Peddle 作为第一代智能手表，在那几年可以说是风光无限：先是 2012 年，Peddle 的开发者 Eric Migicovsky（埃里克·米基卡夫斯基）在美国众筹平台 Kickstarter 发起众筹，不到 2 小时就获得了 10 万美元，一天后，这个数字涨到了 100 万美元，而最终埃里克从 85,000 多名支持者手中拿到了超过 1,000 万美元的融资，这也是当时的最高纪录。这个成绩是很多在 Kickstarter 上发起众筹的公司难以望其项背的。

作为人机交互技术界面的延伸和平台，智能手表与语音识别结合、与智能软件助手结合，拥有十分强大的功能。智能手表装有嵌入式系统，拥有的不仅仅是简单报时功能，其功能类似一台个人数码助理。智能手表可以运行移动程序，与智能手表同步，并提供电话、短信和电子邮件提醒功能。智能手表还配备有多个传感器，可实现健康追踪和健身指南的功能。人们只要一抬手，一瞥就能轻松地获取一些简单实用的信息。

Peddle 的成功一夜之间将智能手表变成了一个真正的产品类别，消费电子巨头纷纷加入战场，诸如 Apple、Google、华为都纷纷开始做起了智能手表，Android Wear 和 Apple Watch 纷纷面世。传统制表商 Fossil 也想在智能手表领域分一杯羹，从简单的健康手环开始，Fossil 的智能手表也在一步步向着完全体进化。2015 年推出的 Apple Watch 爱马仕系列也标志着智能手表在向着时尚界进发。

智能手表的发展其实比我们想象的要早，在 Motorola（摩托罗拉）工程师 Martin Lawrence Cooper 发明第一部手机的前一年，也就是 1972 年，美国手表厂商 Hamilton（汉密尔顿钟表）推出了 Pulsar Time。这是第一款具有智能手表概念的产品，其显示屏是一块具有自动调节亮度功能的 LED 屏幕，并且还设计了大量数字按键和计算器功能。之后的产品，开发者的理念大多是将处理器或者电

智能手表

脑操作系统植入到手表中，例如 Seiko 在 1985 年与 Epson（爱普生）联合开发的电子手表 RC-20，以及 2000 年出现的 IBM Watch-Pad 1.5。但因为当时没有出现匹配的存储技术和电池技术，这些手表的实现的功能都很有限。或者说这种手表一开始的定位就错了，我们并不需要在手腕设置一台功能齐全的电脑，大多数人甚至现在都不需要。2004 年，Microsoft 总裁比尔·盖茨瞥见了可穿戴式电子设备的未来，推出了 SPOT 手表，使得用户能在手腕处使用 MSN、查看新闻以及使用收音机，其续航能力也不错。讽刺的是，软件出身的 Microsoft 居然推出了一款缺乏软件支持的电子产品，SPOT 手表也于 2008 年停产。

直到 2012 年，Peddle 的出现才正式将智能手表推上了历史舞台。开发 Peddle 原型机的最初想法其实源自 Eric 在荷兰的生活。代尔夫特小镇的生活舒适而恬静，Eric 每天都骑着自行车穿梭在代尔夫特小镇与学校之间。时而响起的手机铃声让正骑着自行车的 Eric 很是困扰，他不得不每次停下来查看手机中的信息。Eric 想，如果我们将一些简单的功能转移到更加方便的地方就好了。他想到了手表。对于最初的想法，Eric 告诉我们："现在人们平均每天要掏出手机 120 次，如果我们能在手表上完成一些简单的操作，岂不是很方便？"

团队立即在 2012 年 4 月推出了 Peddle 创立以来的第一代产品，它采用和 Kindle 类似的

电子纸屏幕，续航能力超强，并且适合在日光下阅读。Peddle 首次预售就达到了 27 万块，每块售价为 150 美元。除了能采用蓝牙与智能手机相连，实现查看邮件等基本功能，Peddle 还开放了应用程序以及第三方开发应用程序的许可，这就使得 Peddle 智能手表的功能变得丰富起来。其实，相比硬件开发，Eric 更加看重的是 Peddle 智能手表应用程序平台的搭建，他认为 Peddle 作为一个初创的硬件开发公司，软件开发的能力有限，投入大量资源可能得不到相应的回报。但如果能够创造一个应用程序开发平台甚至社区，求助于众多的软件开发者，那么不仅能够盘活整个应用程序的开发状态，还能使更多的人关注 Peddle。这样的开发模式似乎已经成为如今电子消费产品开发的定式了，手机制造商小米的发展之路与此很类似。这其实是 Peddle 的成功之处，也是迫使 Peddle 出局的原因之一。各大消费电子巨头加入战局之后，不仅拥有资金上的优势，而且更重要的是，诸如 Apple、Google 等公司都有相当的软件应用沉淀，能够十分方便地在自己的智能手表端推广自己的软件应用。如今，在 Apple Watch 端能使用的应用已经超过 1 万种，其中包括 Facebook Messenger 和 GoPro。

如今，智能手表的市场上已经鲜见 Peddle 的身影了，Apple Watch 一跃成为智能手表的霸主。据报道，Apple Watch 在 2017 年的出货量达到 1,770 万台，占全球智能手表总出货量的 53.01%；而 2018 年年底时，Apple Watch 的销售量达到 2,200 多万台，相当于瑞士全

国传统手表的全部销量。随着智能手表在健康监测方面表现的提升，越来越多的人选择佩戴此类产品。从 2012 年开始，智能手表的销量已经逐年上升，特别是由于 Apple Watch 以及其他大厂的智能手表加入战局，智能手表的销量一直向上攀升。这样的趋势还会延续多久，我们还没有答案。

智能手表能带给人们的是不一样的人机交互体验，它注重给人们带来效率以及方便的信息供应。即使现在有很多基于智能手表的应用出现，但人们对于手表功能的需求远没有达到他们的预期，反而那些具有简单功能的"健身"主题手表倒是大受欢迎。人们的需求永远比一个产品的功能更加贴合市场，功能贴合需求是好产品，功能超前不实用就只能是概念产品了。

一般而言，效率工具或者健身应用程序的核心其实都是消息推送和提醒，那么对于使用频率来说，为什么智能手表上的健身应用程序要更受欢迎呢？这其实是一个"度"的问题，健身应用程序基本都在健身的时候起作用，并不会对我们除健身以外的生活产生影响。这时候我们用轻便的智能手表比智能手机要方便，需要的功能也不多，用智能手表就能实现了。但是智能手表上的效率工具和消息推送，有时候会很干扰我们的生活。举个最简单的例子，Peddle 能够允许用户将手机上的所有信息提醒转移到智能手表上，这可以算是 Peddle 最基础的应用；但是这种看似"傻瓜"般的辅助功能却会变得十分烦

人——无时无刻不在提醒你，好友又赞了你的微博、Linkedin（领英）上又发布了新职位等。特别是在深夜或开会时，我们不希望出现消息的推送。手机很好对付，将它们调到勿扰模式即可，而 Peddle 一直在显示消息推送。可以说，如果你想买一块让你很省心的智能手表，也许找不到，因为如今的智能手表还并不成熟。不过，如果你想买一款健身或者具有其他功能的智能手表，那么市面上的智能手表基本上都能满足这样的需求。

除了需要提升自身的功能，智能手表还需要明确自己的定位：技术层面的尽头到底是完全取代智能手机还是与智能手机和谐共处，或是独树一帜？找到自己真正的痛点和应用场景才是生存之道。如今，智能穿戴产品的春天已经到来，市场增长形势大好，一些简单实用的产品诸如健康手环和智能服饰等都已经成为产品进入市场。它们相比于智能手表，功能更加简单，但更具有针对性，能够与智能手机相连形成新一代的智能穿戴管理系统。智能手表要冲破这样的格局，其实是十分具有挑战性的。电子产品更新换代的速度越来越快了，智能手表的出现是对智能手机的一种冲击，但是其后涌现的智能穿戴产品是否也会冲击智能手表并最终将其踢出历史舞台，我们也只能拭目以待。

Oculus Rift 与 Magic Leap：体验人机交互技术的风暴

虚拟现实技术可以说是结合了众多人机交互

接口技术而产生的以超凡的用户体验为核心的人机交互技术，能给人带来身临其境的感觉。2018 年最受玩家期待的电影之一——《头号玩家》就向世人展示了未来世界中虚拟现实游戏的魅力，虚拟现实的玩家甚至在电影中形成了一个具有一定社群意义的群体。相比之下，增强现实技术就像是虚拟现实技术在现实中的投影。虚拟现实技术以 Oculus Rift 为代表入选 2014 年《麻省理工科技评论》十大突破性技术，而次年入选《麻省理工科技评论》十大突破性技术的 Magic Leap 也向世人展现了 VR 和 AR 相互结合的神奇。VR 和 AR 正在改变人机交互的体验模式，虚拟现实沉淀了 30 年，终于崛起。Oculus 公司推出的虚拟现实头盔 Rift 能带给你超乎想象的沉浸感，被誉为下一个最重要的计算和交流平台。生于 1992 年的 Palmer Luckey 刚好错过当年上映的表现虚拟现实技术的科幻片《割草者》。当他看到这部电影时，他立刻

对其中设想的由计算机生成的沉浸式体验产生了兴趣。在这个梦想的激励下，他设计了当时世界上最先进的头戴式显示器，并最终自己制作出一台能承载虚拟现实的样机，而那一年他才 16 岁。几年之后，未满 24 岁的 Palmer 创立了 Oculus 公司，并推出了一款价格适中的虚拟现实穿戴设备——Rift，可以支持极其逼真的虚拟现实游戏，比如《毁灭战士》《雷神之锤》和《狂怒》等。Rift 在 2013 年的 E3 游戏大展（Electronic Entertainment Expo/Exposition）上惊艳全场，揽获多项大奖，并在 E3 官方奖项 "Game Critics Awards" 的角逐中击败新发布的 Xbox One 和 PS4，获得最佳硬件奖。此前，该奖项一直被 Sony、Microsoft 和 Nintendo 所包揽。这就是开启虚拟现实风暴的 Oculus Rift 的故事。

第一代 Oculus Rift 采用的电子元件和简单镜头都可以在市面上买到，构型也十分简单，

Qculus 推出的头盔

采用了左右两眼分镜的模式，用软件将图像分解成两幅并列的弯曲画面；透过设备的镜头，佩戴者就可以看见一幅辽阔的三维全景了。这是一款定位廉价的虚拟现实产品，当时的售价为 599 美元，相对于 30 多年前一部头戴式显示器的售价 10 万美元要便宜得多。如今，最新的 Rift 的单眼分辨率也达到了 2,160 像素 × 1,200 像素，配备有两块 OLED 显示器，刷新率为每秒 90 帧，内置加速度计、陀螺仪和磁强计，自带立体环绕声耳机，红外摄像机跟踪，水平可视角度大于 100 度。从硬件上来说是比前作要好得多。这样一台 Oculus Rift 的外形看起来与《头号玩家》中的设备差不多。我们距离在虚拟世界中玩大型网络在线游戏已经不远了，而这正是 Palmer 的梦想。Oculus Rift 的设计和开发也以游戏体验为主，如今其承载的游戏数量更是增加到了 100 个，其中不乏游戏大作 Minecraft 和《刺客信条》。

仅仅有游戏的支撑还不足以将虚拟现实推广，Oculus 还进军 VR 电影，并于 2015 年年初成立了"故事工作室"（Story Studio），还聘请了许多业界资深人士，包括来自 Pixar 的创意总监 Saschka Unseld，以及《机器人总动员》《飞屋环游记》等著名动画片的技术专家 Maxwell Plank。而 VR 版本的重创电影也在制作之中，例如，20 世纪 Fox（福克斯）公司就在制作科幻电影《火星救援》的 VR 版本。Oculus 还将 Rift 带到了新闻媒体体验、临床医学、医学研究、计算机辅助设计等领域，可以说是前途无限。

但是从市场角度来看，2015 年 VR 疯狂入局，震撼了全球的消费电子市场，到 2016 年上半年 VR 开始爆发式增长，然而到了同年的下半年，VR 行业虚高的泡沫很快被打破，许多 VR 公司裁员、倒闭、融资困难的消息频现。VR 开始经历一场资本"寒流"的洗礼，身处 VR 旋涡之中的企业和资本也逐渐冷静下来。经历了 2017 年的行业洗牌后，三年间，大起大落的 VR 行业如同坐了一次过山车，许多虚拟现实的初创公司纷纷退散，市场再次恢复平静。如今，虚拟现实只剩下巨大的潜力和市场估值，硬件、软件、产品定位以及实际应用等方面的瓶颈成为虚拟现实停滞不前的重要原因。

Oculus Rift 给我们的体验就是将我们带入一个虚拟的世界中去得到虚拟的感知。不同于它，Magic Leap 则是把这些感知带到你所熟悉的现实中，例如，让你可以在真正的桌子上看见虚拟的事物。这样的体验就显得更加奇幻，它采用的是虚拟现实和增强现实的混合技术——混合现实。我们已经知道，虚拟现实就是将你带入虚拟世界，增强现实是将虚拟的事物加到现实之中，例如 2016 年风靡世界的 Pokemon Go，其中就运用了增强现实技术，玩家可以通过手机屏幕在特定的现实环境中发现特定的口袋妖怪，并与之进行互动。而混合现实技术就是二者的结合，简单而言就是将真实的事物虚拟化然后呈现出来。说起来比较简单，其实混合现实比虚拟现实和增强现实都要难实现，虚拟现实就是你看到的东西都是虚拟出来的，也就是说都是假的；增强现实是把虚拟的东西叠加到现实的东西上，也是将假的东西创造出来；而混合现实必须先把真实的东西虚拟化，然后呈现出来。虚拟化的第一步就是找到你想要虚拟的东西，然后用摄像头拍摄它的外形等特征，但是这样得到的信息都是二维的。那么我们就需要进行三维建模，将二维的信息用计算机处理成三维的，这样做之后我们才能将它们完美地呈现出来。

这样的想法源于 Magic Leap 的 CEO Rony Abovitz，当时他想给他所在的乐队 Sparky-dog&Friends 来一场虚拟巡演。他立刻就想到了《星球大战》中可移动的全息投影。所谓全息投影就是一种通过精准的再造光场，让物体反射回来的光线重新构造成想要的顺序，产生的效果就形成了可从各个方向观看的三维图像。不过，Rony 马上就意识到这种技术是不可推广的，因为全息投影的成本太高，而且其分辨率无法有效地提高。如果仅仅针对一个单体用户设计，那么投影的呈现将会简单很多。而这就是 Magic Leap 公司最初的想法，即制造单体的混合现实系统。从技术层面上看，Oculus 需要用一套虚拟现实的硬件设备来带你去虚拟的世界，而 Magic Leap 采用了一种和之前的立体三维不同的技术。技术本身是用一个极小的投影仪直接在你的眼睛上投影，而且把这个光线与投入你眼睛的自然光完美地融合起来。

2016 年年初，Magic Leap 完成了最大的一笔 C 轮融资，总额约 8 亿美元，投资者包括阿

里巴巴、Warner Bros.（华纳兄弟）和 Google 等。迄今为止，Magic Leap 已经先后获得了 14 亿美元的资金投入，但原型机迟迟不出现，一再地跳票，仅仅是陆续发布了几段惊艳的视频，吊足了消费者和投资者的胃口。终于，在北京时间 2017 年 12 月 20 日晚上 10 点整，Magic Leap 正式更新了其官方网站，并通过官网发布了旗下神秘 AR 头显 Magic Leap One，并且表示开发者版将会在 2018 年发货。Magic Leap One 包括一个 AR 眼镜，一个用线连接的主机，还有一个无线控制器，涉及空间感知和光场显示两种核心技术，其中光场显示能建立起四维的光场空间，投射到我们的眼中，能使高低远近的物体聚焦不一，虚拟物体与自然物体一样有虚实变化。这样，我们就不会产生一般体验虚拟现实产品时的眩晕感。这款产品看起来确实十分美好，混合现实技术的前景也不错，将虚拟产品放在现实环境中，能大幅提升用户体验，提高人机交互的效率。

Magic Leap One

专家点评 ①

—— 史元春 ——

（清华大学计算机系教授，全球创新学院 GIX 院长）

最近 10 年，是人机交互向自然交互蓬勃发展的 10 年。毋庸置疑，计算机是 20 世纪最伟大的发明，其作用从科学计算工具迅速发展为信息处理和信息交互工具，起引领作用的则是人机交互技术的变革，即以鼠标发明为标志的图形用户界面（Graphical User Interface, GUI）的产生。GUI 一改规范命令与计算机交互的命令行界面模式（Command Line Interface，CLI），提供了普通人与计算机便捷交互的工具和方法，让计算机从实验室走进办公室，走入家庭。10 多年前，触屏技术成为产品技术，GUI 中的鼠标被人的天然"指点"工具——手指所取代，计算机又变身出手机，成为方便更多人使用的随身掌上工具。为了更少依赖操控工具，发展学习和使用成本更低的自然交互技术，一直是人机交互研究的价值追求。最近 10 年，随着感知和计算技术的进步，自然交互技术创新层出不穷，并能迅速成为新型产品技术。《麻省理工科技评论》总结和评论人机交互领域的突破技术，为人机交互技术、未来终端技术的发展建立了一个高端的技术论坛，影响深远。我把这些突破技术分为三大类：支持自然动作的感知技术，面向穿戴的新型终端，基于语音识别的对话交互。

人体动作蕴含丰富的语义，动作交互技术一方面需要感知技术的进步，另一方面需要发现或设计有明确交互语义的动作（Gesture，姿态。由于人手的灵巧性，手势成为主要的交互动作，通常叫作"手势"）。如今，在二维表面上，多指触摸动作在触控板和触屏上已普遍可用。在三维空间中，嵌入了深度摄像头的手持和固定设备，能比较准确地识别人的姿态和动作，做出响应。不同于人脸识别等目标明确的视觉识别任务，动作交互不仅要求视觉识别的准确度，更需要研究基于交互任务的动作表达的自然性与一致性，难以发现和突破。所以，除了动作语义很直白的动作游戏，三维动作交互尚缺少普遍认知和接受的交互动作语义。而无论二维还是三维，手势的不可见性是动作交互的主要难题。

穿戴取代手持曾是前几年的一个革命性口号。目前看，市场上的确出现了一定规模的新产品，但穿戴仍是处于补充的地位。在穿戴设备中，手环基本上只有健康和活动检测功能。智能手表可以算作创新终端，但作为缩小版的手机，由于交互界面的缩小和操作方式的限制（通常是小界面上双手参与操作），其承载功能也较手机缩减很多。VR/AR（虚拟现实 / 增强现实）的一个理想载体是头戴式设备。最近几年，多款智能眼镜产品面世，比之前笨重的头盔轻便了许多，逼真的虚拟场景和准确的现实对象识别信息都可以清晰地呈现在眼前，并在特定领域开拓着增强体验的应用。然而，智能眼镜尚缺少与其三维真实显示匹配的准确的自然输入技术。同时，在从眼手绑定在手机上转变到眼手分离的眼镜设备上时，尚未建立起相应的交互模式。

自然语言对话式交互得益于大数据和智能技术的进步，多语言的自然语音识别技术在用户终端上都达到了很高的可用水平，而且语音识别超越文本输入方式，成为智能软件助手的使能技术。近两年，更有基于语音接口的家居产品如雨后春笋般大量出现，VUI（Voice User Interface，语音用户界面）已经成为交互术语。然而，VUI 的局限也是显而易见的，相对于并行模式的视觉通道，串行模式的语音通道的带宽显然窄得多，出声的使用方式在很多场合是不合适的。但作为一种可用的自然交互技术，其有效地提升了用户体验。

人机交互作为终端产品的引领技术的作用已经是产业界的普遍认识，我们欣喜地看到有很多种自然交互技术和新型交互终端面世，但 GUI 仍是交互的主导模式。计算无所不在，交互"自然高效"是发展趋势。人机交互的研究和开发空间很大，需要综合地探索自然交互技术的科学原理，建立明确的优化目标，结合智能技术，发展高可用的自然交互技术。

专家点评 ②

韩璧丞

（BrainCo 与 Brain Robotics 创始人兼 CEO）

本章完整地梳理了近 10 年人机交互技术的发展，对科技界及人类社会影响深远。

本章完整地整理介绍了近 10 年来人机交互技术的发展图谱，对人机交互的发展做了一个整体的梳理，给广大读者朋友提供了一部有趣有用的人机交互编年史。这样系统的梳理在科技界和整个社会有着多层次的实际意义。从小范围来讲，这样的工作可以指引科技新秀找寻创业机会，帮助资本聚焦到最有革命性的赛道；从更大的范围来讲，这种梳理甚至可以连带影响国家科技政策的制定，甚至世界范围内科技潮流的走向。这样看来，本书的出版意义重大。本书将《麻省理工科技评论》每年所评选的突破性技术进行编纂汇总，在 2019 年年初回顾了 2009~2018 年人机交互迅猛发展的黄金 10 年，这是前所未有的。通过对人机交互史的系统性梳理，本书为读者回顾人机交互史及展望人机技术发展的未来提供了充分的支持。

沉浸在本书的阅读中，我们将自己置身在科技发展史长河的一个瞬间，而在这一瞬间我们可以拥有迥然不同的两个视角：回顾和展望。

回顾人机交互演进的三条线索

回顾，是为了回溯科学演进的规律。而通过对人机交互技术的回顾，我们不难发现三条平行发展的线索。

1. 直观化、便捷化
人机交互技术从非直观向直观的方向发展：从最初使用穿孔卡片，到需要使用专用编程语言，再到图形界面和鼠标操控，而后涌现出诸如 Siri、Google Assistant 等使用自然语言交互的应用，直到近期像 Oculus Rift、Magic Leap 的沉浸式虚拟现实、混合现实交互。人机交互的方式正在逐步贴近人类最自然的交互方式，直观且便捷。

2. 便携化、可穿戴化
我们不再被桌面上的键盘鼠标束缚，人机交互设备已经由外设向人的身体上集成。随着交互设备的集成化与微型化，我们已经可以将很多交互设备佩戴在身上，如具备部分手机功能的 Smart Watches（智能手表），或是具备手势、姿势监测功能的可穿戴设备，抑或是摆脱台式显示器、能够提供沉浸式体验的可穿戴 VR/AR 设备。更有甚者，通过手势和语言交互，使人类也可完成部分远场无束缚的交互。

3. 感官饱和化

人机交互已然从初始的单一感官交互，演变到多感官集成：在感官层面，从最初的代码，进化到二维空间基于图像的视觉，到智能语音交互的听觉，再到基于平面触控的触觉反馈，再到现在基于三维空间的图像及体感姿势交互、多感官集成的沉浸式交互。人类的五感中，除去嗅觉和味觉的感官，都已经被人机交互涵盖。从某种意义上讲，人机交互已经调动了人类可用的感官，感官层面已经被人机交互充分渗透。

展望人机交互"历史的尽头"，值得期待

展望，让我们带着理性憧憬科技的未来。捋着人机交互的三条演进线索，我总在问自己：线索的尽头是怎样的未来科技？作为严谨的科技工作者，我们可以有怎样合理而有前瞻性的预测？与其给大家留下无尽的畅想，我更愿意在这里给读者们留下一些大胆的猜测：

1. 人机交互将从当前的直观化走向"本能化"

2. 人机交互进一步便携化、可穿戴化，甚至"植入化"

3. 人机交互跨越感官层面，延伸到"意识"层面

让我们大胆畅想一下未来：首先，交互的刻意感将进一步削弱，人机交互的体验从直观到"像是本能"。我们不再学习与计算机交互的技能，而是像控制自己的身体部件一样"自来熟"，几个手势、肢体动作就可以完成我们想要完成的全部任务，甚至一个"想法"就能够控制外部的设备，就可以实现向计算机输入信息的目的。其次，人机交互的设备将有可能进一步集成化、便携化、可穿戴化；甚至将出现半永久的穿戴式交互设备，如隐形眼镜式显示器、脑机接口等，通过人类自身就可以实现绝大多数的人机交互，实现更高层次的人机融合。最后，在人机交互将人类感官层面开发殆尽的时候，人机交互将会从感官层面跨向意识层面。三条线索的尽头，似乎都在指向一个共同的人机交互的未来——人机融合。如同半机械人 Neil Harbission 可以通过大脑来"听"颜色一样，也许在不远的将来，类似于《黑客帝国》《阿凡达》中所描述的场景，以及当下《疯狂的外星人》中脑机交互的模式就会出现在我们眼前。我愿意和广大的读者朋友一起来期待。

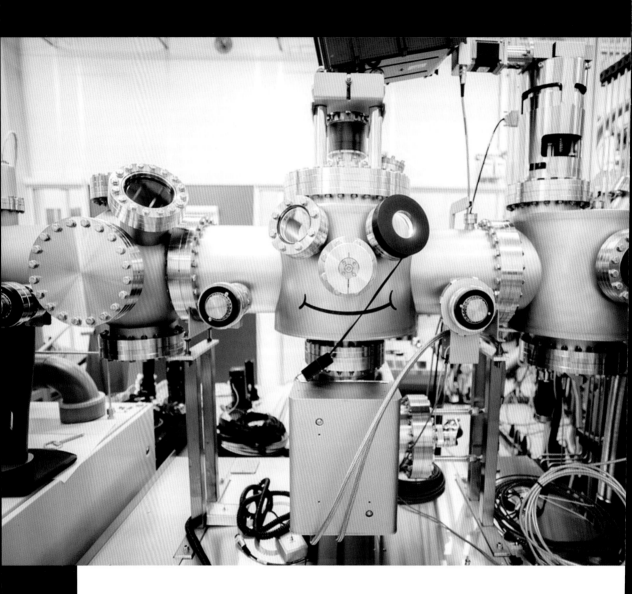

第三章
硬件与算法，好马还需好鞍

撰文：杨一鸣

主要技术:

入选年份	技术名称
2009	Hash Cache 哈希存储
2009	Racetrack Memory 赛道内存
2010	Mobile 3-D 移动 3-D
2012	3-D Transistors 3D 晶体管
2012	Sparse Fast Fourier Transform 稀疏傅里叶变换
2012	Light-Field Photography 光场摄影
2014	Neuromorphic Chips 神经形态芯片
2017	The 360-Degree Selfe 360 度自拍
2017	Practical Quantum Computers 实用型量子计算机
2018	Material's Quantum Leap 材料的量子之跃

硬件与算法是计算机的两大组成部分，二者相辅相成，好的硬件需要性能卓越的软件与之匹配。最先推动计算机技术革新之举往往从硬件开始，因为硬件决定了计算能力和存储能力，也就决定了计算速度的天花板。从第一部计算机发明出来至今，计算机已经从里到外发生了翻天覆地的变化；最小单元从最开始的电子管到如今的 MOSFET，计算能力和存储能力已经不可同日而语。

在摩尔定理的推动下，MOSFET 的特征尺寸也在不断减小，如今许多公司已经研发出了 7 纳米的 MOSFET，材料的物理极限也近在眼前。在这样的背景下，加州大学伯克利分校的胡正明（Chenming Hu）教授向我们展示了他的作品——3D 晶体管，又叫"鳍式场效应晶体管"（Fin Field-Effect Fransister, FinFET）。胡正明教授将器件导电的通道由二维变成三维，而其独特的器件设计有利于控制器件的导通特性。这是半导体器件历史上又一个现象级的器件，它改变了半导体工艺、表征、器件设计、电路设计甚至摩尔定理的走向。自旋电子大师 Stuart Parkin 院士也向我们展示了他的作品——赛道内存。这是 10 年前能与现在的存储技术相媲美的存储技术，有着巨大的存储空间和闪存一样的使用寿命，并且读写的速度也将是非凡的，它也被人们预言在 10 年内将成为市场上主流的存储技术。

"好马也要配好鞍"，算法的突破也如影随形。我们看到，不仅出现了更快更高效的算法，还衍生出很多改变我们生活的软件和应用。首先出现了以"哈希存储"和"稀疏傅里叶变换"为代表的算法突破。它们从最基础的存储规则和傅里叶变换入手，以特别的运算使我们存储以及处理数据的速度增快。而蕴含在哈希存储和稀疏傅里叶变换背后的算法模式设计也将给软件与硬件的设计提供新的思路。

最初的计算机只停留在军事和密码应用上，而今的计算机无处不在，不仅仅局限于家用电脑或手提电脑，只要有输入输出设备、人机交互界面、中央处理器及一些配件，都能归到计算机的范畴；如果再加上能体现痛点的软件、应用及服务，就是一件出色的消费电子产品。最近几年，消费电子市场的爆棚也得益于硬件和算法的突飞猛进，以"光场摄影"和"360°自拍"为代表的消费电子和相关应用技术也出现了。以光场技术为代表的图像处理技术在沉寂多年之后，借着硬件的发展总算走到了我们的眼前。Ren Ng 将硬件和软件相结合，结合摄影的痛点，开创了以光场相机为主要产品的 Lytro 公司。之后的"360°自拍"也受到市场的青睐，多个摄影器材巨头公司的加入也使得战局变得火热。

尤其在最近几年，计算机也从模式上出现了新的改变。一方面，我们不再局限于追求更快、更高效、更便捷的电子计算机，转而研发以不同模式来进行计算和数据处理的计算系统。其中出现了仿生的神经形态计算芯片，它模拟人眼与人脑神经元的芯片，希望能成为人工智能的下一代载体。另一方面，以量子比特作为存储和计算单元的量子计算机也出现了，这是一类遵循量子力学规律进行高速数学和逻辑运算、存储及处理量子信息的物理装置。量子比特与电子计算机的电子比特相比，所能处理的信息量已经不在一个数量级上了，同时，量子计算机的处理速度也将大大超越电子计算机。

从 2009 年至 2018 年的 10 年间，有关计算机的硬件技术、算法技术、应用技术以及新式计算机技术就像一条线一样贯穿着这 10 年。它们每一步的创新都把计算机往更快、更方便的方向推进了一步。在这背后是每一位科研工作者、算法工程师、半导体人所承载的使命和梦想。这 10 年间，共有 10 项相关技术入选《麻省理工科技评论》十大突破性技术"，它们记录了计算机技术一点一滴的创新，也代表了整体计算机技术的发展趋势。下面我们将对每一项入选技术的背景、原理、发展现状和市场化情况进行详细梳理。

赛道内存与哈希存储，双管齐下创新存储技术

我们身处一个数据爆炸的时代，大数据和云技术的基础就是存储和数据处理，而存储也是计算机的基本组成部分，有了存储才有数据的操作空间。可以说，存储技术的更新也是计算机技术进步的基础。计算机发明之前，我们用纸和笔以文字的形式记录。计算机发明以后，出现了很多种存储技术，从最

早期的"阴极管"到采用磁性原理记录的硬盘，再到现在流行的固态硬盘，存储的容量、速度和读写能力都已经不可同日而语。如今的存储器还在变得越来越小，能够放进智能手机和很多可穿戴电子产品中，很多智能手机和可穿戴电子设备的功能也因此变得多样化起来。2009 年，有两项技术入选《麻省理工科技评论》十大突破性技术，它们从不同的方面改变了存储技术的发展，一硬一软，提供了存储技术革新的新思路。

1. 赛道内存

赛道内存的研究和开发要追溯到 2002 年。当时，IBM 将旗下的存储事业部都出售给了日本 HITACHI。其中，研究了大半辈子磁性存储材料的 Stuart Parkin 院士正面临何去何从的境地。他决定开发一款全新的存储设备，拥有磁性硬盘的超大容量，也有电子闪存的耐久性，并且读写的速度也要超过这两种存储设备。而这就是赛道内存。

当时，不仅仅是 Parkin 院士的职业道路处在风口浪尖，整个半导体行业也面临着巨大的挑战。被摩尔定律折磨着的半导体工艺工程师和研究者都在苦思冥想如何赶上甚至超越摩尔定律。但是，随着半导体器件特性尺寸的缩小，半导体及相关材料的物理极限已经近在眼前，传统的工艺已经没办法跟上摩尔定律了。20 世纪末，胡正明教授提出的 FinFET 给了人们耳目一新的感觉，他将传统的半导体器件从二维搬到了三维。这种全新的 3D 器件成功规避了一些因为半导体器件

尺寸缩小后带来的问题。存储器件的情况也很相似，当时大量使用的磁性硬盘或固态存储设备，采用的都是半导体平面型的器件，即仅仅靠单层材料来实现数据的存储功能。这两种技术已经发展了将近 50 年，也即将在之后的 20 年内达到极限。这时候，Parkin 院士带着自己开发的赛道内存出现了。这也是一种 3D 的半导体器件，采用 U 形的磁性纳米线作为存储器件。纳米线上有很多不同的区域，它们有着不同的磁极性，而边界上的磁畴壁就代表存储的"0"和"1"。向纳米线通自旋极化电流时，电流中朝特定方向旋转的电子就会受到纳米线中不同区域磁场的影响，从而变换旋转方向。依次通过纳米线之后，电流中就带有了纳米线中全部的磁畴信息。那么，读出通过纳米线的电流就能知道整条纳米线上所存储的数据，读取的速度从方式上就比传统的磁性硬盘要快。这种方式十分像赛车依次通过终点线，这也是"赛道内存"名称的来源。

下图展示了垂直型和水平型赛道内存器件的结构。不同的颜色代表不同方向的磁畴。一般而言，纳米线的尺寸为 200 纳米长、100 纳米厚，当电流通过纳米线时，磁畴经过邻近的磁性读写头，借由磁畴的改变来记录信息。将尺寸如此小的纳米线赛道垂直或水平排列在硅晶片表面，可以形成赛道存储阵列，甚至可以在每个赛道存储集合芯片上排布上百万甚至上亿万个单个赛道，从而使得赛道内存能以较小的功耗做到数据的高速读取。

2008 年，Parkin 院士带领他的团队成功开发出 3 位版本的赛道内存原型，并将自己的成果以论文的形式发表在 *Science* 期刊上。4 年之后的 2012 年，第一个采用 90nm CMOS 工艺的整合式赛道内存原型诞生了，能执行读 / 写与移动磁畴的功能。其中，CMOS 工艺是我们如今常用的制造半导体器件和集成电路的基本工艺，如果能够采用此工艺进行量产，那么赛道内存也将迎来巨大的发展机遇。Parkin 院士也表示，这

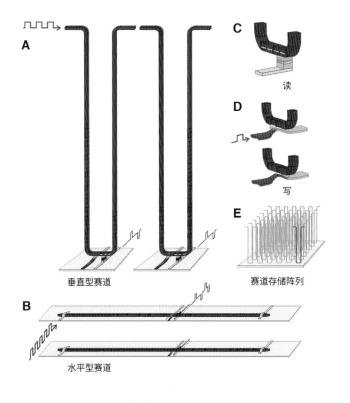

A

读
C

D
写
E

垂直型赛道

赛道存储阵列

B

水平型赛道

垂直型与水平型赛道内存器件的结构

样的原型表明赛道存储器可以进行商业化生产，不过还需要对其进行精简和改进。

即使拥有这么多优良的特性，赛道内存可能还是属于未来的技术。一方面，最近几年研究人员对赛道内存的研究热情没有变淡，有关赛道内存存储算法、神经网络相关技术以及赛道内存器件设计的论文也不在少数。但这些都只停留在实验室的阶段，一旦赛道内存技术能被证实可行并走出实验室，那么将带来比现有内存技术更高的速度与储存容量。另一方面，赛道内存也并不是唯一有潜力改变存储技术现状的新型存储技术，还有其他许多新兴内存技术也在研发中，有的甚至可追溯至20世纪80年代，例如DNA存储、Nantero 公司的纳米存储（Nano-RAM）等。赛道内存需要做的也只是抢先一步进入市场，进行工程技术、量产工艺与市场的磨合。通过市场竞争的赛道不仅要最快，还要性能最好才行。

2. 哈希存储

事实上，赛道内存是从硬件的角度增加了存储的容量，而哈希存储（Hash Cache）是从软件和算法的角度减轻了存储的"负担"，从而增加了存储设备可存储的数据量。简单来说，我们存储信息时需要使用存储单元，例如，要存储对象的个数为 num，那么我们就用 len 个内存单元来存储它们，其中 len 应该不小于 num。我们进行判定和比较时，需要将所有元素都先存入内存，然后进行运算和比较。相比之下，哈希存储的基本原理是

以每个对象"ki"的关键字为自变量，将 ki 对象的元素内容全部存入一个地址中，再用一个函数 h（k_i）来映射出"k_i"的存储地址，即"k_i"的下标"i"。这样，当我们要对多个数据进行运算的时候，就只需将哈希函数存入内存，然后调用相对应的地址就能找到我们想要的信息。这样一来，不仅减轻了内存的压力，也增加了读写及运算的速度。

哈希存储的开发始于加纳的 Kokrobitey 研究所。在那里，以 Vivek Pai 为项目牵头人的普林斯顿研究小组开发了这种存储方式，旨在帮助发展中国家推广网络和计算机的使用。部分发展中国家网络的使用极不均衡，落后的地区很难使用到网络，而且网络的设置也十分昂贵。在网络设备方面，无疑就是几个指标，哈希存储有针对性地解决了两个方面的问题。一方面，是网络带宽问题。即使在某些贫困国家的大学里，网络的带宽也是很窄，学校的经费在网络方面的支出也是捉襟见肘。对应地，哈希存储将经常访问的网络信息在本地硬盘中进行储存，不占用网络带宽，仅仅靠哈希函数就能轻松调用地址对这些信息进行访问。另一方面，存储设备分为 RAM 和 ROM，RAM 价格昂贵，而哈希存储恰好降低了用户对于 RAM 的容量要求。据统计，哈希存储将能降低 RAM 和电力的需求至原来的 1/10 左右。

这么多年过去了，搜索 Vivek Pai 的名字，出现的还是他在发展中国家推广计算机技术的文章。他可能没有走遍全世界，但是他的精

神已经随着他开发的网络与计算机技术传到了世界的各个角落。

3D 晶体管，半导体器件的另一维度

2011 年，Intel 发布了世界上第一款能量产的 3D 晶体管，它不仅可以提升芯片的计算速度、减少错误，还能极大地降低能耗。这款神奇的 3D 晶体管也成为半导体器件发展史上又一"现象级"的存在，也得以让人们成功追赶上摩尔定律的步伐。

其实，半导体界没有唯一的技术开发方向，只有唯一不变的摩尔定律。这是一条神奇的定律，令无数人追赶，由 Intel 创始人之一 Gordon Moore（戈登·摩尔）于 1965 年提出。其内容为 "The number of transistors in a dense integrated circuit doubles about every two years"，意为在单位面积集成电路上的晶体管数量会以两年为周期翻一倍。此定律一经提出，立刻成为行业的标杆，也是如今所有半导体人加班的原因，大家都为了这个目标而努力。在集成电路上挤入更多的晶体管，最直观的办法就是缩小晶体管的尺寸，从 2002 年的 200 纳米工艺到如今的 7 纳米工艺，大家似乎都没有失约。

我们都知道，导体能导电，绝缘体不导电，而半导体介于两者之间。晶体管是基于半导体的一种电子元器件，是我们希望能控制半导体导电与否的一种器件，其精髓就在于"控制导通"。如今常见的晶体管为场效应晶体管（Field Effect Transistor），由三个端口栅极（Gate）、漏极（Drain）、源极（Source）以及衬底（Bulk）构成。以硅基 MOSFET 为例，如下页图所示，漏极和源极之间存在一部分衬底材料（就是硅），平常情况下不导通。当我们在栅极加上控制电压时，衬底能在其表面形成一层浅浅的导通层——也就是我们常说的沟道。我们再在源极和漏极加上电压，就能形成导通电流。如果不在栅极加电压，则整个器件就呈现不导通的状态。以上就是 MOSFET 的工作原理。可以想象，如果保持 MOSFET 器件结构不变，直接成比例缩小，那么沟道的尺寸也会缩小，这样一来其实能减少电子通过沟道的时间，从而也会使得芯片的处理速度加快。

但是缩小到一定程度，问题也随之而来，短的沟道会造成源极和漏极之间形成额外的导通"沟道"，形成漏电流，即使在器件处于不导通状态时，也会有少量电流"泄漏"通过沟道，那么栅极的控制就名存实亡了。而且当漏电达到一定程度的时候，就相当于晶体管一直处于开启状态，这些漏电流会全部转换成发热量，因此漏电变大会直接导致 CPU 发热量上升。这也是摩尔定律在进入 21 世纪之后遇到的难题之一，而 3D 晶体管的出现适时解决了这些问题。

其实，从本质上来看，漏电流的出现是由于源极和漏极距离太近，一旦源极和漏极两端加上电压，在远离栅极的那一侧就会出现另外一个导通沟道，这是栅极控制不到的范

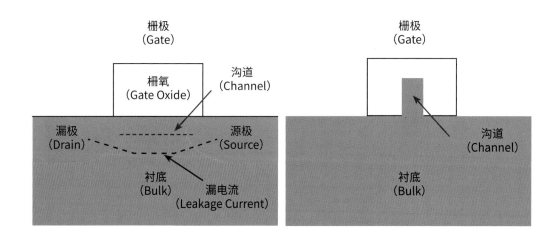

硅基 **MOSFET**

围。而 3D 晶体管把原本平面的源极和漏极加高，使沟道处于栅极的包围中，这样就可以从栅极的三个方向对沟道进行控制，也就能有效减小因沟道缩小而产生的漏电流。Intel 于 2011 年发布的量产型 3D 晶体管也开创了摩尔定律新的时代，晶体管尺寸也得以继续减小至 20 纳米以下。

3D 晶体管又被称为 FinFET，因为竖起来的沟道很像鱼鳍（Fin）。其研究历史可以追溯到 1989 年，最早由 HITACHI 公司的 Digh Hisamoto 等人提出概念。直到 1996 年，加州大学伯克利分校的胡正明教授等人拿到了 DARPA（Defense Advanced Research Projects Agency，美国国防高级研究计划局）资助的科研经费，开始研制器件，并于 1999 年发布了第一款 45 纳米的 FinFET 晶体管。而当时工业界的制造水平还停留在 200 纳米，大多

数人认为 35 纳米将是摩尔定律的尽头。胡正明教授的 45 纳米 FinFET 器件性能优良，他预测该器件能将摩尔定律推广到 20 纳米以下，而他的预言也在十几年后得到了验证。

由于 FinFET 将器件的结构改成了"三维"型，之前平面器件的工艺就不能完全与之匹配了。实验室的器件是一种理想型的器件，而与工业相匹配的量产型就是另一个故事了。Intel 花了 10 年左右的时间，才将 FinFET 量产化。在增加了刻蚀步骤之后，将额外生产成本降低到了 2%~3%，才正式于 2011 年 5 月向世界宣布对 22 纳米 3D 晶体管进行量产。

很快，基于 3D 晶体管的第一款处理器就出现在了笔记本电脑中——就是 2012 年 4 月发布的 Ivy Bridge 微处理器，适用于笔记本电

脑、服务器和态势计算机。而 Intel 的第三代酷睿处理器也采用了 22 纳米 FinFET 工艺。随后各大半导体厂商也开始转到 FinFET 工艺之中。例如，SAMSUNG 在 2012 年年底发布了 14 纳米 FinFET 测试芯片，并于 2015 年 2 月推出了第一款适用于移动设备的 14 纳米级处理器。台积电也迎头赶上，相继发布了 16 纳米和 10 纳米级处理器，也成功获取 iPhone 系列手机处理器的代工。2018 年台积电引入了 7 纳米的 EUV（深紫外光刻技术）。而在 2018 年 6 月 21 日台积电举办的技术研讨会上，CEO 魏哲家表示，7 纳米制程的芯片已经开始量产，同时他还透露，台积电的 5 纳米制程将会在 2019 年年底或 2020 年年初投入量产。

已经逼近 5 纳米的 FinFET 会不会达到极限呢？其实，材料的物理极限是存在的，不管怎样加持栅极或者其他部分对沟道导电的控制，一旦沟道一直缩小下去，就会进入原子厚度的领域，那时候我们在宏微观世界所认识到的物理原理就会失效，量子物理将接管一切，因 3D 晶体管逃过一劫的摩尔定律将会再次陷入危机。在 2018 年年初开幕的 CSTIC 2018（China Semiconductor Technology Znternational Conference，中国国际半导体技术大会）上，胡正明教授发表了题为"*Will Scaling End？ What Then？*"的演讲，探讨集成电路制造的发展方向。他认为，如今半导体器件特征尺寸的缩小将会越来越难，一方面因为原子的尺寸是固定的，会达到物理极限；另一方面，光刻和其他制造技术变得越来越昂贵。

1947 年，美国贝尔实验室诞生了世界上第一款晶体管，这是一个由锗（Ge）材料构成的半导体器件。其开发者 John Barton（约翰·巴顿）、Walter Bratlain（沃尔特·布拉顿）和 William Shockley（威廉·肖克利）也因此获得了 1956 年的诺贝尔物理学奖。世界上第一块集成电路也在 11 年后的 1958 年由德州仪器（TI）发布，开发者 Jack Kilby（杰克·吉尔比）也因此获得 2000 年的诺贝尔物理学奖。晶体管和集成电路的发明算是 20 世纪两个伟大的发明了，它们的出现让各式电子产品变得小巧，并降低了电子电路的功耗，更重要的是降低了电子产品的造价。各式电子产品和计算机技术也因此得到了快速发展。拿计算机来说，从 1946 年的庞然大物，缩小到如今我们书桌上、膝盖上甚至是掌上的计算机，这都要感谢晶体管和集成电路技术，而这背后的半导体人和产业实践者的贡献都是难以估量的。7 纳米晶体管之后的路该如何走，答案应该是多样的。或许路已经出现，或许还没有出现，我们只需认清现实，坚持走下去，能否延续摩尔定律其实也不是最重要的，重要的是科技还在不断发展。

稀疏傅里叶变换，算法和人性解读的结合

数学算法的升级为数字世界的提速带来了希望，也加快了相关计算机技术的突破。历史上其实有很多里程碑式的算法，如公元前

300 年欧几里得算法（辗转相除）；Tony Hoare（托尼·霍尔）发明的排序算法；"雷神之锤 3"（Quake III）中使用的平方根倒数速算法。这些美妙的数学算法都在影响着计算技术。傅里叶变换也是其中之一，它在物理学、数论、组合数学、信号处理、概率、统计、密码学、声学、光学、游戏等领域都有着广泛的应用，也成为理工科学生复习的梦魇——几乎什么专业都需要学习傅里叶变换。纵观傅里叶变换 200 年的发展史，从离散傅里叶变换（Discrete Fourier Transform, DFT）的出现，到快速傅里叶变换（Fast Fourier Transform, FFT），每一次革新都是对计算能力的重大改变。而这里的重点是介绍傅里叶变换新算法——稀疏傅里叶变换（SFFT），它面世于 2012 年 1 月。它对变换本身其实并没有太多的改变，四位作者"个性化"地让算法有选择地进行数据处理，从而使得处理数据的速度快了 10 倍甚至 100 倍，并且凭此跻身 2012 年度《麻省理工科技评论》十大突破性技术。

傅里叶变换起源于 19 世纪初，时任法国格勒诺布尔省省长的 Joseph Fourier（约瑟夫·傅里叶）在一篇颇具争议的《热的解析理论》中指出，任何周期函数都可以用正弦函数和余弦函数构成的无穷级数来表示。而这就是傅里叶级数：

$$f(x) = a_0 + \sum_{n=1}^{\infty} \left(a_n \cos \frac{n\pi x}{L} + b_n \sin \frac{n\pi x}{L} \right)$$

如果用傅里叶级数表示一个周期函数，那么我们只需要记下公式中的常数项和相对应的周期就可以了。而傅里叶变换针对非周期函数而言，与傅里叶级数的原理相同。也就是说，一个周期性的信号能被我们转化成为频谱上的简单离散图形。

任何周期函数都可以用正弦函数和余弦函数构成

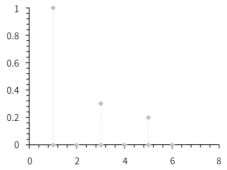

简单离散图形

另外一个更加直观的例子就是音乐，时域中的音乐的曲线一般为以下这样的波形：

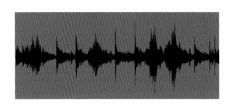

时域中的音乐曲线

简单而言，可以看成是不同频率声音的叠加。而从频域的角度看，就成了下图这样：

频域中的音乐曲线

这其实也是不同频率的声音叠加，只是我们用确定的音符代替标记了。可以说，乐谱就是音乐中"时域"和"频域"的桥梁，而傅里叶级数和傅里叶变换的意义也在于此，它们能将复杂的信号或数据转化成易于保存和传递的频谱，在下一步，只需经过傅里叶反变换就能得到原来的数据。

傅里叶变换真正走进信号分析与处理系统，是以离散傅里叶变换的形式。离散傅里叶变换的提出是傅里叶分析发展的第一个里程碑，它使得有限长的离散信号可以被变换到频域处理。简单来说，离散傅里叶变换就是在原信号的傅里叶变换后得到的频谱上进行等周期的采样，使得输入信号和频谱都呈现

离散型分布的状态。如下图所示：

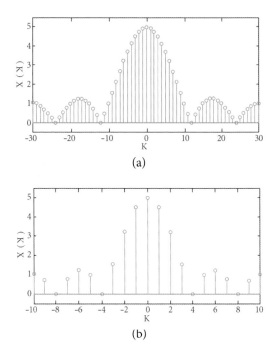

图（a）采样后的输入信号；图（b）DFT 后得到的频谱

借助计算机技术，离散傅里叶变换算法的工程应用得以实现，但是早期的计算机还并不足以快速地算出离散傅里叶变换的结果，此时快速傅里叶变换就登场了。它所需的时间比离散傅里叶变换要少得多，因为它走了捷径。

这里我们要引入一个新的概念："时间复杂度"。它代表了计算机计算问题所需时间的长短，由"O"表示，例如，做一次 n 个元素的加减运算所需时间为 $O(n)$，而做两个 n 元素序列之间交叉运算的时间为 $O(n^2)$。那么做一次 n 元素序列的离散傅里叶变换的时间是多久呢？不难发现，就是 $O(n^2)$，

具体来说，我们要做 n 次的复数乘法和 $n-1$ 次的复数加法。

与此相对，快速傅里叶需要的时间是多少呢？这就要从快速傅里叶的算法讲起。常规的离散傅里叶变换就是一个接一个地将序列的信号进行傅里叶变换，再集合起来。而快速傅里叶算法在进行计算之前，就有选择地将序列分成几部分，因为序列中各个元素的傅里叶变换中的系数存在对称性和周期性，如果我们能有效地加以利用，就能减少运算的次数。举个简单的例子，以奇偶顺序将序列分成两部分，再对每部分继续下分，直到最后分成单个的单元，此时才开始进行傅里叶变换，然后进行有序的加和。这样，时间复杂度就大大减少了，如果只二分一次，则运算的次数为：$2 \times (n/2)^2 + n$，$n=1024$ 时，离散傅里叶的计算次数则为 525,312。如果一直这么分下去，直到分成单个的单元，那么运算的次数则为：$n\log_2 n$，n 同样为 1024 时，快速傅里叶的计算次数则为 10,240，仅为前者的 2%。FFT 的基本思想是把原始的 N 点序列依次分解成一系列的短序列，并充分利用 DFT 计算式中指数因子所具有的对称性质和周期性质，进而求出这些短序列相应的 DFT 并进行适当组合，达到删除重复计算、减少乘法运算和简化结构的目的。

时间来到 2012 年 1 月，稀疏傅里叶变换的横空出世，震惊了信号处理领域。四位麻省理工学院的研究者声称，这样的算法将比快速傅里叶算法还要快 10~100 倍。他们是发现

了新的二分法，还是发现了更有效率的傅里叶变换公式？其实都不是。

稀疏傅里叶变换之所以能够如此大幅地提速，是因为它在变换开始的时候就有选择性地过滤了一部分输入信号。在大多数情况下，我们收集的信息拥有大量的结构，例如，一段录音中可能有美妙的音乐，也可能有烦人的噪声。我们往往只关注音乐，即有意义的信号。而这些有意义的信号可能只是全部信号中一小部分有价值的片段。用技术术语来表达，这些信息是"稀疏"的。如果我们只关注这些有意义的信号，那么处理起来不就快了很多！这其实就是稀疏傅里叶变换走的捷径，也是它能比其他算法更快的原因。

但是，经过这样处理的信号是不完整的，毕竟有相当一部分的信号被人为地剪去了。Dina Katabi（蒂娜·卡塔比）和她的三位同事在其论文中指出，在视频信号中有 89% 的频率不是必须存在的。只计算 11% 的频率的稀疏 FFT，信号质量不会恶化太多。这又是一个降低处理质量、增加计算速度且效果很好的案例。往大了说，就算只处理 50% 的信号，计算速度也能提高不少，何况 11% 呢。

稀疏傅里叶的一个问题是它的兼容性。从理论上看，如果一种算法只能用来处理稀疏信号，那么它受到的限制会比快速傅里叶变换多得多。因为它需要根据输入信号的不同，指定"稀疏"的规则。而该算法的共同发明

者、电子工程和计算机科学教授卡塔比却对此持积极态度，她觉得："稀疏性无处不在，它存在于大自然中，存在于视频信号中，存在于音频信号中。"的确，在我们日常收集的信号中，往往很大一部分是不需要的噪声信号，即稀疏无处不在，而要次次有针对性地去除这些噪声也是十分困难的，而且算法的重复使用率也太低了。

如果将输入信号的稀疏处理全部交由计算机或者人工智能来做，那么效率又将提高不少。采用深度学习训练稀疏傅里叶算法，并使它能对各种复杂信号进行处理当然还是比较远的目标。但是在某个领域内设立了初步的稀疏规则，再交由深度学习适应稀疏规则，还是能在 3~5 年实现的。虽然这也只是笔者的泛泛之谈，但是更快的算法、更准确的算法以及它们和人工智能之间的交互合作已经成为现在计算机科学的热潮，毕竟人类还是"懒惰"的。

摄影与游戏，算法和痛点的初次尝试

1. 光场摄影术

早期拍摄照片的时候，经验不足的摄影师也许会遭遇镜头跑焦之类的麻烦。而如今，虽然相机不论从硬件上还是软件上都有了长足的进步，但摄影依然是一门技术活。2012 年 3 月，Lytro 公司的创始人 Ren Ng 博士针对相机对焦这一过程，开发了可以在拍摄之后进行再次对焦的光场相机，也将光场摄影术带入人们的视野。

光场摄影术是一种基于"光场技术"（Light Field）的摄影技术。运用这种技术，我们能够将场景内的所有光线信息记录下来，从而能使用户在拍照结束后改变焦距，进行再对焦，从而获得完美效果的照片。这无疑是对传统摄影技术的冲击，因为传统摄影技术只能在提前设置好参数后对焦点进行对焦，而且拍照结束后不能重新对焦。对焦不准以及镜头跑焦之类的麻烦更是困扰摄影爱好者许久的梦魇。采用光场技术，我们拍照的时候只需进行构图即可，对焦可以在拍照完后完成。

关于它的起源，人们众说纷纭。有人说是源于意大利伟大的艺术家达·芬奇。他除了在艺术上造诣极高外，也是一位博学多才的发明家，他绘制的飞行器的手稿也堪称"穿越神作"。在绘画的手稿上，达·芬奇曾提到过"光场"这一模糊的概念，他认为"空气中充斥着物体辐射出来的光的金字塔（Radiant Pyramids），它们相互交织在一起"，而且觉得它们承载了成像的所有信息。而这也就是"光场"最早的定义。

简单来说，"光场"表示光线辐射率的载体，是一个包含空间坐标的四维函数。从物体初始的辐射率开始，到光线上的每一点，辐射率都在发生变化。其实，辐射率是一个五维函数，称为"全光函数"（Plenoptic Function），其中包括三维的位置变量以及二维的光线角度变量，它承载了空间内某一点所有的光信息。

光线一般是直线，所以五维的全光函数很容易随之降维成为四维的函数，也就是光场。光场承载的就是通过空间中某一点上光线的所有光信息，其中辐射率作为因变量，光线的方向信息作为变量。记录了光场也就记录了光线的所有信息。

在相机内部，无论是化学胶卷还是数字感应器，所有消费型照相机生成照片的原理都是利用一块平板，例如胶片，记录穿过镜头的光线的位置、色彩和亮度，从而生成了照片。处于焦点的物体之所以清晰，是因为焦点处的物体辐射出光线，这些光线通过镜头折射又再一次在胶片上汇聚到一起。传统相机往往只能对单一距离进行对焦。在某种意义上，传统相机是记录了场景中的光场信息的，不难想象，光线除了在镜头上留下了位置信息，也在胶片上留下了位置信息，利用这两个平面的信息，我们就能得出光线的角度。所以只要知道镜头的相关信息以及化学胶卷或者数字感应器的位置，就能反推出场景中所有光线的光场。但是这样的运算量极大，而且软件和算法开发难度很大。

Ren Ng 博士提出了自己的思路。他总结了斯坦福大学的 128 台相机阵列方案和 MIT 推出的 64 台相机阵列方案，在硬件上采用微镜头阵列的方式复刻多相机阵列采光，软件上利用微处理器统筹并计算处理通过微镜头的光场信息，计算出整个景象中物体的光场。这样既简化了多相机阵列方案，也提高了相机图片处理的同步性。就这样，一台 iPod

nano 大小的 Lytro 初代光场相机诞生了。它的形状就像一个单筒望远镜，方便携带，一头是可触摸的屏幕，一头是摄像镜头。它使用的图像传感器有 1,100 万像素，与同时期的单反相机相比，这一点显然不够看，更别说它最终输出的有效像素只有 500 万像素，甚至比一般的智能手机的相机还差。而这样一台相机的售价居然高达 399 美元，性价比实在是很低。毕竟，量产具有拍摄后再对照片进行调焦功能的初代机，只是 Lytro 朝未来光场照相机迈出的第一步。而光场技术的前途还是十分光明的，这从 Lytro 获得的融资就能看出。Lytro 获得的首轮融资就有 5,000 万美元，而次轮融资也达到了 4,000 万美元。

Lytro 公司改造了相机，期望以最新的光场技术改变摄影市场的格局。想法是好的，然而事实是残酷的。近 6 年的发展时间，Lytro 只推出了两款光场相机——Lytro 初代光场相机和次代光场相机 Lytro Illum，以及第三代与 VR 结合的光场摄像设备 Immerge。光场摄影仍没有成为主流的摄影技术，Ren Ng 也走马卸任，如今公司也面临倒闭。光场相机作为一款消费电子产品，终究没有在市场中找到自己的位置。总的来说，Lytro 的相机都是光场相机的不成熟产品。从硬件角度来说，两款光场相机的画质都比不过同时期的单反相机，甚至也比不过市面上的智能手机。虽然 Lytro Illum 采用 4,000 万像素镜头和 f/2.0 大光圈来提升照片的质量，但是，Lytro Illum 的画质并没有明显改观，因为超过一半的有效像素都浪费在多次相片的拼接上了。而软件部分，一方面，图像处理算法与内置的微型处理器之间没有形成很好的匹配，导致处理速度过慢；另一方面，专业软件的操作也让很多用户感到不便捷。两方面的原因同时造成用户体验较差，而这就是光场相机作为一款消费电子产品的硬伤，仅仅靠看起来很"高大上"的技术和突破点是不可能被市场及用户接受的。Lytro 的第三代产品 Immerge 也只能是最后的挣扎，其希望借着 VR 的东风再次起势的愿望成为泡影。如今，Lytro 已经宣布倒闭，不再开发新产品，留给人们的只有其有关光场的专利和技术。

技术创新固然难得，但为新技术找到刚需、海量、高频的应用场景，才是商业化的关键。光场用于全景视频、VR/AR 是很好的创新型技术，Google 也在积极吸纳光场的技术人才，用于支持 VR 技术的开发。而光场相机作为消费电子产品，避不开的还是用户体验和性价比。这两者都没有优势，在市场中

肯定会遭遇失败。

2. 360°自拍

自从手机上出现摄像头以来，拍照和自拍就逐渐走入了人们的日常生活。随着手机摄像头的更新换代、如雨后春笋般出现的摄影 App 以及照片社交共享的出现，手机摄影已经成为我们记录生活中点点滴滴的最方便的工具。如今，手机摄像头的像素已经可以和一些单反相机媲美，而便捷的操作以及与网络实时相连的功能也让大多数人把手头的相机放下，转而使用更加方便的手机摄影。其实，这样的发展趋势也反映了大多数消费者的心理——需要更加方便的摄影方式。2012 年出现的光场摄影术瞄准了摄影中让大多数人头疼的对焦过程，设计出了先拍照后对焦的相机。2016 年，相机制造厂商瞄准消费者的需求——方便的全景自拍功能，一种能够拍摄 360°全景照片的相机横空出世，具有超真实的全方位三维全景摄影能力，被称为摄

借助全景相机拍摄的照片

影技术的未来。

全景相机的历史要从 1840 年说起。美国光学设计师 Alexander Wolcott 制造了一台使用凹面镜成像的照相机 Wolcott，比当时采用单片透镜的相机有更大的通光量，曝光时间为 90 秒。1841 年，33 岁的维也纳大学教授 Joief Max Petz-val 用计算方法设计出了著名的匹兹伐镜头。它的诞生使摄影者可以拍摄一些运动缓慢的物体，使得动感抓拍成为可能。有了以上这两种技术，全景相机的前置条件才算初步形成。时间来到 1843 年，奥地利人 Joseph Puchberger 已经拿出了自己的作品——一台手持的全景相机，能够拍摄 150° 视角的照片，但是拍摄后图片拼接的精准度不够好。又过了一年，Friedrich von Martens 在其故乡德国发明了世界上第一台转机，并以此制造了一台名为 Megaskop 的全景相机。该相机的光轴在垂直航线方向上从一侧到另一侧扫描时，依靠镜头的转动可以拍摄全景照片，比约瑟夫的手持相机的效果要好，而这也是我们现在公认的第一台全景相机。当时，相机也才刚刚问世不久，拍摄照片也是一件十分时髦而又花费昂贵的事情，拍摄全景不仅需要特殊的相机，还需要专业的设备，而且后期的胶卷处理环节也十分烦琐。而拍摄全景的相机在当时也算是一种十分罕见的产品，就算在摄影圈也是如此。

这就是世界上第一台全景相机的故事，而这种拼接多张图片以获得全景相片的原理到今天还在被全景相机运用。从本质上说，这样

拍摄的全景相机没有 3D 立体效果，只能在二维方向上移动。大部分的全景相机都是这样的，大多用于拍摄景象，而不能将拍摄者摄入相片中。然而有需要就有技术的革新，确实存在另一种全景相机，是可以将我们真实视角范围内 360°×360°（水平视角以及垂直视角）的球形影像拍摄下来的，能够十分方便地进行全景自拍，而这就是 360° 全景相机。它能提供的摄影相比前者有三个特点：一是强大的全方位视角的球状摄影，能记录比平面全景相机更大的影像范围；二是 360° 全景相片拥有更好的真实性，其中包含的元素更多；三是 360° 全景相片具有三维立体感，观者有身临其境的感觉，如果佩戴 VR 设备进行观看，观者还能自行调节视角，用户体验超棒。正如全景相机的故事刚刚开始的时候一样，360° 全景相机一直价格不菲，而且操作并不方便。许多相机制造厂商先后发布了自己的最新产品——廉价的 360° 全景相机，它们能提供十分出色的 360° 全景拍摄，这将开启摄影的新篇章，也将改变人们分享故事的方式。据统计，2015~2017 年发布的 360° 全景相机的价格都没有超过 500 美元，例如，拥有 1,200 万像素的柯达 Pixpro SP360 4K 相机的售价仅为 499 美元，定位都是"消费级的便携照相机"。

在这个智能手机的时代，在这个全民直播的时代，全景相机在消费电子市场的前景还是非常好的。虚拟现实技术与全景相机分别于 2016 年和 2017 年获得"国际消费类电子产品展览会创新技术奖"（CES Innovation）。

而虚拟现实行业在 CES 之后的市场份额较 2015 年增长了 77%。全景相机的市场情况也十分相似。2016 年，球状全景相机的份额占全球商品相机市场的 1%，而到 2017 年年初就增至 4%，这与虚拟现实行业的兴起也分不开。事实上，全景相机能为虚拟现实提供丰富的素材。与虚拟现实的联结其实是全景相机最直接的拓展应用，也将是今后几年全景相机市场增长的动力，毕竟供需关系才是第一推动力。

Facebook 的子公司 Oculus VR 的首席技术官 John Carmack 预测："未来，人们使用虚拟现实的时间中只有一半是玩游戏，另一半则是使用虚拟现实观光或是做一些现实的事情，例如参加一场虚拟的婚礼。"这其实是最大的趋势。其一，我们生活在一个游戏的世界，很多"80 后""90 后"的朋友从小就和很多游戏一起成长，而现在也正是电子游戏百花齐放的时代；其二，随着互联网的发展以及信息的高速传播，大家都想体验各种各样的事情，想要去看看世界。虚拟现实正是二者最好的平台，能让用户在高科技的支持下体验不一样的游戏和人生。那么，不论对哪一个部分而言，全景相机都能提供大量的素材，它们甚至可以直接应用于游戏以及软件的场景中。虽然虚拟现实还没有真正平民化，但是世界上许多大公司如 Microsoft、Facebook 以及 Google 都在大力发展虚拟现实技术，全景相机作为其硬件的组成部分和提供素材的重要渠道，没准能乘势而上，打开自己的市场。

三维 360°无死角的场景加上声光，才是我们生活的世界，全景相机正好能够将我们的世界还原于电子的世界中。在这个信息量爆炸的时代，人们对信息的需求日益增长也体现在拍照上。对于摄影，除了追求高像素以达到真实感，人们还渴望能够非常方便地获得稍纵即逝的场景，再加上日渐成熟的社交网络，摄影作品的分享也成为摄影的需求之一。在如此背景下，手机端的摄影就成为主流。目前，相机已发展为专业、卡片机、手机端三个方向。有着专业印记的单反相机还是守住了摄影爱好者这一阵地，虽然许多人都已经放下手中的单反，拿起手机拍照了；卡片机的市场也遭到具有强大功能的手机端相机的阻击和蚕食；手机端相机及其拓展相机设备已经成为如今相机市场的主流，配备了千万级像素镜头的智能手机随处可见，而操作方便、功能奇特的手机摄影 App 也使得用户群体不断增加。在这样的市场中，全景相机算是开了个好头，具精准定位为手机端摄影拓展设备，依托着广大的手机用户群体，开发广大的市场。此外，还有火热的虚拟现实技术在各个方面的应用中的各种助力，使得全景相机在拥有广阔应用空间的同时也拥有坚实的技术基础。

对于 360°全景相机的未来，市场前景好是一方面，而具体的应用方向还是决定此项技术能否长远发展下去的关键。前车之鉴的"光场摄影术"，由于定位不清晰、硬件成本过高以及软件开发停滞不前，如今已不见踪影。相比之下，360°全景相机算是生在了好时代，虽然现在 360° 全景相机时常被人诟病的还是其有效像素过低的问题以及鱼眼镜头带来的畸变问题（这些都与"光场摄影术"走过的路十分相似），不过，这些问题都能被硬件和软件端的开发所改善甚至消除。360° 全景相机才刚刚开始它的征途，未来的发展趋势应该是小型（甚至微型）化、操作更加"傻瓜化"、配套 App 体验最优化以及拍摄效果最优化。技术能一步一步继续革新下去，再静静地等待虚拟现实技术的爆发，360° 全景相机应该能在相机市场中占有一席之地。

总的来说，360° 全景相机的意义是斐然的，它不仅改变了相片的形式，还改变了人们分享故事和记录事件的方式，它把我们的世界与手机、网络以及虚拟现实联系在了一起。笔者也购买了一台 360° 全景相机，也拍下了很多珍贵的场面。如果要我在高像素和更好的全景模式之间选择的话，我还是会选择后者，毕竟全景模式摄影的角度完全不一样，而高像素在这样的应用中只是锦上添花。看不清人或景色？靠近一点或者找个好一点的光线角度吧。当然，这对摄影师的技术也是一种锻炼，对观看者而言除了有视觉上的冲击，还在潜移默化中影响着其视角的变化。一项研究表明，一旦人们经常观看球形影像，那么他们的视角将会很快发生变化。Humaneyes 公司正在开发一款价值 800 美元的相机，能够制作 3D 球状影像。但是在与影像形成互动之前，观众需要先观看 10 个小时的 360° 影像。也许以后我们的世界以及我们的相片都将是三维 360° 无死角的。

3. 移动 3-D 技术

一说到 3D，我们首先想到的就是三维。字母"D"一般代表维度的英文单词"Dimension"，那么 3 和 D 中加了一个"-"号代表什么呢？它其实代表 3 个字母，即"Dynamic Digital Depth"，也就是"动态数字景深技术"。这是一项基于算法的三维立体成像技术，由韩国 3-D 公司于 2011 年开发。

这家来自韩国的公司，在智能手机刚刚兴起的 2011 年为智能手机量身打造了三维实景图像技术，力求能在智能手机平台上实现图像显示的变革。3-D 公司首席技术执行官 Julien Flack 曾使用搭载了 3-D 软件的三星 B710 手机向观众展示其惟妙惟肖的动态数字景深技术，实现了移动端的三维图像。Flack 在 2011 年之前一直聚焦于 3-D 软件的开发，长达 20 多年。

3-D 技术的核心是动态数字景深技术，能以二维图像为基础，通过算法将图像中的各种元素的景深参数计算出来，并实时合成到最终的三维图像中。简而言之，这是一项让你觉得自己看到三维图像的技术。实际上，动态数字景深技术传递给用户的是一对有着细微差别的图像，分别进入左、右眼。和早期的三维技术一样，是通过人的左脑和右脑对于图像的感知造成景深的"错觉"，从而实现三维图像显示。而这样的技术其实相对于三维立体实景成像技术来说要简单得多，对于硬件的要求也相对低一些。更重要的是，动态数字景深技术需要一个十分合适的角度才能使三维显示的体验最佳，而移动端的灵活性让这样的角度能在用户的手中实现。

与前两项技术不同，移动 3-D 技术选择了受众面更广的智能手机用户。3-D 公司也不涉及硬件的生产，是纯粹靠软件和设计思路取胜的，在开发周期上很占便宜。这也是 Flack 选择智能手机作为软件平台的原因之一，而 Flack 的先知先觉也让 3-D 公司在 21 世纪初期引领了三维图像显示技术的潮流。

除了智能手机，动态数字景深技术最大的应用领域是电子游戏。这是一类十分在意用户体验的消费电子产品，谁能提供更加真实、更加炫酷的体验场景或者情境就能俘获更多玩家的心。三维图像显示一直是各大电子游戏厂商竞相追逐的提高游戏体验的技术。动态数字景深技术一经面世就已经和游戏厂商达成合作，在移动端实现实时游戏场景的三维显示，栩栩如生的场景在手中呈现一定是十分惊奇的体验。此外，3-D 公司基于个人电脑，还开发了 TriDef 3D 游戏播放器，能让用于游戏、视频和照片的 2D 内容实现 3D 转化，在笔记本电脑上获得逼真畅快的游戏及娱乐体验。9 年过去了，其实在移动端或移动游戏主机端，都出现了许多三维图像显示的技术，例如，Nintendo 于 2011 年 2 月 26 日在日本发行的 3DS，就搭载了裸眼 3D 技术。但许多用户都表示这是一个"食之无味，弃之可惜"的鸡肋技术，玩久了还会伴有 3D 眩晕的不良反应。而 VR 和 AR 技术的兴起也对移动端三维图像显示构成不小的威胁，Julien Flack 预测，三维显示会成为移动端图像显示的主流，只是这个时间似乎还没

应用移动 3-D 技术的电子游戏

有到。

神经形态芯片，计算机的仿生乐章

2016 年，AlphaGo 的表现着实让人眼前一亮，类似电脑毁灭人类的担忧又风声四起。但是人脑和电脑到底谁更聪明呢？其实，大脑"工作"时的功率为 20 瓦，就是一台非常节能且高效的生物电脑，John von Neumann（冯·诺依曼）也就是利用这样的生物电脑创造了著名的"冯·诺依曼体系"。近几年飞速发展的人工智能，除了得益于电脑超高的运算能力和处理数据的能力，也得益于模拟人脑神经抑或学习记忆机构的设计理念。所以类似人脑的系统研发也显得十分有意义，神经形态芯片的开发就是这样兴起的。2014 年以来，Qualcomm 就开始研发承载人工智能的下一代载体，即神经形态芯片，并希望在 2018 年以前将这种芯片拓展到嵌入式应

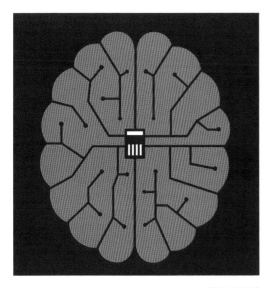

神经形态芯片

用，例如穿戴式装置与无人机。除了 Qualcomm，像 IBM、Intel、HP 等巨擘都在着手研制神经形态芯片。知名咨询公司 Marketsand-Markets 也预测，神经形态芯片市场将从 2016 年的几百万美元快速成长，在 2022 年以前达到几亿美元的市场规模。

Qualcomm 研发的神经形态芯片已经在 2015 年 3 月面世。这个名为 Zeroth 的项目将成为神经形态计算的首个大规模的商业平台，集成到了高阶处理器 Snapdragon 820。Qualcomm 也在 2015 年的世界移动通信大会（Mobile World Congress）现场展示了 Zeroth 电脑认知平台的一些简单操作，例如，通过摄像头捕捉的图像识别其中的实时手写文字，或是识别图像的内容并按照一定的规律将照片分类排列。Zeroth 项目最初专注于机器人应用，因为机器人和真实世界互动的方式为人脑的学习过程提供了广泛教程——这些教程之后可以被应用于智能手机和其他产品。这个项目的名称取自 Isaac Asimov 的机器人"零规则"（Zeroth Law）："机器人不得危害人类，也不能眼见人类遭到危害而袖手旁观。"

除 Qualcomm 外，美国的大学和企业实验室也在开展充满前景的项目，比如 IBM 研究院和 HRL 实验室各自都在美国国防高级研究计划署的一个耗资 1 亿美元的项目下开发了神经形态芯片。与此类似，欧洲的人脑项目在神经形态项目上花费约 1 亿欧元，其中包括海德堡大学和曼彻斯特大学的项目。另

外，德国的一个团队近来称，其使用的一种神经形态芯片和软件模仿了昆虫的气味处理系统，能根据植物的花朵来识别植物所属的种类。

神经形态芯片的创意可以追溯到几十年前。加州理工大学的退休教授、集成电路设计的传奇人物 Carver Mead 在 1990 年发表的一篇论文中首次提出了这个名称。这篇论文介绍了模拟芯片如何能够模仿脑部神经元和突触的电活动。所谓模拟芯片，其输出是变化的，就像真实世界中发生的现象，这和数字芯片二进制、非开即关的性质不同。不过，米德设法建造可信赖的模拟芯片设计的过程并不容易，只有 Audience 制造的降噪芯片——一个可算作神经形态的处理器。这种芯片基于人的耳蜗的构造，其销售额达到几亿美元，已经在 Apple、SAMSUNG 等公司的手机中使用。

实用的量子计算机选择独舞

量子计算机有着超凡的计算能力，中科院量子信息与量子科技前沿卓越创新中心张文卓认为："如果一台量子计算机的单次运算速度达到目前民用计算机 CPU 的级别，那么一台 64 位量子计算机的速度将是目前世界上最快的'天河二号'超级计算机的 545 万亿倍。"换句话说，如果按照这样的运算速度求解一个数亿变量的方程组，那么"天河二号"需要 100 年，而万亿次的量子计算机理论上只需要 0.01 秒。

这样超强的能力源于量子计算机不同于传统计算机的存储和运算的规则。传统计算机中，基本的存储和计算单元是电子比特，一个位数只能存储两个态中的一个，即"0"或者"1"。但是量子计算机的运算是基于量子比特的，这种运算和存储的单元可以存储叠加态，就像那只"半死不活"的猫一样。在你打开盒子之前，你也不知道这只猫是死是活，但是一旦打开之后，其状态也就确定了。量子比特进行存储的时候也是如此，存储的是多个状态的叠加。举个例子，考虑一个有 N 个物理比特的存储器，若它是经典存储器，则只能存储 2^N 个可能数据当中的任意一个；若它是量子存储器，则可以同时存储 2^N 个，而且随着 N 的增加，其存储信息的能力将呈指数上升。这也是当今量子计算巨头都在争相追赶高位数量子计算机的原因。更有学者预计，在 50 个量子比特左右，量子计算机就能达到"量子霸权"（Quantum Supremacy），即超越传统计算机。

乐观地估计，实用的量子计算机在未来的 5 年之内就会投入使用。在 2025 年左右，具有 50 个量子位运算能力的量子计算机将投入使用，并在计算能力上超越同时代的最快的超级计算机。当然，也有一些科学家很悲观，认为 50 年内量子计算机很难投入使用。这是由于之前量子计算机的研究都只停留在纸面上，都是一些理论的研究。但是，自 2017 年起，就已经有一些公司和研究所开始实际搭建自己的量子计算机，而且一些大公司的资金也逐渐开始涌入，诸如 Google、IBM、Intel

以及 Microsoft 等都找到了自己的合作伙伴。

要做到量子计算机的实用型机型，其实和传统计算机在技术大方向上来说很相似，都是先从物理层实现计算机的架构，再从软件和算法的角度进行开发。

在物理实现方面，Google 曾在 2018 年年初宣布推出一款 72 个量子比特的通用量子计算机 Bristlecone，实现了 1% 的低错误率。其采用极小的超导电路来进行量子计算，原理是利用超导电路中的电流振荡，并注入微波信号，从而让它进入叠加态。Microsoft 也在 2017 年公布了自己的开发路径，它选择是拓扑量子比特技术，是以"任意子"（Anyons）作为基础。其中，"任意子"是一种以 2D 形

IBM 这台量子计算机内部的芯片（图片下方）被冷却到 15 毫开尔文

IBM 这间实验室装有连接到云的量子计算机

式存在的粒子，可用于构建超级计算机的模块并激发亚原子的物理属性。其原理是电子通过半导体结构时会出现准粒子，它们的交叉路径可以用来编写量子信息。与上述两家公司选择的技术路径不同，Intel 正在努力利用硅晶体管的能力来制造量子计算机。Intel 在美国俄勒冈州波特兰的量子硬件工程师团队正与荷兰代尔夫特理工大学 QuTech 量子研究所的研究人员合作。Intel 声称，已经可以在芯片工厂中将量子计算机所需的超纯硅层加到标准芯片上。这一技术路线使得 Intel 在众多研究量子位的工业和学术团体中表现突出。其他公司利用超导电路去实现量子位，但这样的量子位数量有限。此外，相对于超导材料，硅量子位的可靠性更好。

国内通过不同方法开展量子计算研究的有中国科技大学、南京大学和中科院物理所等，近期阿里巴巴也携手中国科技大学加入战团。中科大潘建伟团队在 2017 年年初实现 10 量子位量子纠缠，打破了世界纪录，并于 2018 年年中实现 18 量子位量子纠缠，再次创造了新的世界纪录，确立了我国在多量子位纠缠的领先地位。

有关量子计算的软件和算法开发其实比实用型量子计算机的开发要早很多。Shor 于 1994 年发明了第一个量子算法，它可以有效地用来进行大数因子分解，而这就是量子计算的明星算法"Shor 算法"。其中，大数因子分解是现在广泛用于电子银行、网络等领域的公开密钥体系 RSA 安全性的依据。Shor 算法能在几分之一秒内实现 1,000 位数的因子分解，将这类"难解"

的大数因子分解问题变成了"易解"问题。在量子计算机面前，现有公开密钥 RSA 体系将无密可保！而 Shor 的开创性工作有力地刺激了量子计算机和量子密码术的发展，成为量子信息科学发展的重要里程碑之一。

1997 年，Grover 发现了另一种很有用的量子算法，即所谓的量子搜寻算法，它适用于解决以下问题：从 N 个未分类的客体中寻找出某个特定的客体。经典算法只能是一个接一个地搜寻，直到找到所要的客体为止，这种算法平均地讲要寻找 $N/2$ 次，成功的概率为 50%，而采用 Grover 的量子算法则只需要 $\sqrt{N}$ 次。比如，要从有着 100 万个电话号码的电话本中找出某个指定号码，该电话本是以姓名为顺序编排的，经典方法是一个个地找，平均要找 50 万次才能以 50% 的概率找到所要的电话号码。Grover 的量子算法是每查询一次可以同时检查这 100 万个号码。由于 100 万个量子比特处于叠加态，量子干涉的效应会使前次的结果影响到下一次的量子操作，这种干涉生成的操作运算重复 1,000 次后，获得正确答案的概率为 50%。但若再多重复几次操作，那么找到所需电话号码的概率接近 100%。

虽然量子计算领域已经诞生了一些非常有效的算法，但它们的数量还远远不够。各国科学家正从不同途径来探索实现量子计算的算法，虽然量子计算不断地取得进展，在 *Science Nature* 杂志上每年都有许多重要的进展发表，但仍未从根本上取得突破。看来，量子计算在算法领域还有许多疆域需要我们去开拓。

量子计算机的实用化远不止物理实现和软件算法的开发，还有决定量子计算机发展的重要一环——量子计算机的实际应用开发。一个好的产品如果只是性价比高、功能超绝，但是没有好的应用推广，那么这个产品一定走不远，这样的例子在消费电子市场上不在少数。量子计算机也将面临这样的难题，即使其计算能力超凡，但是要找到一个适合其发展的应用或者研究方向，还是有点难度的。随着摩尔定律在提出 50 年后逐渐失效，整个 IT 界都在期盼一种新的计算工具的出现，能够拯救摩尔定律。而量子计算机就是其中被寄予厚望的新计算工具之一。

材料的量子之跃，量子计算机与材料共舞

21 世纪是材料科学的世纪，时下兴起的量子计算机也必定会走上主舞台。两者之间的碰撞必定会带来科学界的巨大头脑风暴。新型量子计算机功能强大，有着当今计算机无法比拟的计算力。一个前景无限的应用方向正在向量子计算机招手：精确分子设计。多少年来，化学家都梦想着能设计出新型蛋白质，用于研制更有疗效的药物，或是设计出新型高效电池中的电解质、直接将太阳能转化为液态燃料的神奇化合物以及更高效的太阳能电池。然而，这些技术中的材料分子都难以在计算机上建模和仿真，遑论设计和合成了。其实，当今超级计算机能对一些简单分子进行模拟和仿真实验，并已在物理学和化学领域广泛应用。但模拟分子面临的最大挑战是计算化合物的基本能态，即必须模拟出每个原子内每个电子与其他所有原子的原子核之间的相互作用。这种相互作用遵循的是微观层面的量子力学原理，对传统超级计算机来说，模拟出这些量子特性的分子结构不仅要消耗大量能量，而且随着分子内原子数的增加，模拟也愈加困难。不过，这对于量子计算机而言就是小菜一碟了。

相比传统计算机，量子计算机采用量子系统的量子比特（Qubits）作为运算单元，速度不可同日而语。2017 年 9 月 Nature 杂志上刊登了一则重大突破的消息：IBM 的研究者应用 7 量子比特量子计算机对一个三原子分子进行了仿真实验。此研究之前的纪录是，用 3 个量子位模拟出氢气这一结构简单的分子。IBM 研究团队利用其开发的全新算法，在以特定金属超导体制作的 7 量子位系统中计算出氢化锂（LiH）、氢气（H_2）和氢化铍（BeH_2）的最低能态，并模拟出这三种分子，创造了量子系统模拟的新纪录。在 IBM 的实验中，实验的出错率在 2% ~ 4%。研究人员表示，量子计算机在数据传输和加密等领域的应用，还需要很长的时间才能实现，但新研究将目光从物理学转向化学领域，使量子系统有望率先在发现新药和新材料中发力。现有量子计算机的位数已经达到 50 个量子位甚至以上，只要开发出更复杂的算法，就能模拟出包含数 10 个原子的复杂分子。IBM 已经通过云服务公开了其 16 个量子位计算机和各种量子化学算法，并呼吁化学界的研究人员利用这些工具进行模拟分子的研究。

第四章
模式创新，赋予技术新的定义

撰文：赵珊

主要技术：

入选年份	技术名称
2010	Real-Time Search 实时搜索
2010	Social TV 社交电视
2011	Social Indexing 社交索引
2012	Crowdfunding 众筹模式
2012	Facebook's Timeline 脸书的"时间线"
2013	Temporary Social Media 暂时性社交网络
2014	Mobile Collaboration 移动协作
2015	Project Loon 谷歌气球
2016	Slack

创新，是社会不断向前发展的动力，也是一个公司应对不断变化的市场的长期生存之本。

到了 21 世纪，创新的定义可以说还是十分模糊化。很多人说起创新更强调的是传统定义上技术的革新和突破，但是创新其实远远不止功能性产品，也可以来自新的服务、体验或者模式。事实上，比起功能性产品的频繁更新迭代，模式创新的生命力反而普遍持久，例如收入来源模式（Google）、用户体验模式（Disney）和加盟模式（Zara）。模式创新更着重于通过优化和革新把技术提供给用户的过程本身，让技术的核心价值在用户端得以最大化。在如今竞争愈发激烈的市场，思考用户深层的心理需求和动机，设计出新的使用模式以赋予技术不同的存在意义，成为创新的另一种可行的模式。这在极其讲究用户体验和信息传递过程的互联网领域尤其重要。

数据和分享，是互联网不断发展的根本。现

在每一毫秒世界都在产生大量的数据，其中很大一部分是用户在科技平台通过共享信息生成的。如何分享这些数据并将数据的价值最大化，成为过去 10 年互联网领域创新模式的一个热点。互联网科技、用户深层需求、用户体验的相互叠加，推动了不少突破性技术和模式创新的出现。

过去 10 年，《麻省理工科技评论》选出了 9 项互联网领域里基于模式创新的突破性技术。这些"突破性技术"并没有在功能性上对已有的技术实现革命性的突破，但是在模式上，它们通过改变人们分享技术和共享资源的方式，赋予已有技术新的定义，对行业的生态和未来的发展方向产生了重要影响。

社交电视在 2010 年得到了广泛的关注，并被《麻省理工科技评论》评为十大突破性技术。当时社交电视还只是一个概念，由于大量用户在社交媒体上积极地分享对电视节目的评论、观点而受到关注。在过去 12 年间，社交电视的定义也在不断进化。美国的 Amazon 和 Netflix 以大量投资打造不依赖于传统天线频道的原创节目，已经让影视圈的生态大幅改变。未来几年最值得期待的是 Facebook 在 2017 年推出的 Watch。Watch 会向用户针对性地推荐观看的视频，并且根据热门程度和社交媒体关注度对内容进行分类。Morgan Stanley 的分析师曾预测，到 2018 年年底，Watch 就能给 Facebook 带来将近 6 亿美元的收入。

顺应互联网动态时刻更新和信息不断生成的生态，Google 在 2010 年升级了自己的页面排名技术，用新算法推出了实时搜索的技术。搜索引擎的用户可以通过"最新发布"的选项来查看以发布时间排序的搜索结果。除 Google 外，Microsoft 的 Bing 也在同一时期向用户开放了这一新功能。Twitter 的壮大无疑是其中最大的推力，每秒用户自主产生的信息让很多互联网公司都无法忽视产品的实时性这一重要功能。

实时搜索的最大挑战是向用户提供与其切身相关的搜索结果。根据超链接数建立网页索引的方式毋庸置疑是无法适用于时效性以毫秒计算的实时社交媒体数据的。社交索引是对普通网页搜索的一种突破，被评为 2011 年十大突破性技术。社交索引的技术会把用户的朋友圈喜好考虑在内，再向用户推送信息。这个技术的重要之处在于它提供了一种突破性的信息分类方式，让用户能更集中于那些自己和朋友们喜欢的事情，是对网页索引的一种有效补充。

Timeline 是 2012 年 Facebook 推出的功能。该技术被评为 2012 年度十大突破性技术。以往，用户贡献给 Facebook 的绝大部分数据都是以松散的状态更新方式出现的。点赞功能的增加，以及将该功能链接到第三方网站的能力，提供了可以用于广告定位的更为细致的信息。Timeline 又远远超越了上述发展，它推动用户将一系列广泛的元数据添加至自己的更新中，降低了数据价值发掘的难度。

Timeline 吸引用户将更多的买房买车等"生命大事"添加到社交媒体上，同时通过这些数据分析出消费喜好、生活品位、行为习惯、家庭情况、社会关系等宝贵结论，将海量商品广告精准推荐给指定的消费者。这一技术对于 Targeting Marketing（精准广告投放）是一种突破，也大大提高了 Facebook 的广告营收。

在社交媒体发展的早期，人们十分热衷于在各个社交平台上分享自己的信息。这种大量的由用户主动提供的共享信息催生出了社交电视、社交索引和 Timeline 的突破性分享平台与模式。然而，慢慢地，随着隐私问题的增多，共享信息的用途也成为用户关注的焦点。2018 年，Mark Zuckerberg 就因为 Facebook 用户数据被秘密用于干预美国大选结果而被召唤到国会听证答辩。暂时性社交媒体的诞生就是为了满足用户分享时保护隐私的需求，它提供了一种新型的分享模式。该技术被评为 2013 年十大突破性技术。信息有时效性，"阅后即焚"这种让用户控制信息传播的技术能力受到许多用户的喜爱。以暂时性社交网络起家的 Snapchat 目前的估值已经达到 200 亿美元。基于同样技术的 WhatsApp Status 和 Instagram Story 也有着广大的用户群体。

把大受欢迎的社交媒体信息分享模式运用到工作环境，取代传统的电子邮件和文档处理的工作方式，结果会怎样呢？移动协作和 Slack 就是在这种新型信息分享模式下催生出的商业应用，它让团队的合作更加紧密，极

大地提升了工作效率，因而分别在 2014 年和 2016 年入选《麻省理工科技评论》十大突破性技术。Mobile Collaboration 是指可在移动设备上创建并编辑文件的服务，多方用户可同时对同一文件进行编辑，文件也可以多方保持同步。新的移动协作服务提供价值的地方不只是多方同时工作以提高效率，更重要的是强调了团队合作的重要组成部分：沟通。这种往复的交流有时和内容本身一样具有价值，可以使团队保持进度，节省沟通的成本和时间，并且能激发新的想法。比起 Mobile Collaboration 赋予传统的办公软件实时性，2013 年问世的 Slack 更具革命性，有潜力改变一个企业的工作方式和文化。Slack 更像是一个办公室的社交媒体，集成了聊天评论、任务分类和智能文本分析功能，既有实时聊天软件的随意灵活，又有传统 E-mail 的整理有序。随着更多智能化算法的应用，Slack 甚至部分取代了过去由专人来完成的一些烦琐工作。

众筹模式是在互联网时代通过对投资者信息分享模式的改变，对融资模式的一种革新。众筹模式对于融资模式的创新，是建立在改变产品和消费者的关系上的，并且它颠覆了创新研发的生命周期和市场销售的顺序关系。在某种意义上，消费者共享了创新的成本和风险，并成为新产品"共同创造"者的其中一员。对于创新者来说，在开发过程中先和未来的客户共享了信息，得到了未来客户的提前反馈，这对于打造成功产品的重要性不亚于资金的支持。众筹为网络或设计公

司等企业提供了一种传统融资方式的替代方案。初创公司可以保留自己的股权,维持对经营策略的全面掌控,此外还能获得一批忠诚的早期接纳者。众筹作为创新融资模式展现出了巨大的融资能力。从 Kickstarter 开始,众筹发起人从全球不同的众筹平台成功募到的资本规模增长迅速。

对于很多国家,信息爆发性增长,创新的趋势集中于如何分享和利用这些大数据,并且应用到各个领域及行业。然而目前全世界还有 43 亿人无法接入互联网,这无疑是互联网下一波爆发式增长的潜在市场。谷歌气球计划是一个空基通信的项目,用漂浮在平流层的氦气球这种稳定可靠且价格低廉的方法从空中向偏远地区送去互联网服务,从而入选《麻省理工科技评论》2015 年度十大突破性技术。谷歌已经发射了好几百只这样的充着氦气的大气球。这些气球漂浮在海拔 20 千米处的平流层,每个气球都携带一个小箱子,配备有太阳能电池板和电子设备。这些电子设备将为地面带去无线通信网络,为覆盖范围内的智能手机和其他设备提供蜂窝数据信号 。谷歌气球计划目前已累计飞行了超过 300 万千米,成功地为巴西、澳大利亚、新西兰等国家的偏远地区的人们带去了无线互联网服务。除了谷歌气球,空基通信的相关研究在近几年十分活跃,Facebook 和 SpaceX 目前就正在着手分别通过无人机和卫星来提供网络服务。能通过相关项目成功"拉上线"的数 10 亿人口将会是互联网科技的下一个宝藏和增长来源。

本章将会介绍并点评每一种基于互联网技术的模式创新。

社交电视,观众从被动接受信息到主动创造内容

一边坐在沙发上看电视,一边手拿手机发微博、Twitter 吐槽剧情,这种事情是不是普遍了?

这就是社交电视,也是目前社交媒体最火爆的一种应用之一。一份 Viacom 的调查发现,社交电视的用户最起码参与了 7 个电视节目,而 56% 的用户会在直播的时候使用社交媒体和其他人互动。例如,美国电视剧《行尸走肉》(The Walking Dead)每集播出时在 Facebook 和 Twitter 上都会平均有 200 万的观众互动。

喜欢评论剧情和电视节目是观众的一种基本需求。社交电视通过把来自四面八方的观众在社交平台上关联起来,让看电视的过程变得更有趣好玩,也让电视节目在社交平台上扩大受众和影响力。社交电视并不是一个新的概念。早在 2010 年这个概念就已见雏形,并被《麻省理工科技评论》评为十大突破性技术。尽管互联网和社交平台的兴起与发展转移了不少人在电视机前的时间,但是多种沟通平台和方式又给电视节目制造了新的机会。通过社交电视,观众不仅是在观看节目,而且变成了社交群体的一部分,和世界各地的其他观众一起分享自己的观点与评论。这是一种权力的转移,观众从被动接受

社交电视

信息，到主动制造内容而影响了电视节目的发展和制作。如何吸引观众参与电视在各种平台推广的交流，成为电视节目成功与否的一种重要指标。

在社交电视发展早期，不少公司如 Microsoft Xbox 等的尝试失败，是因为缺乏广泛的社交平台，以至于受众太分散而难以达到真正意义上的有效群体互动。而社交媒体平台进入电视市场无疑具备天然的平台优势，从根本上解决了这一难倒不少玩家的最大问题，而且也改变了社交电视的定义。社交电视从在观看电视的硬件上带有互动功能，变成了从社交平台上观看电视。这让电视节目的制作可以完全脱离电视机和电视台这种传统门户平台。例如，Amazon 和 Netflix 就在电视节目制作上大量投资，已成为行业内的最大的内容制造商之一。Facebook 在 2017 年推出了Watch。Twitter 的战略性部署比 Facebook 更早，早已经和 NFL、PGA 和 Bloomberg 等签署了合约，让电视节目内容很自然地成为社交平台的一部分，能十分容易地制造话题，吸引用户参与并制造热点。

Twitter、Facebook 以及其他尝试播出电视节目的科技平台的策略，都是十分明确的。硅谷的网络广告收入增长正在放缓，所以这些科技公司都开始着眼于已有的电视广告收入——电视的广告费可远比网络广告高得多。美国电视产业的收入高达 750 亿美元，能分上一杯羹，就是科技公司强大的增长来源了。

目前把社交电视形式运用得最纯熟的是选秀类节目——从传统的线下短信、电话投票，发展到了社交媒体投票，让影响力从线下发展到了线上。在世界各地播出的 The Voice 系列就是一个典型案例。节目的观众可以通过发短信、Facebook 投票、打电话和在 iTunes 上购买歌曲来支持心仪的选手，同时，节目还会实时播出观众带有 The Voice 标签的 Twitter。通过更新与观众的互动方式，The Voice 播出数季后在世界各国吸引了大批的新观众，保持着居高不下的人气。

中国的爱奇艺和腾讯视频也通过社交电视多平台互动的模式，制作了《偶像练习生》和《创造 101》等大红的综艺节目。

社交电视会在未来 10 年有强力增长，而且可以预测其间会有不少新资本新玩家入场。例如，Facebook 和腾讯这种拥有庞大用户数的社交平台会有领跑优势，但因为市场庞大，观众的喜好多变，最后市场格局如何，让我们拭目以待。

实时搜索，让信息更具时效性

10 年前，人们上网的时候会浏览网页，点击链接，再到下一页。而现在，人们上网的时间更多地花在了浏览 Twitter、微博等社交平台以及状态更新、头条等数据流上。大家对于互联网的使用方式有了根本的转变，Facebook、Twitter 和微博这样的社交平台已经变成了重要的信息来源。

如果说社交媒体发展初期的重点在于打造平台、增加用户和创造内容本身，那么在大量用户多年来在各种社交平台上创作视频、转发图片、上传图片等大量的个人内容后，社交媒体发展的重点已然变成了对社交平台上发布的内容的整合与利用。

社交平台的内容是随时随地生成的，要利用如此大量和实时的信息，实时搜索应运而生，成为对传统网页搜索的一大补充，它也被《麻省理工科技评论》列为 2011 年度十大突破性技术。在搜索效果上，传统引擎会更注重搜索相关性，而实时搜索顾名思义更注重时效性。除了时效性外，现在人们也希望在搜索实时信息时，搜索结果能像传统的网页搜索一样具有高质量、可靠性和相关性。

实时搜索最困难的，并不是收集数据。Facebook 和 Twitter 这些社交平台都可以向搜索引擎卖出它们的数据获得权，然后这些数据能被直接导入 Google 的超级电脑里。实时搜索技术中最难的点是分析这些信息片段的意义和价值，如何过滤出对用户有用的信息成了一大挑战。Google 传统的网页搜索引擎有两个重要特点有助于得到高精度的搜索结果：一是应用 Web 的链接结构计算每个网页的 Rank 值，称为 PageRank；二是 Google 利用超链接改进搜索结果，但是对于实时搜索来说，这是行不通的。社交网络的信息在发布几分钟之后就有可能失去时效性，所以 Google 必须在毫秒内分辨出这些信息的价值。比起静态的传统网页搜索，实时搜索更强调的是个人化，从成千上万的信息里筛选出当下与搜索者最相关的几样信息。

尽管 Google 一直对搜索的算法三缄其口，但是实时搜索的一个明显比较重要的计算标准就是粉丝数。粉丝越多，转发量越高，那么这个博主发的 Twitter 就会更可靠。Facebook 上的信息计算也是同理。里面有一些更多的细节，也是包括会对一些发布者的信息历史进行计算。比如说发布者的信息历史中有很多垃圾信息，对短文本识别出来没有意义的词，系统就会对信息进行一些降权。其他的一些参数就更隐晦一些。例如，Google 会一直扫描文本里关键字的使用量。一条关于普通话题的新信息里若包含了不普通的用词，那就代表这可能是新的情报。比如像"地震"这种突然增多的关键词，可能会说明有重大事件发生。另外，Google 还将信息内容和手里的实时定位信息相结合。一个人在靠近地震震源发布的信息远比千百里外发布的信息有价值得多。

实时搜索这样的技术，其实 Microsoft 旗下的 Bing 比 Google 更早推出。早在 2010 年，Bing 对于实时搜索的野心更大，并且认为这样的技术能达到的远远不只是时效性。Microsoft 当时在硅谷的搜索科技中心的负责人 Sean Suchter 认为，搜索引擎能做到的不仅仅是社交网络的数据过滤功能，更应该成为数据的一种延伸。最终，由关键字搜索而引导出的一对一对话将能在搜索引擎上发生。与其说是实时搜索，他更愿意称这为社交搜索。

社交索引是社交搜索的方式之一，在 2011 年被评为十大突破性技术。通过社交数据而建立起来的索引，和传统的网页搜索是完全不一样的。在建立网页索引的时候，Google 会扫描每个网页的超链接数。网页的超链接数量越多，就会被判定和更多的人相关，将越容易出现在搜索结果前端。这种搜索方式忽略了每个人需求的独特性。而社交索引恰恰就弥补了这一弱点。在使用社交媒体时，很多用户最想得到的信息就是自己感兴趣或者自己的朋友所知道的事情。大部分网站都会通过个人点赞、浏览和搜索记录来向用户推送个性化的信息。但是社交索引比这个更进一步，能从多方挖掘用户朋友圈里的信息。因此，就算一个用户从来没有浏览过某一个网站，社交索引都能够让网站知道用户可能会对什么感兴趣。

社交索引的使用并不旨在取代传统网页索引，毕竟其有效性还是取决于社交平台的覆盖率，以及用户本身朋友圈的大小。但社交索引在某些领域的搜索中能提高效率。尤其在寻找商品、娱乐信息和阅读内容的时候，社交索引比起传统网页搜索更个性化，能极大地提高搜索结果对于每个用户的有效性和准确率。而搜索结果有效性提高后，针对用户的广告收入也会随之增高。

这主要受益于社交媒体对于购买决定的影响力越来越大，而且其影响力对于鞋子和衣服这类产品尤其明显。所有产品类别平均 26% 的购买是来自社交平台的推荐，Mckinsey 的一项调查指出，这个数字远远比原先估计的 10%~15% 要高得多。粉丝众多的网红（Social Influencers）对于内容转化成购买量的影响尤其强大——5% 的明星网红占了所有推荐购买数量的 45%。他们在社交媒体上 2/3 的产品推荐直接转化成了购买，而剩余的 1/3 则能让消费者记住商品。对于不同产品，消费者对社交媒体推荐的依赖程度浮动十分大。水、电、煤气就属于社交媒体上互动程度比较低的类别，美国只有 15% 的消费者会在社会媒体上寻找关于供应商的推荐。但是有些产品类别，社交媒体对于购买决定的影响力高到让人咋舌的程度。像旅行、投资和药品这些产品，高达半数的美国消费者都会相信网上的推荐。

这样的数字对于公司传统市场营销的投资回报率计算模式是颠覆式的。研究表明，善于利用消费者行为数据的公司比起同等竞争者，销售增长要高出 85%，而利润则平均高出 25% 以上。高效的社交搜索是大数据时代目标营销的起点，也是现在各个社交平台广告创收的必备功能 [1]。

脸书的"时间线"，让信息从源头就开始有序

社交媒体上以毫秒速度滚动的实时信息产生了庞大无比的数据。但是这些数据在很多时候是松散的。数据变得"高质量"可以让目标营销成为可能，消费者数据需要有电子个人档案、人生大事、社交信息、交易信息、消费喜好、个人性格等信息。社交搜索是在松散数据产生后通过模型和算法而进行的整合分析。然而在信息产生之后再花大力气进行分析，是否可以引导用户在创造内容时自行有效归类，从而让内容在产生之时就已经呈现线性有序的状态呢？

Timeline 是 2012 年 Facebook 基于上述考虑而推出的功能。该功能被认为是对用户在社交媒体上信息的一次有效整合，使 Facebook 能针对用户信息进行精准广告投放。除此之外，Timeline 也是一种用户体验上的改进，因此被评为 2012 年《麻省理工科技评论》十大突破性技术。

Timeline 正以计算机辅助自传（萦绕在云端且可以搜索的多媒体生命日志）的形式，让"永久记录"这一概念成为现实。但它同时也引发了另外一种忧虑：让用户们想弄明白 Facebook 究竟知道多少关于自己的事情，而这些信息又被用向了何处。

2018 年 3 月的泄露数据丑闻更是让 Facebook 用户对于自己的隐私保护的焦虑达到了顶

峰。这一丑闻是来自英国 Channel 4 的卧底记者爆料。卧底记者扮作斯里兰卡的商人，约见了某数据分析公司的高管，装作想要影响一场斯里兰卡当地的选举。数据分析公司的负责人在隐藏的摄像机前大谈特谈其公司能通过从 Facebook 上获得的用户数据来操控选举结果。自此，Facebook 和该数据分析公司深陷舆论的旋涡，同时被指责通过非法取得的 5,000 万用户数据而影响了 2016 年的美国大选结果。这些用户数据的泄露方式简单得让人有点心惊。该数据分析公司 2014 年在 Facebook 上推出了一款性格测试的小游戏，得到了 27 万参与游戏的用户的详细资料。可怕的是，这个程序还自动获得了游戏用户所有好友的公开资料。创始人马克·扎克伯格因此被要求参加了美国参议院的听证会。

目前处于风口浪尖上的 Facebook 面对的很多非议主要是来政治层面的，被指其用户信息被非法用于操控选举结果，从英国的脱欧公投到美国的 2016 年大选。Facebook 从 2017 年 3 月开始禁止开发商使用 Facebook 用户公开信息，以符合政府监管要求。但是无论是被用于政治宣传，还是广告商的目标营销，用户在不知情的情况下数据被泄露给第三方、隐私缺乏有效的保护都是不争的事实。Facebook 一直否认错误。如果 Facebook 在法律面前能证明自己毫无错误，那就只能说明允许泄露用户数据的法律存在漏洞，而收紧关于数据安全和用户隐私的法案势在必行。经过两年的讨论，欧盟数据保护条例（General Data Protection Regulation，GDPR） 于 2018

年 5 月 25 日开始生效。按照 GDPR 的规定，公司访问和转移用户的数据时，在相关情况下必须遵循更高的标准来获得用户的同意，并在更大范围内尊重用户的个人权利。

Ebay 负责用户数据的副总裁 Zoher Karu 认为，互联网未来的最大挑战就是数据隐私，即如何区分可公开和不可公开的。他认为，目前大部分互联网公司通过用户单向的数据分享而创造广告收入不再是可行的模式。互联网公司必须负责保护用户分享的数据，谨慎使用得到的信息，成为用户的一种信息伙伴，而不仅仅是用户数据的售卖商。这种双向模式必须建立在客户在分享信息后得到某种回报的基础上。目前，互联网生态离这种模式还相去甚远，在大部分情况下，用户都不知道自己的个人信息以什么样的方式被社交平台售卖给了第三方。

在连物品都要联网的时代，"人"作为个体是无法真正免于被记录的。但是如何在健全的法律内保护自己的数据安全，将是以后用户使用社交媒体的一大焦点。

暂时性社交网络，一种新型的信息分享模式

以 Snapchat 为代表的暂时性社交媒体满足了用户分享时保护隐私的需求，提供了一种新型的信息分享模式。该技术被评为 2013 年《麻省理工科技评论》十大突破性技术。

Snapchat 是由 Evan Spiegel 和 Bobby Murphy 这两名斯坦福大学的学生开发的。他们认为，短信不足以传达用户的心情，而且用户在分享自己的心情时并不想让全世界都知道，所以他们两人就开发出了有时效性的图片视频分享应用。当用户编辑照片后，可以选择朋友发送照片，并且给照片设定 1~10 秒不等的定时器。当接收者看到照片后，信息会在时效性过后"自我毁灭"。Snapchat 现在已经不仅仅是图片分享软件，其应用还包括 Stories 和 Discover 公众平台。Snapchat 代表了一种以手机为主的新型社交媒体平台，让用户用贴纸和增强现实等应用进行互动。Snapchat 在青少年中十分受欢迎，除了很多功能本身够贴近青少年的喜好和使用习惯外，另外一个原因就是"阅后即焚"的信息分享模式能躲过父母对于他们手机的监管。

Facebook 的创始人 Mark Zuckerberg 在 2012 年第一次尝试购买 Snapchat，出价 6,000 万美元。同年，Facebook 以 10 亿美元收购了另外一个图片分享软件 Instagram。Evan Spiegel 和 Bobby Murphy 拒绝了收购提案。被拒之后，扎克伯格推出了 Poke，一个试图模仿 Snapchat 的软件。据说在 Poke 推出几周后，扎克伯格还亲自给 Spiegel 发邮件说："我希望你能喜欢 Poke。"这封邮件更说明了 Snapchat 的巨大潜力。一年之后，Facebook 卷土重来，给出了 30 亿美元的收购价。这次，Spiegel 再次拒绝了。

2017 年 Snapchat 的母公司 Snap. Inc 上市，估价 200 亿美元。尽管身价比 Facebook 的估价高出许多，但是 Snapchat 的股票一直被投资者认为是高风险投资。信息的"阅后即焚"是 Snapchat 赖以起家的本事，虽然这让用户更敢于分享亲密的信息而不用担心信息被泄露，但也让 Snapchat 的盈利之路一直艰难无比。信息阅后即被删除，使 Snapchat 无法像 Facebook 一样记录用户在平台上的一举一动。没有用户的精准信息，Snapchat 对于广告商的魅力也就没有其他社交平台那么大。此外，Snapchat 是主打视频的内容平台，视频的数据处理量远比文字内容大得多，因此 Snapchat 在服务器上花销庞大。Snapchat 一年付给 Google Cloud 的钱就高达 4 亿美元，而其一年的总收入还不到 10 亿美元。

到 2018 年，Snapchat 有将近 2 亿活跃用户，其中 8,000 万用户来自美国本地。而 Snapchat 的"A 货版"Instagram Story 和 WhatsApp Status 并没有停止追赶的脚步，现在这两者加起来已经有每日 3 亿的活跃用户，远远高于 Snapchat。虽然 Snapchat 的用户增长率一直是投资者最大的心病，但是 Snapchat 在年轻用户这个主要目标群体中一直领先于对手 Facebook 和 Instagram。Facebook 在 25 岁以下的群体已经出现了用户流失，但 Snapchat 在年轻用户群体中一直呈增长状态[2]。因为一直都无法在年长的用户中普及，或许 Snapchat 永远都不会达到 Facebook 的用户数量，但是其策略一直都很明确，就是针对年轻群体推出各种新的有趣的应用。而 Facebook 最近的创新可谓有点乏力，其最新产品都被诟病是模仿其他公司包括 Slack、Twitch 等，或者干脆直接复制 Snatchat 的一些功能。

尽管 Facebook 现在的用户数量远远领先 Snapchat，但是，互联网格局的更新换代只需要一个 10 年。

毕竟，未来是属于年轻人的。

移动协作工具，极大提升工作效率

千禧代（Millennials），这个在文章、杂志上随处可见的名词，又叫"Y 世代"（Generation Y），包括了从 1980 年到 1997 年出生的一代年轻人。现在全球有将近 20 亿的千禧代，占全球人口总数的 27% 左右，已经变成了全球劳动力的主力军。到 2030 年，美国的千禧代预计将会占美国劳动力市场的 75%[3]。

千禧代的一个特征就是他们十分善于使用科技产品，并且高度"联网"。他们想在自己的移动设备上无需大费周章地搜索就能看到自己感兴趣的新闻推送；他们对于远距离交流毫无障碍；他们对视频通话习以为常；他们习惯了收发短信，而不是打电话。在千禧代成为主要劳动力后，如何调整组织内部的协作方式以适应他们这种"联网"的沟通方式将成为生产效率的一种重要指标。现在 73% 的人在参加会议时会使用手机、平板或手提电脑，仅仅让员工们在移动设备上查看邮件和日程是远远不够的。利用移动设备让协作实时、高效和互动的工作方式，将是未来的大势所趋。

移动协作是可在移动设备上创建并编辑文件的服务，多方用户可以同时对着同一文件工作，文件也可以多方保持同步。这种新的实时和互动协作的工作平台极大地提升了工作效率，入选 2014 年《麻省理工科技评论》十大突破性技术。

云存储服务的成本骤降（如 Box、Dropbox、Google Drive、Microsoft 的 OneDrive）、光纤的发展、4G/5G 的推广是移动协作的必要条件。得益于增加的带宽，即使多个用户同时对同一文件工作，结果也可以保持高度实时同步。在移动协作的代表软件 Quip 中，不同的人可以同时编辑同一个文档的不同部分，稍后这些更改会自动融入新的文档，不会产生任何冲突。即使真的产生了冲突或者有修改错误的地方也没关系，所有历史版本都会保存在协作历史中，供用户随时查看和选择。同时，由于文档被打碎成了更小的模块，所以读取速度会比从云端读取传统文档的速度快，甚至能与本地读取相媲美。

这种工作方式对于公司内部的协作有明显的好处。首先，得益于其灵活性，远程工作的效率得到显著提高。其次，移动协作可以带来新的工作模式，例如，在办公室里的工程师可以通过移动设备向工地的施工人员提供技术支持，更好地理解他们遇到的问题并调度资源；移动设备让工地效率得到提高并减少了工程师的实地考察需求。最后，新的移动协作服务提供价值的地方不只是多方同时工作以提高效率，更重要的是强调了团队合作的重要组成部分：沟通。这种往复的交流有时和内容本身一样具有价值，可以使团队保持进度，节省沟通的成本和时间，并且激发新的想法。

比起移动协作软件赋予传统的办公软件实时性和互动性，2013 年问世的 Slack 更具革命性。

Slack 并不将自己定义为一种通信软件，而是一种创新性的沟通和协同工作方式。Slack 的最终目标是通过沟通方式带来组织文化的电子化进程变革，降低沟通成本，同时让知识管理变得更轻松，协助企业更快、更好地做出决策。

类似 Slack 的企业通信平台也在市场上涌现，比如 HipChat 和 Symphony，它们都集成了很多其他服务，并募集了大量资金。Microsoft、Oracle、Facebook 、Google 等科技巨头也开发了企业合作程序。但是比起同行竞争者，Slack 现在的应用更宽泛，渐渐发展成一个聚合多种第三方应用的平台，还在逐步向良好的生态系统进化。与那些只适用于解决一个单一任务（如沟通）的工具不同，Slack 还适用于很多其他沟通和协作场景，这主要得益于 Slack 作为平台集成的所有产品。更重要的是，由于这些集成的产品不断给 Slack 平台带来新的功能，Slack 将会变得越来越强大，从而吸引更多的用户，形成良性循环。

为了争取开发者，使平台有更多的功能，Slack 在资本层面也进行了生态布局。它在 2015 与 A16Z、KPCB、Accel 等一线风险投资基金联合成立了 8,000 万美元的开发者基金，用于投资生态系统内的下一个移动办公的 SaaS 明星企业，主要的投资方向是人工智能驱动的工具公司。

现阶段，Slack 希望通过人工智能来分析用户数据，了解用户的使用习惯和个人喜好，训练"个人助理"，自动处理重复性、规律性的工作事项，例如分级分类、过滤信息流，以自动化代替人工合并工作日程、任务树等。

通过高黏性的通信 / 协同产品，Slack 已经建立了自己的竞争优势。截至 2018 年 7 月，Slack 的每日活跃用户达到 800 万，有超过 300 万付费用户，全球《财富》100 强的 65 家公司在付费使用 Slack。Slack 平台上有超过 1,500 款第三方应用。Slack 成为多种中低频工具的应用场景，产生一种新的工作方式。更重要的是，这个生态平台上已经沉淀了非常宝贵的由企业创造的非结构化数据与知识，通过人工智能为用户提供进一步的增值服务。可以预见，下一代 Slack 类产品会融入更多的机器学习、语音识别、语义分析等人工智能和大数据，为大企业、开发者、创业者和大众用户提供"一站式助理"服务。

新型的移动协作软件让员工能以更新颖更完善的方式进行协作和沟通，减少邮件的使用，让沟通变得直接、互动和实时。提高内部沟通的效率无疑是移动协作软件最大的卖点。但是从长期来说，企业内部的"联网社交"会影响信息的流通方式，最终影响人们的工作方式，极有可能带来新型的组织形式。企业社交应用软件对于公司文化、团队沟通和部门合作甚至商业模式潜移默化的影响才是最值得期待的地方。

Mckinsey 预测，企业要取得竞争优势，数字化、社交和大数据缺一不可 [4]。

向潜在消费者融资的众筹模式或许还有新玩法

众筹模式为初创公司提供了一种新的融资方法。初创公司在众筹网站上发布项目，向公众宣传要开发的产品或服务，并设立筹款的目标。在限期内达到融资目标的项目，支持者会根据赞助的金额收到各种奖励，小到感谢信和纪念品，大到实际开发的产品和服务。达不到目标，有些众筹网站会全额退回支持者的赞助，有些会退回筹到的资金，但会收取一定数额的费用。著名的众筹网站包括 Kickstarter、Indiegogo 等。

众筹模式有着诸多创新，在商业模式和战略思考方面都有值得深思的积极意义。首先，作为一种融资渠道和模式的创新，众筹特别对小型初创企业展现了不可忽视的融资能力。截至 2018 年 7 月，单在 Kickstater 网站上就已经募集到超过 38 亿美元的资金，发布了41 万多个项目，其中众筹成功的有 14 万多个。

其次，众筹模式培育了新的服务产业链，包括对初创公司的商品和服务的包装、早期多渠道广告宣传，以及法律方面的顾问咨询，对创业公司提供了多种服务。众筹模式还极大地推动了多个产业的快速发展。例如，在 Kickstarter 上成功筹集到资金的公司覆盖了音乐、影视、游戏、艺术、科技、设计等多个领域。通过众筹，很多创意项目得到了充分曝光，快速引爆了多个科创产业。例如 Oculus Rift，其作为首个现代意义上的消费级虚拟现实头盔，2012 年成功地在 Kickstarter 上筹集了 250 万美元，更在 2014 年被 Facebook 以 20 亿美元的天价收购，从而引爆了全球的虚拟现实产业。又如 2015 年的智能手表 Pebble Time 项目，得到了近 8 万人的支持，募资超过 2,000 万美元，极大地推动了智能可穿戴设备产业的发展。

众筹模式当然不是完美无缺的。一般消费者没有能力判断具体项目的可执行性，风险评估能力较低。这导致了众筹在宣传的时候，很多项目的产品或服务不切实际，甚至有些项目一开始就有骗钱的嫌疑。例如，2015 年从 1 万多个支持者中集资超过 300 万美元的某掌上小型无人机项目，以极为低廉的价格对支持者承诺了多种不切实际的性能，到最后支持者们什么都没有收到。

即使有各种不尽如人意的问题，众筹模式也不可否认是近年来最具想象力的模式创新。众筹模式以创意产品和服务为回报，向潜在消费者融资，从某种程度上可以理解为产品和服务的预售。除了能筹集资金，还能非常真实地反映市场真正需求侧的丰富特征和信息，深刻改变了生产者与消费者的关系，重建了价值链的走向。这一模式创新带来的变化和衍生价值，远远超过传统供给侧主导的融资所形成的市场反馈，也使得众筹模式具有更富想象力的未来。

近年来，创意产品的众筹模式还延伸发展成项目的股权众筹等更具有金融性质的模式。虽然股权众筹不可避免地存在极高的欺诈风险，但在流动性过剩的年代，主导权正在从传统的风投机构迅速向创业者转移。

谷歌气球，让偏远地区的人享受互联网服务

互联网已经成为现代人们生活中不可分割的一部分，就像自来水和电作为基础设施一样理所当然。但据统计，截至 2017 年 6 月，全球只有 51% 的人口能连接互联网服务。怎样更快更有效地把互联网服务普及到世界的每个角落，让全球人类都能上网，不但是一个巨大的挑战，还是一个扩大互联网市场且有利可图的巨大商业机会。

为了这个目标，谷歌气球计划早在 2011 年就开始进行内部试验，并在 2013 年 6 月正式发布。该计划试图通过用飘浮在平流层的大型氢气球建立空基无线网络，为偏远地区的人们带来互联网服务。经过多年的研发和尝试，谷歌气球在技术上最为成熟，在实际应

用上也已经有很多成功的案例，并在 2018 年 7 月分拆为独立的公司。谷歌气球的好处在于可以避免光纤网络高昂的时间和铺设成本，以及在偏远地区修建通信基站的高昂费用，可以更快速、更廉价地推进互联网在发展中国家的普及。

谷歌气球在技术上有诸多创新。在 20 千米的平流层高空，谷歌气球不自带动力，需要靠自然风来移动。气球连接了美国国家海洋和大气管理局的气象数据，根据高精度的预测模型，通过充气和放气自动调节气球飘移的高度，使气球始终处于合适的风向风力层，从而控制组成网络的多个气球的移动和位置，保证气球间和特定地区信号的覆盖率与可靠性。谷歌气球完全充气时达到 15 米宽、12 米高，可以携带 10 千克重的电信和控制设备，吊装在气球下面，通过 100 瓦的太阳能电池板供电。气球的正常设计续航可达 100 多天。在气球准备停止服务时，附着的降落伞可以控制其安全下降和着陆，使电子设备可以循环使用。谷歌还开发了气球的自动发射台，每隔 30 分钟就可以把气球安全发射到平流层。谷歌气球与当地的电信服务商合作，把无线信号从地面基站传输到最近的气球，通过气球网络的交换，发送到偏远地区，让人们可以直接通过手机和支持 LTE 的设备访问互联网。一个气球可以覆盖 5,000 平方千米的区域。

谷歌气球计划已经有多个成功的应用案例，包括在新西兰、斯里兰卡、巴西等国家的边

远地区。谷歌气球在各种突发性通信中断的情况下特别有效，能快速恢复通信。2017 年 10 月，谷歌通过紧急发射多个气球，帮助遭受飓风蹂躏的波多黎各恢复了通信网络，使得各种人道救援工作得以顺利开展，并让当地的 10 万居民连接上网。

除了谷歌之外，Facebook 和 SpaceX 等多个公司都先后提出了各自充满想象力的解决方案。Facebook 在 2014 年提出了利用太阳能高空无人机技术建立无线网络，通过把太阳能电池覆盖到超长展延比的机翼上，从而达到超长的续航时间的计划。可惜因为各种技术和商业上的困难，Facebook 于 2018 年已经终止了这一计划。SpaceX 于 2015 年计划发射 12,000 个小型卫星，构造空基互联网通信系统。虽然小型通信卫星的测试原型已于 2018 年年初发射到轨道上，但因为需要的卫星数目巨大，整个系统离实际运营还很遥远。

社交媒体的互动方式、每秒随时滚动生成的内容和用户更新，给互联网公司带来了许多创新的机会。这些创新能入选为各年的突破性技术，更多依赖的是模式上的创新，而非纯粹技术的变革。

整合并利用社交媒体用户的互动方式和发布内容，无疑是互联网公司最大的商机。这商机背后隐藏的又是许多摩拳擦掌想要准确地向目标消费者投放广告的企业。广告收入，正是科技巨头 Google 和 Facebook 收入的巨大来源。社交电视瞄准的是电视行业的广告费用，社交索引让网红驱动购买成为可能，而 Timeline 则让 Facebook 能更好地收集用户

谷歌气球充气中

数据，再更好地为企业投放广告。然而，单向的用户信息盈利，这种模式无疑是无法持久的。用户数据安全和隐私受到了前所未有的关注，而最新的《欧盟数据保护法案》指明了未来的发展趋势：用户在法律的保护下会对自己的个人数据有更多的话语权。互联网平台和用户之间会更偏向合作互利的关系。

互联网的创新远不止于社交媒体。众筹方式以一种融资模式的创新给更多创新的小企业提供了可能性。Google 致力于以谷歌气球建立空基互联网通信系统，让偏远地区的人们也能上网。

正是有这种模式上的不断创新，在未来的许多年里互联网产业的格局都会一直保持着快速变化的特征。科技巨头需要通过不断的创新才能维持市场份额，而新的企业也会通过模式和技术的创新占有一席之地。

参考文献

[1] 麦肯锡报告，《营销人员的行为经济学指南》.

[2] Quatz, This is one war Snapchat is winning over Facebook, by Karen Hao.

[3] INGRAM 网站，信息图：新一代通信.

[4] 麦肯锡报告，《社交工具如何重塑组织》.

第五章
云与数据共享，灵活应对信息的爆发式增长

撰文：阮少宏

主要技术：

入选年份	技术名称
2009	Software-Defined Networking 软件定义网络
2010	Cloud Programming 云编程
2011	Cloud Streaming 云端信息流 / 流媒体
2011	Crash-Proof Code 防崩溃代码
2011	Homomorphic Encryption 同态加密
2013	Big Data from Cheap Phones 来自廉价手机的大数据
2014	Ultraprivate Smartphones 超私密智能手机
2017	Botnets of Things 僵尸物联网
2018	Perfect Online Privacy 完美的网络隐私
2018	The Sensing City 传感城市

20 世纪末，随着互联网的兴起，人类逐渐进入信息时代。到 2017 年年底，全球有近 41 亿的互联网用户 [1]。这么多用户无时无刻不在生成各种各样的数据，包括文字、图片、通话、视频等。据估计，2018 年，全球用户每分钟在 Google 进行 390 万次搜索，在 Youtube 观看 430 万个视频，登录 100 万次 Facebook，发送 2,900 万条 WhatsApp 信息，发送 46 万条推特，在 Instagram 分享近 7 万张图片，用 Spotify 播放 75 万首歌 [2]。微信表示，2018 年除夕到初五期间共产生了 2,297 亿条微信消息、28 亿条朋友圈。随着物联网的兴起，越来越多的智能设备会接入互联网，在可以预见的未来，各种数据的数量还会持续地爆炸式增长。

海量数据的交换、储存和处理，需要灵活强大的分布式数据处理集群，需要极大的计算力、网络带宽和物理存储。传统上，企业因此不得不去购买各类硬件设备（服务器、硬盘、交换路由等）和软件（数据库、软件运行环境、中间件等），另外还需要组建一个完整的运维团队来支持这些设备或软件的正常运行。这些硬件和日常维护的开销非常大，而云计算则有效地解决了这些问题，让数据处理的价格变得可以承受。

云计算可以说是分布式并行计算、效用计算、虚拟化技术、网络存储、负载均衡、热备冗余等传统计算机和网络技术发展融合的产物。虚拟化技术可以实现硬件资源的灵活和弹性，通过对硬件资源抽象化，屏蔽了复杂的底层基础架构，使得部署管理更加方便快速。随着服务器集群的规模越来越大，自动调度算法的出现克服了传统虚拟技术需要人工设置的局限。当所有的硬件资源都在一个"池子"里时，调度中心会按照用户的动态需求，自动启动并配置好虚拟电脑。资源池化实现了灵活和弹性，这就是我们常说的云计算。

NIST（National Institute of Standards and Technology，美国国家标准与技术研究院）在 2011 年对云计算做出了定义 [3]，总结了云计算所具备的 5 个基本特征（按需自助服务、通过网络访问、资源池化共享、快速的弹性以及服务是可度量的），3 种服务模式（SaaS、PaaS、IaaS），4 种部署方式（私有云、社区云、公有云和混合云）。

IaaS 实现了基础设施资源层面的弹性，而 PaaS 提供了应用程序层面的弹性。在 IaaS 的基础上，PaaS 还提供了操作系统、连接系统和应用软件之间的中间层（Middleware），以及应用的开发、部署和运行环境，为软件开发者提供服务。SaaS 主要面对软件消费者，是一种软件许可和交付方式。SaaS 提供了运行在云上的应用程序，用户可以按需订阅，通过网络如网页浏览器来访问、使用程序的功能和服务，而不用关注应用程序和具体数据本身。

云计算已有 10 多年的发展历史。Gartner 数据显示 [4]，2017 年全球云计算服务市场的规模达 2,602 亿美元，同比增长 18.5%[4]。这种强劲的发展势头反映了越来越多的大型企业从传统 IT 服务转向云计算服务。除了 Airbnb、Netflix 这类具有互联网特质的公司，包括传统快餐连锁行业如 McDonald's，最为保守的银行业如 Goldman Sachs、Citibank，甚至还有政府机构如美国金融业监管局，都开始将业务迁移到云计算平台上。Gartner（2018 年报告）预测云计算服务在未来 5~7 年仍会保持高速增长，到 2020 年，全球云计算市场的规模将达到 4,114 亿美元。随着万物互联技术的蓬勃发展，以及对大数据的深度挖掘和机器学习算法的兴起，云计算还将助力人工智能的爆发性发展，是人类迈入人工智能时代必不可缺的重要一环。

许多新技术为云计算与大数据的高速发展打下了基础。《麻省理工科技评论》总结了 2009~2018 年的 10 项突破性技术，下文将详细分析。

虚拟化技术是云计算最重要的基础技术之一。云计算的网络资源虚拟化，离不开软件定义网络（Software-Defined Networking，SDN）这一突破性技术。有了 SDN，管理和优化云计算数据中心的网络连接才成为可能。

云是一种分布式平台，为了更好地在云上开发针对大数据的高效程序，需要原生支持分布式云应用特点的编程语言。以新型分布式无序化云编程语言 Bloom 为代表的云编程（Cloud Programming），为开发下一代在超大规模分布式平台上的高效云应用打下了基础，在 2010 年被评为十大突破性技术。

云计算领域于 2011 年发展迅猛，同年有 3 项技术同时入选十大突破性技术，包括云端信息流 / 流媒体、同态加密和防崩溃代码。传统的行业大型专用软件都需要非常强大的服务器才能使用。随着 SaaS 的兴起，这些软件也逐渐转移到云端，但都面临着计算结果实时以视频传输给用户时延时必须非常低的严苛要求。为了让用户有实时操作的优秀体验，新型流媒体图像视频压缩技术云端信息流 / 流媒体应运而生，使更多的低性能客户端能成为高效的生产工具。

云计算的数据安全，一直是企业把自己的私密数据放到云上的一大忧虑，而"同态加密"这一突破性技术，使企业可以把加密后的数据在云上面直接处理而不需要先解密，大大提高了数据的安全性。越来越复杂的应用程序有着各种潜在的错误，在极端情况下会导致程序崩溃，成为黑客攻击和病毒扩散的漏洞。"防崩溃代码"技术使应用的核心代码通过严谨的逻辑数学方法，在任何情况下都不会崩溃，这一技术大大提高了各种关键软硬件的安全私密性和可靠性。

在基础技术得到稳步发展后，云计算领域以后的突破性技术更侧重于数据分享和数据安全。

在数据分享方面，2013 年"来自廉价手机的大数据"被评为十大突破性技术。在非洲和拉美地区等发展中国家，多个国际慈善机构和卫生组织通过对廉价功能手机的大数据的收集和分析，有效地改善了贫困地区人们的生活，如成功追踪了疟疾等流行病的高危传染区和发源地，从而更有针对性地进行预防治理；又如成功开发出地震后的快速救援指导方案。

2018 年被评为十大突破性技术的"传感城市"是目前云计算和数据共享最尖端的综合应用，覆盖范围大至社区，将人和物紧密相连。传感城市的概念是通过摄像头等多种传感器，收集更丰富、更多维度的动态信息数据，加上云计算的监控处理和分析后指挥各种执行器，使整个城市变得更智能、更环保，从而改善人们的生活。

在大量数据可供分享使用的同时也带来了更大的安全隐患。云与端的连接，面临着严峻的数据和用户私隐安全挑战。例如，黑客不但能控制如个人电脑、服务器等终端，在互联网发起破坏行动，更能通过控制数以百亿计的物联网设备，以基于物联网的"僵尸物联网"为主体对众多基础服务发起攻击，从而造成巨大的破坏和经济损失。

如何保护用户的数据安全和个人隐私，成为技术突破的重中之重。2014 年的十大突破性技术之"超私密智能手机"通过特制的软硬件和服务，把语音通信、文字信息和应用文件等加密，大大提高了用户隐私抵御黑客攻击或监控的能力。2018 年入选十大突破性技

术的"完美的网络隐私"是数据隐私和安全领域近年来最具突破性的技术，它能使用户在不泄露自己隐私信息的情况下完成各种验证要求。

本章会先讨论云计算和数据共享的突破性技术，再点评由数据安全问题而出现的技术突破。

SDN，云计算时代的网络管理

软件定义网络（SDN）是一种网络架构、一种思想，它的核心诉求是希望应用软件可以参与对网络的控制管理，通过自动化业务部署简化网络运维，满足上层业务需求。随着云计算、大数据和物联网的兴起，SDN 技术越来越受到重视，得到了广泛的应用。SDN 能使网络管理变得更容易，通过编程能更方便高效地设置网络交换机和路由器的配置及协议，使得网络的可靠性、性能、安全和能耗得到更细致的优化与监控。传统网络的架构是静态、分散和复杂的，而现在的网络需要更多的灵活性，要更容易排除故障。为了解决这些问题，SDN 将网络数据包（数据层面）的转发过程与路由过程（控制层面）分离，使网络控制直接可编程，底层基础设施可以从应用程序和网络服务中抽象出来，将网络的控制集中到一个网络组件中 [5]。SDN 的数据转发决策是基于流，而不是基于目的地。流是对数据从出发点到终点之间的抽象，它统一了不同类型的网络设备的行为。对流的编程实现了前所未有的灵活性，仅受

限于实现的流表的功能。控制与数据转发分离、有开放的编程接口、集中式的控制，这些是 SDN 的几个特点。

SDN 技术可以认为是由斯坦福大学的 Open-Flow 技术逐步发展而来的。2008 年，斯坦福大学 Nick McKeow 教授等学者提出了 Open-Flow 标准[6]，并在 2011 年年初发布了 Open-Flow 协议，该协议可以通过网络访问交换机或路由器的转发平面。只要安装 OpenFlow 固件（嵌入在硬件的软件），就能使用软件控制网络交换机和路由器的协议。OpenFlow 在技术上存在很多局限，例如数据转发流程过于复杂，转发设备的处理功能非常有限等。更重要的是，早期 OpenFlow 缺乏运营维护管理工具，例如，对于查看统计、ping

SDN 技术

通硬件设备等对传统交换机管理来说再正常不过的基本需求都没有定义。运维管理功能的缺失导致了传统运维人员对 OpenFlow 乃至整个 SDN 概念的抵触，不利于 SDN 的落地推广。因为光靠 OpenFlow 无法解决，这就需要 SDN 设备与传统设备能交互。自 2012 年起，很多公司在 OpenFlow 的基础上加入了自己的专有技术，使得管理和优化的功能更强大，例如 Sysco 公司的开放网络环境等。

除了在控制器加上硬件 SDN 交换机，SDN 的另一重要应用场景在于云计算的数据中心网络[7]，在云平台加上虚拟交换机的应用，例如，以 VMware 的 NSX 等技术的网络虚拟化应用为代表，目前基于 SDN 的网络虚拟化解决方案有以下三种[8]：纯软件方式，如 VMware 的 NSX、Juniper 的 Contrail、Midokura 的 MidoNet 等公司的商业网络虚拟化方案，还有目前影响最广泛的 OpenStack 的网络组件 Neutron；硬件方式，以 Cisco 的 ACI 为代表，即网络虚拟化在硬件中实现（当然也不排除会用到 vRouter）；"软件 + 硬件"方式，例如盛科网络推出的 SDN 方案即属于此类（Arista 也有类似方案），本质上它是一个软件方案的思路，只是把部分对性能影响最大的操作在硬件 SDN 交换机上实现。

当前 SDN 技术仍有非常多的技术和市场上的挑战。例如，SDN 技术上的控制集中化在稳定性、安全性、可扩展性等方面有自身的局限。由于公司和体系不同，使 SDN 存在协议和接口标准化的问题，难以实现不同体系间的相互操作，即存在不兼容的问题。SDN 无可争议地代表了未来的发展方向。有研究表明 [9]，随着移动网络的不断发展、网络复杂性的增加和流量模式的变化，以及云服务、数据中心整合和服务器虚拟化需求的激增，将推动全球 SDN 和网络虚拟化市场从 2017 年的 368 亿美元增长到 2022 年的 5,441 亿美元。SDN 技术正处于高速发展之中。

云端信息流，让应用在云端运行

流媒体技术已经深入渗透到我们的日常生活中，例如看网络视频。这里的流媒体是指执行计算量巨大的任务，例如大型部件的 CAD 工业设计、高解析度的视频编辑、影视渲染、特效全开的网络游戏等。当本地电脑的性能不足以很好地完成这些任务时，就要用到云计算平台强大的算力，让应用直接在云端运行，本地用户的指令传输到云端计算后，云会以视频流的形式把计算结果传送回本地电脑。为了让用户有实时操作的体验，视频结果输送的低延迟至关重要。

IBM 的科学家 Perlman 创造了新的视频流压缩方法，试图使智能手机、平板电脑等移动设备能作为图形加速要求高的应用程序的远程终端。这项技术使得复杂的视频编辑或大型建筑设计工具等应用可以移到云端，使复杂的大型软件作为生产力工具能普及到更多的用户。远程操作良好的体验，关键是在 80 毫秒内响应用户输入，这是视觉感知的关键

阈值。达到这一阈值对于实现广泛应用来说是至关重要的。

Perlman 最大的创新是放弃了流媒体视频常见的缓冲。虽然视频缓冲给丢失或延迟的数据重新发送保留了时间，但它们造成的延迟使实时工作变得不可能。Perlman 的新方法是在丢失或有延迟数据的情况下使用各种策略来掩盖遗漏的细节，在极端的情况下，甚至会取消残缺的画面，根据较早时候生成的画面用计算生成新的画面——这样，当一些数据丢失或延迟时，眼睛就不会检测到问题。新系统还会实时检查网络连接的质量，动态地根据需要增加视频压缩量并降低带宽要求。为了节省宝贵的毫秒数，Perlman 甚至与互联网运营商进行了谈判，以确保他的服务器上的数据直接传输到高速、高容量的骨干互联网上。

近年来，随着网络带宽越来越大，传输速度越来越快，云端流媒体变得越来越普遍，视频压缩技术的重要性相对来说有所下降，但当年 Perlman 奋斗的目标已经大部分成为现实。在计算机辅助设计和工程（CAD / CAE）领域，越来越多的专业软件已经可以在 SaaS 的云计算平台上根据用户的要求进行订阅。新锐公司 SimScale 在 2012 年发布了完全基于云计算平台的 CAE 平台，包括了多种分析工具，如计算固体力学的有限元方法、计算流体力学的模拟和仿真、热分析等。工业 CAD/CAE 软件的业界巨头 Autodesk 和 Ansys 等公司近年来也积极实行从卖专业软件的授

权许可到提供云计算 SaaS 的转型。2017 年，NVIDIA 发布了 GeForce NOW 云游戏技术，游戏玩家能够像其他任何流媒体一样从网络流式传输视频游戏。NVIDIA GRID 在云服务器中对 3D 游戏进行了图像渲染，对每个帧进行即时编码，并将超高画质、超高清晰度的游戏画面以超低的延时传输到玩家的任意设备上。

云编程，海量分布式动态数据的解决方案

在当下云计算的时代，有越来越多的软件应用运行在云上。随着云节点和数据规模越来越大，程序员在云应用里面直接管理和追踪越来越巨量的动态数据并从中获取云运行情况的可靠信息就变得越来越困难。一般的数据库编程语言只适合批量分析静态的数据，而对处理时刻变化的动态数据，例如传感器网络的实时读数就变得无能为力。为了应对分析处理日益海量的分布式动态数据这一挑战，美国加州大学伯克利分校的科学家 Hellerstein 在 2010 年提出了新型的分布式无序化云编程语言 Bloom。

Bloom 不但隐藏了对大规模数据的复杂操作，使得程序员们可以专心于应用功能的实现而不是纠结于对数据的琐碎操作，更在语言的基础层面引入了动态数据的概念，也就是说，数据甚至在被分析操作的同时还可以实时变化。这样程序可以为将要出现（或者永远不会出现）的数据在结构上做

好准备。

Bloom 作为一种新型的编程语言，从根本上消除了传统分布式应用程序和云计算平台之间的不匹配，是为了下一代云计算应用程序高速高效地在巨量的分布式节点上处理巨量的动态数据而生的下一代编程语言。Bloom 有几个特点 [10]，首先是原生支持无序化编程。传统的编程语言如 Java 和 C 都是基于冯·诺依曼模型的，程序计数器按顺序通过单个指令进行操作。分布式系统不是这样工作的。在传统的分布式编程中，很多痛苦来自这种不匹配：程序员被期望从一个有序的编程模型过渡到一个无序的现实，执行他们的代码。Bloom 的设计初衷是为了匹配并利用分布式系统的无序现实，Bloom 编写的程序由无序的语句集合组成，并在需要时被赋予构造来强制执行顺序。

其次，Bloom 从成功并行化的模型（如 MapReduce、SQL 和键值存储）中获得启示。在 Bloom 中，标准数据结构是无序的集合，而不是标量变量和结构。这些数据结构反映了分布式系统中固有的非确定性排序的现实。Bloom 为操纵这些结构提供了简单、熟悉的语法。在 Bud prototype 中，大部分语法都直接来自 Ruby，带有 MapReduce 和 SQL 的味道。

再次，Bloom 具有基于逻辑单调性的一致性（Consistency As Logical Monotonicity，CALM）。Bloom 集成了基于 CALM 原理的

强大编译器分析技术和编码代码分析工具，可以自动推断分布式代码的一致性，对用户进行代码的协调指导，编程环境非常友好。最后，Bloom 的语法简洁易用，使无序化和分布式编程无需应用到艰涩难懂的语法，令代码更容易维护。Bloom 作为一种高级编程语言，旨在确保分布式代码能够根据分布式系统的实际情况进行结构化。因此，Bloom 程序往往比传统命令式语言的同等程序要小几个数量级。

随着分布式平台的规模越来越大，如何提高应用程序在云计算平台的运行效率是一个重要的研究方向。其中一个思路就是无需协调的分布式系统，它完全无协调的机制保证了节点上有 90% 的工作负载是在真正地处理请求，而其他传统的系统（如 Masstree 和 Intel 的 TBB）花在等待协调上的时间比真正处理计算数据的时间更多。开发这样一个系统，不但需要新型的编程语言 Bloom，还需要数据一致性理论、跨平台程序分析框架和免协调的数据交换协议。经过多年的研究后，在 2018 年，伯克利 RISE 实验室终于发布了基于 Bloom 语言设计的新型键值存储数据库 Anna，它提供了惊人的存取速度、超强的伸缩性和史无前例的一致性保证。科学家们正在基于 Anna 开发一个新的扩展系统 Bed-rock，它将运行在云端，提供了开源的、无需人工干预和高效的键值存储方案。在可以预见的未来，为了应对云计算大规模高效率应用的挑战，原生基于云计算平台的新编程语言和新架构必将得到大力发展。

手机廉价，但上传的大数据可不廉价

"来自廉价手机的大数据"被《麻省理工科技评论》评为 2013 年的十大突破性技术。

在发展初期，智能手机的价格还是十分昂贵的，在一些发展中国家，手机用户大多使用的是廉价的功能手机。即使功能简单，只能用来通话和发短信，廉价手机也能提供丰富的数据来源。

科学家通过分析手机和本地信基站的连接与覆盖范围，能收集到人们的位置，追踪人口流动、社会关系网络等信息。通过大数据分析，科学家成功地发现了在肯尼亚等国家流行疾病如疟疾、霍乱等的高危传染区，为传染病的预防治理打下了有力的基础。在 2010 年的海地大地震中，科学家通过手机收集到人们在地震前后的流动数据。科学家还为未来灾难的发生提供了预测模型，能指导快速救灾行动。2012 年，Orange 公司对世界各地的科研机构开放了来自科特迪瓦 500 万用户的近 25 亿条匿名通信记录，取得了丰富的研究成果，包括监测疟疾的传染范围和爆发时间，以及建立公共交通系统的模型，从而改善了贫困人们的生活。

廉价手机收集到的通信数据有很大的局限性，需要通过抽样调查等方法使得从数据挖掘出的信息更准确，以减少错误的解读。近年来，随着价格越来越低，智能手机在发展中国家也变得越来越普遍。根据 Statista 的数据，2016 年时全球手机用户占人口总数的 62.9%，而这一比例会持续增长，到 2019 年预计会达到 67%，总数超过 50 亿。Gartner 的数据显示 [11]，2017 年全球智能手机一年的出货量达到了 15.3 亿台。

智能手机集成了大量的传感器，例如 GPS 定位系统、摄像头等，加上 3G/4G 移动互联网的普及和更多智能程序的应用，带来更加海量和更多维度的用户数据。这些数据包括了我们生活的方方面面，例如互联网搜索历史、通信记录、社交媒体活动、财务甚至如指纹或面部特征等生物识别数据。这些数据可以用来分析用户的兴趣、偏好、观点、爱好和社交活动，建立用户的数字档案和画像，可以揭示很多信息，如收入水平、婚姻状况和家庭构成等。结合手机上移动支付的历史数据，科学家还可以预测食品供应是否短缺，并为人们建立信用记录，帮助无法获得银行业务的数百万人获得传统贷款的资格。

随着人们越来越离不开移动互联网，大规模的数据共享需要一些谨慎的工作来保护隐私，并防止数据泄露而被用来窃取财产、商业机密等不正当行为。发展中国家在用户隐私保护和数据安全法律上仍相对滞后，用户的信息安全意识也相对薄弱。网络上有针对性的虚假广告，还有因用户隐私资料泄露而造成的诈骗行为屡见不鲜。强有力的监管框架，在政策上立法保护用户的隐私数据，将是发展中国家应对这些挑战的关键。

传感城市，让城市治理更自主、更智能

今天，世界上 55% 的人口居住在城市地区。联合国表示，预计到 2050 年，世界人口的 68% 将居住在城市地区 [12]。随着城市的快速扩张，传统基础设施存在的问题和产生的社会、经济及环境压力将与之俱增。现在，借助云计算、大数据、人工智能、物联网等新技术，人类正在解开这些困扰城市发展的症结，为城市进化论书写全新篇章。"传感城市"作为一种最新的城市形态，入选了 2018 年《麻省理工科技评论》十大突破性技术榜单。城市升级为一个能够感知环境信息和人类行为大数据的"智慧体"，云计算助力人工智能，使城市治理更自主智能，促进城市可持续发展。

Alphabet 旗下的 Sidewalk Labs 在 2017 年 10 月宣布，将和加拿大政府进行合作，在多伦多 Waterfront 工业区创建一个高科技社区 Quayside，来重新定义到底应该如何建设和运营一座城市。

Sidewalk Labs 自信能通过无人驾驶汽车、机器学习、高速互联网和传感器追踪能源使用等高端技术来改善城市的居住环境，并认为该项目可以同时解决住房紧张、交通堵塞、城市安全和环境治理等多种问题，成为将最新科技运用到城市设计中的模板。该项目计划使一个巨大的传感器网络成为决策一切关于设计、政策以及信息科技问题的基础。这个网络将实时收集各种天气、空气、噪声和

现在的 **Quayside Waterfront**

环境信息，以及能源供求、交通路况和人们的行为等数据。传感器网络结合云计算和人工智能分析收集到的城市大数据，可以指挥多种执行器，让都市地区变得更加宜居和环保。自从该项目宣布启动之后，Sidewalk Labs 对于具体的设计并没有透露太多的信息。在低调了近 10 个月后，Sidewalk Labs 在 2018 年 10 月终于对外公布了更多的设计细节，向公众寻求意见。其计划先从一片 12 亩地大小的地块进行项目开发。这个先期项目如果顺利进行，将会被作为 Quayside 全区 800 亩地的开发基准。

Sidewalks 的一个重要设计理念就是公用空间的多种用途。比如人行道就特意设计得十分宽敞，在建造时将会使用一种模块式的混凝板，并装有智能的 LED 灯光来实现不同的用途。例如，繁忙时期可以作为无人驾驶汽车

的交通通道，周末时就可以把这些公用空间转变为小朋友玩耍的游乐场。人行道会装有供暖系统，在下雪时能使冰雪融化，让各种用途的转换都十分便捷。

但是这种理念还是让不少城市交通工程师感到担忧。毕竟，把车辆和行人混在一起总会让人觉得有安全的隐患，所以传统城市设计总会在路边设置边石台阶，将车辆和行人分开。而且从建造成本来说，Sidewalks 的设计无疑成本更高。对于普通的城市设计来说，这种设计是否可以大规模复制也是让人质疑的。Sidewalk Labs 在计划过程中已经投入了 1,000 万美元，现在还追加了 4,000 万美元的投资，但这对于整个项目来说只是冰山一角。《华尔街日报》预测，整个开发过程的花费将高达 10 亿美元。MIT 城市规划研究小组的主管 Eran Ben-Joseph 就表示："我有

时候很怀疑这种事情是不是真的需要高科技，因为其实这可以很简单地解决。"但是他同时也觉得，从改变观念和实验的角度来说，这个项目的立意和尝试都是好的。

对于传感城市，大部分人的质疑还是集中在隐私保护方面。如此密集的城市数据的收集和使用，其规范和管理目前还可谓一片真空。在 Facebook 发生泄露数据的丑闻之后，如何保证城市数据不被用于操控用户，更是很多人关注的焦点。多伦多当局已经表示，会监管 Sidewalk 对个人数据的收集和安全保护，同时，数据会被保存在加拿大，而且 Sidewalk 不会自动与美国的母公司分享数据。

目前，Sidewalk 的设计意见还需要通过政府审批。尽管还要许多年才能真正实现，但是 Sidewalk 和多伦多政府的合作项目也许真能给我们展现未来的城市模板。

嵌入式系统的设计缺陷让僵尸物联网有机可乘

僵尸物联网涉及僵尸网络和物联网两个领域。其中僵尸网络的英文单词 Botnet 是由 robot 和 network 两个单词组合而来。网络机器人 Bot 是一种通过互联网运行自动化任务（脚本）的软件应用程序，一般用于执行简单重复的任务，速度非常快。僵尸网络就是一个由已经被黑客等恶意第三方控制的设备硬件组成的网络，每个设备上都被秘密植入运行一个或多个网络机器人，通常被用来盗窃数据、发送垃圾邮件、施放木马病毒等恶意软件、制造虚假点击率、加密货币挖矿、执行分布式拒绝服务攻击（DDoS 攻击）等行为。僵尸网络的操纵者利用各种非法手段侵入他人的网络设备，通过命令与控制（C&C）系统，控制众多被感染的设备，完成多种一般难以使用单一设备完成的恶意操作。通常被感染设备的真正拥有者都没有意识到自己的设备正在被恶意利用。命令与控制系统是控制僵尸网络的关键。早期的命令与控制系统通常是比较单一的服务器架构，并普遍使用大量的域名代理和多次代理跳转，通过实时变换实际网址等方法来使实际控制来源难以被追踪。随着时间的推移，僵尸网络体系的结构也不断发展，当下的命令与控制系统普遍通过 IRC 通信协议或 Tor 匿名通信协议等建立点对点（P2P）系统架构，使得僵尸网络有多个指令来源，以更好地逃避检测和破坏。

从 2004 年的第一次大型僵尸网络攻击开始至今，僵尸网络感染的设备数量已经从 10 万级发展到千万级，因而容易产生规模巨大的攻击。传统的僵尸网络一般是由个人电脑和企业服务器组成。2016 年年底在美国发生了因黑客攻击而造成的大规模网络瘫痪事件。研究显示，黑客通过 Mirai 病毒感染了包括监控摄像头、打印机等大量物联网设备，使其作为僵尸网络的攻击平台。僵尸网络进化成以数量庞大的物联网设备为主体，它的攻击不仅能影响虚拟的网络本身，而且将网络攻击延伸到了我们由物联网组成的物理生活环境，僵尸物联网成为了人类生活安全方面的一个重大的新威胁。

僵尸物联网带来的新威胁是由物联网的特点决定的。作为已有的互特网的延伸，物联网旨在把网络从传统的人与人之间拓展到人与物以及物与物的网络，不仅使个人可以更方便地获取身边的多种信息、操控联网的设备，还可以在没有人为干涉的情况下使设备之间联网，收集和交换数据，提供了将物理世界更直接地集成到基于计算机的系统的平台。物联网的典型应用包括智能家居、能源、城市交通、医疗保健、工业制造等领域，和人们的生活息息相关。想象一下，恶意黑客可以监控人们家里的智能设备，盗窃并贩卖个人的各种隐私数据；可以通过恶意操控智能交通的设施如交通灯等，直接造成交通的混乱，威胁个人的生命安全；甚至可以控制一个城市的水电煤气等基础设施，造成断水断电等极端情况。僵尸物联网相比传统僵尸网络对人类社会的破坏性大得多。

僵尸物联网暴露了传统物联网设备嵌入式系统的设计缺陷，例如，对精简化和低功耗的追求不可避免地降低了系统的安全等级，低成本的要求也使得设备没有相应的硬件加密等安全模块，软硬件模块的重复使用造成了不同类别的物联网设备存在同样的安全漏洞，设备上的操作系统缺乏透明性和便捷接口也给病毒监测带来了困难。

如何有效地防范僵尸物联网，涉及物联网设备提供商、物联网平台提供商、网络提供商、安全厂商和普通用户等从云到端的整个产业链。各个环节都需要有针对性地部署防护措施，以保证终端、通信、数据、应用软件、网络以及控制层面的安全。物联网设备提供商需引入安全开发流程，产品上市前进行安全评估，上市后要及时更新安全补丁；平台提供商应重点关注平台安全和设备、移动端与自身的连接是否安全；用户在购买设备后，应该尽可能修改初始密码，修改默认端口为不常用端口，增大端口开放协议被探测的难度，并及时升级设备固件。以上各个环节缺一不可。因为涉及范围和层面过广，要解决僵尸物联网的威胁在可见的未来几乎都不可能做到。可以肯定的是，随着越来越多物联网设备的接入，僵尸物联网的威胁和破坏还远没到顶峰。

保护个人隐私的超私密手机应运而生

智能手机及其携带的应用程序其实有非常高的安全风险，这是因为它们被设计成能够收集和发布大量用户数据，比如实时位置、网络浏览历史、通信记录和联系人名单等，很多时候应用程序不但没有取得用户的明确授权，甚至因为系统和软件的漏洞而使用户成为恶意软件、病毒和黑客攻击的目标。随着 2013 年美国中央情报局前职员 Edward Snowden（斯诺登）向媒体披露棱镜计划对美国和其他国家公民的监控问题，个人隐私的问题在全球范围得到了前所未有的关注。超私密智能手机应运而生，通过特制的软硬件和服务，能把语音电话、文字信息和应用文件等进行端到端的加密，能有效阻止窃听，防止窃听者获得用户致电或发送信息的手机号码。这就大大提高了用户隐私抵御黑客攻击或被第三方监控的能力。其中比较著名的是 Silent Circle 公司的 Blackphone，它采用了深度定制的 Android 系统 PrivateOS，配合公司提供的隐私保护订阅服务，能阻止手机以多种方式泄露用户的行动，被《麻省理工科技评论》评为 2014 年的十大突破技术。

Blackphone 最重要的专有加密技术是使用了 Silent Circle 公司创办人 Phil Zimmermann 发明的 ZRTP 加密密钥协商协议。该协议使用了 Diffie-Hellman 密钥交换和安全实时传输协议（SRTP）进行加密，用于在基于实时传输协议的互联网协议语音（VoIP）电话呼叫中协商两个端点之间的加密密钥。相比传统的加密协议，ZRTP 协议具有诸多优点[13]。例如 ZRTP 不使用持久性公钥，避免了公钥基础结构（Public Key Infrastructure，PKI）的复杂性。ZRTP 还提供了多层次的保护，能有效防止并检测中间人攻击。Man-In-The-Middle（MITM），这是一种攻击者通过秘密截取并改变两个用户之间的通信，从而伪装成各自用户的另一方的攻击行为。

Blackphone 作为一款为了安全而开发的消费者智能手机硬件，不可避免地有很多局限性。例如，它不能限制用户主动下载应用，这样设备就会积累起越来越多的漏洞。为了安全，牺牲了手机的可扩展性和用户的便捷性。Blackphone 本身并不会保护电子邮件，

这也大大削弱了手机的安全性。2016 年，Silent Circle 公司出现了严重的财务问题，原因是其严重高估了 Blackphone 的潜在销售，造成了大量的库存积压，公司因而几近破产[14]。毕竟虽然很多消费者想要保证通信安全，但并不是大部分人都愿意或者能够花费大价钱购买十分昂贵的安全手机。为了保证数据安全的服务让消费者能负担得起，Silent Circle 公司开始从硬件公司向软件服务公司转型，推出了名叫 Silent Phone 的手机应用，把语音短信通信的加密和"阅后即焚"等原来 Blackphone 的功能卖点在软件上实现，支持 iOS 和 Andriod 系统。在应用上，Silent Phone 也有不少竞争者。近年来就出现了像 Telegram 和 Signal 这样的加密通信手机应用，吸引了大量的用户。Telegram 因为加密算法没有公开，安全性一直受到质疑。Signal 则是由 Open Whisper System 根据公开的加密算法机制开发的端到端加密通信应用，该应用的服务器和客户端代码都是开源的。2017 年 3 月，Signal 被美国参议院批准，供参议员及其工作人员使用。2018 年年初，WhatsApp 联合创始人 Brian Acton 捐赠 5,000 万美元，创建了 Signal 非营利组织基金会，以支持 Signal 应用的发展。

用户的数据安全和个人隐私仍然会是一个重要的需求。但是随着数据分享量和智能手机使用量的日益增加，没有一个公司能做出数据百分之百安全的保证。就算 Silent Circle 的 CEO Bill Cornor 也只能承认，没有一个手机是无法侵入的。

形式验证技术支撑下的防崩溃代码

在涉及安全的关键系统中，例如自动驾驶控制系统或医疗设备，由软件错误造成程序崩溃的后果可能是灾难性的。开发出能保证在任何情况下都不会出错或崩溃的系统软件有着非常重要的实际意义。澳大利亚国家信息通信科技研究中心（National ICF of Australia，NICTA）的科学家 June Andronick 在 2011 年采用一种被称为形式验证（Formal Verification）的技术，通过严谨的数学方法证明操作系统中最重要的内核部分的代码永远不会崩溃，保证了系统在实际情况下永远不会崩溃。

形式验证，是指使用形式化的数学方法证明系统对于某个正式规范或属性的预期算法的正确性。形式验证涉及在数学上描述计算机程序的可接受操作范围，然后证明程序永远不会超过它们。这是一个非常复杂的过程，因此它通常仅适用于描述程序某一项功能的高层数学抽象原理图。然而，将这些高层的抽象原理转换成为代码的过程中，有可能会引入很多无法被证明的复杂问题。正因为这样，到目前为止，形式验证对于操作系统等大型软件程序来说被认为是不切实际的，因为分析程序代码的数学抽象表示实在是太过复杂了。形式验证通常应用在硬件设计和验证上，例如，芯片设计人员在制作集成电路之前会使用这种技术来检查他们的设计，通过创建芯片各个子系统的数学表示，证明芯片的行为符合所有可能的输入。

June Andronick 的创新在于，通过选择开发所谓的微内核（Micro-Kernel），使正式验证构成操作系统内核的大部分代码成为可能。微内核会委托尽可能多的功能，例如处理输入和输出，到微内核之外的软件模块。因此，它们相对较小，大约包括 7,500 行 C 代码和 600 行汇编代码。对于操作系统的内核来说，代码是非常少的了。可是对于形式验证来说，这些代码的数量可以说是非常巨大的，必须针对这些分析专门开发全新的软件和数学工具。微内核的这些代码会被用于嵌入智能手机、汽车和便携式医疗设备等电子设备中的处理器。因为这些代码最终将软件指令从系统的其他部分传递到硬件并执行，所以它们对整个系统的可靠性的影响至关重要。

形式验证技术最主要的问题是难以扩展到稍微大一点的软件。通常为创建证明开发的形式方法和技术，都是非常复杂而且针对特定问题，因此验证不同代码之间的证明过程无法重复使用，造成了工作量非常大且进度缓慢。近年来，形式验证和形式方法技术取得了很大的进展，例如出现了支持形式方法的自动化证明助理程序，如 Coq 和 Isabelle，大大减轻了研发人员的负担；开发出了基于依赖型理论的新型逻辑系统，为计算机提供了推理代码的框架；对操作语言的改进，使用数学的严谨词语来表达程序应该做什么。

随着系统设计复杂性的增加，形式验证技术不但在硬件行业变得越来越重要，在软件领域也得到了越来越多的应用。例如上面提到的 NICTA 开发的安全嵌入式 L4 微内核，已经通过 OK Labs 开始正式商业销售，并在 2014 年与 General Dynamics C4 系统一起发布了具有开源许可和端到端证明的 seL4 微内核。根据美国国防高级研究计划署（Defence Advanced Research Projects Agency，DARPA）的高保障网络军事系统（High Assurance Cyber Military Systems，HACMS）计划，NICTA 和 Boeiny 公司等合作开发了基于 seL4 的防黑客入侵的高保障无人小鸟直升机[15]。2015 年，该项目邀请了多个著名黑客小组对该直升机进行安全测试，甚至为黑客们开发了多个程序的接口，至今仍无人能破解该无人机的安全系统。不单在软件领域，形式验证技术还开始在网络安全领域大显身手。形式验证也已经被应用于大型计算机网络的设计，并形成了基于意图的网络这一新型网络技术。提供形式验证解决方案的网络软件供应商包括 Cisco、Forward Networks 和 Veriflow Systems 等。Microsoft 近年来就致力于用形式方法重构 HTTPS 网络传输安全协议，一旦成功，必将大大提高互联网的安全性[1]。

无需解密就能分析与应用数据的同态加密

虽然云计算服务在当今已经成为一个潮流，但很多企业对于把自己的商业敏感数据放在公有云上一直持谨慎态度，非常担心数据的安全问题。数据加密是一个很好的解决方案，但云计算的服务器不能直接使用经过加密的数据。2009 年，IBM 的科学家 Cray Gentry[16] 发布了一种无需解密就能分析和应用数据的方法，这就是同态加密。

同态加密是一种加密形式，它允许对加密后的数据即密文直接进行分析和计算，直接生成已经加密后的结果。只要解密生成结果的密文，得到的明文结果与原来明文数据经计算后的结果是一样的。完整的同态加密算法包括密钥生成函数、加密函数、解密函数和计算函数。其中，计算函数能实现的计算决定了系统是完全同态加密（Fully Homomorphic Encryption）还是某种程度上的部分同态加密（Somewhat Homomorphic Encryption）。完全同态加密系统的功能最为强大，它的计算函数支持任意的数据处理方法，只要给定的方法函数可以通过算法描述并用计算机实现。部分同态加密的计算函数则只支持满足一定条件的某些特定运算，功能有一定限制。

同态加密在云计算的实际应用中的流程是这样的：用户在本地用密匙加密数据，再把生成的密文发送给云，并提交数据处理方法；云处理数据后把结果发送回用户，用户在本地解密接收到的密文，得到处理结果。同态加密技术允许对加密数据进行直接计算，可以使企业充分利用云计算平台巨大的数据处理和储存能力，而不用担心数据的安全问题。同态加密还可以用于在不暴露敏感数据的情况下安全地将不同的服务连接在一起，可以用于创建其他安全系统，如安全投票系统、抗碰撞哈希函数和私有信息检索方案等。

加密：Gentry 的系统允许在云中分析加密数据。在这个例子中，我们希望得到 1+2 的结果。由于数据被加密，1 将变为 33，2 将变为 54。加密数据被发送到云并进行处理。结果（87）可以从云端下载并解密，得出最终答案（3）。

同态加密算法有一大缺点，就是效率较低，因为计算量巨大，加密数据的储存量较大，所需时间非常长。最早期的算法操作每个基本位甚至需要花 30 分钟，距离实际应用非常遥远。在 2012 年左右，算法的进步使得第二代完全同态加密系统更加高效[17]。

同态加密技术和算法的研究目前正处在快速发展中，涌现了很多很有前景的研究方向。其中一个很有意思的方向是研究怎样保密计算函数。也就是说，云不仅不能得到数据本身的内容，现在连数据是怎么处理的都不知道，只能按照给定的算法执行，然后返回的结果就是用户想要的结果。满足这样条件的同态加密系统就具备了函数隐私性（Function-Privacy）的特性，这是当前学术界研究的一大热点。

同态加密主要用于工业、政府、金融、保险、医疗保健等领域。同态加密市场壁垒很高，主要参与者是 Microsoft、IBM、Galois 和 CryptoExperts。例如，IBM 掌握了最先进的技术，Microsoft 在医疗保健和生物技术领域取得了很大进展，Galois 得到了 DARPA 的大

密码学协议，你不用透露出生日期就能证明自己年满 18 岁，或者不用透露自己的银行余额或其他细节就能证明自己有足够的银行存款，可以完成金融交易。这项技术被《麻省理工科技评论》评为 2018 年十大突破性技术。

零知识验证技术始于 20 世纪 80 年代 [18]，包括交互和非交互等形式。零知识验证必须满足三个性质：完整性，即如果声明为真，诚实的验证者（即正确遵守协议的验证者）将被诚实的被验证者说服；可靠性，即如果这个陈述是假的，除了有很小的可能性外，没有任何作假的被验证者能使诚实的验证者相信它是真的；零知识，指如果该语句为真，除了该语句为真这一事实外，验证者不知道被验证者的其他任何信息。换句话说，仅仅知道某项声明（而不是私密信息）就足以表明被验证者确实知道这一私密信息。

力支持。CryptoExperts 是一个有着巨大未来的年轻创业公司，现在，它正在合作，以标准化同态加密。但在市场应用上，同态加密技术当前还处于早期阶段，在理论和工程实现上还有很多挑战。

完美的网络隐私

为了使用网上购物、网络银行、加密货币等服务，使用者经常要进行身份、账户等多种验证，现行的安全协议通常都需要用到个人信息才能完成，这大大增加了隐私泄露或身份被盗窃的风险。现在，通过一种名为"零知识验证"（Zero-knowledge Proof）的新型

非交互形式的零知识验证是指验证者和被验证者之间不需要交流互动。 Blum、Feldman 和 Micali 在 1988 年的研究 [19] 表明，在验证者和被验证者之间共享一个公共的随机字符串，就足以在不需要交互的情况下实现计算零知识验证。每个验证者都有一些模拟器，只要提供要被验证的陈述，无须访问被验证者就可以生成一个"看起来"像是诚实的验证者和被验证者之间交互的文本。

2012 年，Bitansky 等提出了 Zk-SNARK（Zero-knowledge Succinct Non-Interactive Argument of Knowledge）简明非交互零知识验证 [20]，

除了以上列举的三大性质还多了"简明简洁"的特点，因而大受欢迎。2016 年兴起的电子货币 ZCash 就是使用 Zk-SNARK 的方法让用户进行匿名交易，把零知识验证用于实际应用。这两年，越来越多的金融机构和电子货币系统开始应用这一技术。J.P.Morgan（摩根大通）将 Zk-SNARK 添加到自己基于区块链的支付系统中。世界第二大加密货币以太坊也整合了 Zk-SNARK，作为一个能保护用户隐私且公开透明的机制，零知识证明可以说是当今云与数据时代的一块重要基石。

零知识证明不是没有缺点和限制，主要问题是计算量大，需要的时间长。Zk-SNARK 算法中会使用非零的"随机秘密数字"，在应用方面仍必须考虑到这个"根密钥"的安全问题，这就要求必须在可信任的系统上安装和进行初始设置。如何克服这些挑战，一直是学术界的研究热点。最近出现了多种新型密码学协议和技术，例如在 2018 年提出的 Zk-STARK 协议 [21]，提供了系统的高可扩展性和高度透明，克服了 Zk-SNARK 算法需要在安全可信的系统下进行初始设置的问题，还能大幅提升验证过程的速度。该算法甚至宣称在量子计算机时代仍会安全可靠。第二大电子货币以太坊也有计划把 Zk-STARK 应用在它的系统中。

零知识验证协议等基于密码学的新型协议正处于高速发展时期，在当今云和大数据的时代，它大大地提高了用户隐私保护和用户数据使用的安全性，符合网络和数据安全发展的潮流。

电子数据现在已经无孔不入。如何储存和聚合数据并加以深度分析，已经成为各公司和政府机构未来发展的重中之重。科技公司无疑在大数据的使用上处于领先位置，但云计算服务正让大数据的门槛逐渐降低。

云计算预计会持续快速增长。云计算会逐渐变成像水电和煤气那样基础的设施，这样用户就能使用所需要的服务和功能，而不需要担心数据储存和处理的硬件及维护。

数据还会继续变大。发展中国家的廉价手机会逐渐被智能手机取代，从而产生更丰富多元的数据量。而在发达国家，传感城市或智慧城市将是新趋势。城市里的各种传感器能收集更丰富、更多维度的动态信息数据，在人工智能和云计算的分析调度下，有希望解决城市化中常见的交通堵塞、环境污染和住房短缺问题。

在越来越多的人和物都能连上网并不断产生数据后，数据安全所面临的挑战也异常严峻。僵尸物联网能对基础设施发起攻击，从而造成巨大的破坏和经济损失。为了能达到完美的网络隐私，各种数据加密和验证技术都会是未来的研究及投资重点。

数据共享和数据隐私，这貌似相对立的两个课题，在可见的未来都将主导云服务的发展。

参考文献

[1] World Internet Users Statistics and 2018 World Population Stats.

[2] Data never sleep 6.0, 2018.

[3] The NIST Definition of Cloud Computing. Peter Mell, Timothy Grance. NIST Special Publication 800-145.

[4] Gartner Forecasts Worldwide Public Cloud Revenue to Grow 21.4 Percent in 2018.

[5] Diego Kreutz, Fernando M. V. Ramos, Paulo Verissimo, Christian Esteve Rothenberg, Siamak Azodolmolky, and Steve Uhlig. Software-Defined Networking: A Comprehensive Survey. Version 2.01, October 2014.

[6] Nick McKeown, Tom Anderson, Hari Balakrishnan, Guru Parulkar, Larry Peterson, Jennifer Rexford, Scott Shenker, Jonathan Turner. OpenFlow: Enabling Innovation in Campus Networks. ACM SIGCOMM Computer Communication Review, Vol.38, 2008.

[7] 软件定义的云数据中心网络研究进展，CCF 开放系统专业委员会，李丹，刘方明，郭得科，何源，陈贵海.

[8] SDN 落地的实践与思考，张卫峰，2014, InfoQ 中文站.

[9] MarketsandMarkets,Software Defined Networking SDN and Network Virtualization market global advancements business models technology roadmap forecasts analysis 2012-2017.

[10] Bloom 语言特征 ,bloom-lang 网站 .

[11] Gartner, 2017 年智能手机出货量 .

[12] 68% of the world population projected to live in urban areas by 2050, United Nation, 2018.

[13] FAQs about Zimmerman Real-time Transport Protocol (ZRTP) encryption.

[14] Sorry Privacy Lovers, The Blackphone Is Flirting With Failure, Forbes 2016.

[15] Hacker-Proof Code Confirm, Kalvin Hartnett, Quanta Magazine, 2016.

[16] Craig Gentry. Fully Homomorphic Encryption Using Ideal Lattices. In the 41st ACM Symposium on Theory of Computing (STOC), 2009.

[17] Z. Brakerski, C. Gentry, and V. Vaikuntanathan. Fully Homomorphic Encryption without Bootstrapping. In ITCS 2012.

[18] Goldwasser, S.; Micali, S.; Rackoff, C. , The knowledge complexity of interactive proof systems , SIAM Journal on Computing, 18 (1): 186–208, 1989.

[19] Manuel Blum, Paul Feldman, and Silvio Micali. Non-Interactive Zero-Knowledge and Its Applications. Proceedings of the twentieth annual ACM symposium on Theory of computing (STOC 1988). 103–112. 1988.

[20] Bitansky, Nir; Canetti, Ran; Chiesa, Alessandro. From extractable collision resistance to succinct non-interactive arguments of knowledge, and back again, ACM. 2012.

[21] Eli Ben-Sasson, Iddo Bentov, Yinon Horesh, Michael Riabzev. Scalable, transparent, and post-quantum secure computational Integrity，6th March 2018.

第六章
"机器人"，从电影和小说里走出来

撰文：阮少宏

突破性技术：

入选年份	技术名称
2009	Biological Machine 生物机器
2013	Baxter: The Blue-Collar Robot Baxter 蓝领机器人
2014	Agile Robots 灵巧型机器人
2014	Agricultural Drones 农用无人机
2016	Reusable Rockets 可回收火箭
2016	Robots That Teach Each Other 知识分享型机器人

许多人对机器人的一般印象来源于各种科幻电影、小说——它们高度智能，能独立完成各种看似不可能的任务。从 20 世纪 30 年代出现早期机器人，到现在已发展了近百年，机器人技术虽然取得了不少突破，但是实际上离科幻电影、小说里高度智能的水平还相去甚远。

现代机器人是一个由各种高科技子系统集成的复杂系统，一般包含了处理器、传感器、控制器、执行器，以及一般装在机器臂末端的各种功能套件等几个部分。机器人系统复杂，具有跨学科的技术特性，主要包括软件和硬件两大部分，基本囊括了机械、电子、控制及制造加工等技术工程大类。最近，机器人技术又延伸到了人工智能领域，变得能更自然地和人类交流，移动灵活，功能越来越多样化，甚至与生物科技、神经科学等新领域相结合。

现在市面上占重要地位的机器人主要用于工业用途。它们都不是人的外形，更像机械臂，在严苛的环境条件下能进行重复工作，主要目的是为了减轻人的工作负担。它们更多被应用于制造和生产，例如在流水线上的特定工位可以准确、快速地完成移动、焊接、切割、组装等特定的任务，能使生产线达到较高的自动化程度。它们的特点是用途特定，任务较单一，但精度极高，技术门槛非常高，价格昂贵。

国际机器人联盟（International Federation of Robotics，IFR）的数据[1] 显示，2016 年全球工业机器人销量为 29.4 万台，全球工业机器人保有量为 182.8 万台。目前，国际工业机器人领域的四大标杆企业分别是总部位于瑞士苏黎世的 ABB、被中国美的集团收购控股的原德国 KUKA、日本 FANUC 和日本 YASKAWA。它们的工业机器人本体销量占据了超过 50% 的全球市场，具有生产规模大、成本低、产品线丰富、能应对各种主流应用的特点。它们的产品性能代表世界先进水平，系统集成占据高端和主导地位。处在第二梯队的工业机器人公司包括瑞士 Staubli，意大利 COMAU，日本的川崎、EPSON、NACHI，以及德国的 Tour 等重要的系统集成商。它们整体上不如四大标杆企业，但在一些细分领域超过四大标杆企业。第三梯队以新松、广州数控、埃夫特、埃斯顿、新时达等国内大型机器人企业为代表。这些企业的产品与第一梯队差距较大，部分接近第二梯队。

工业机器人的应用领域不断得到拓展，所能完成的工作日趋复杂。工业机器人早期主要用于制造业，比如汽车、电子电气、能源化工、金属矿业，后来技术发展到适用于医疗手术、军事任务和物流储仓等各种特殊的用途。

目前在商用方面，Amazon 的仓库机器人 Kiva，可以根据要求把仓库内装着定制货物的货架搬运到挑拣人员面前，实现了"货到人"的智能分拣，大大提高了电商的货物挑拣打包效率；在军事上，美国开发了先进的全球鹰军事侦察无人机，具有从敌方区域昼夜全天候不间断提供数据和反应的能力，可自动完成从起飞到着陆的整个飞行过程；而医疗领域现已开发出手术机器人，著名的达芬奇手术机器人由 Intuitive Surgical 公司设计制造，它使用微创手术方法来协助进行复杂的手术，该系统需要外科医生在控制台操纵。仅 2012 年，达芬奇手术机器人就在世界各地进行了约 20 万次手术，多数为子宫切除术和前列腺清除。截至 2019 年 2 月，全世界约有 5,000 台达芬奇手术机器人，每年进行的手术已超过 100 万例。

最近几年，随着人工智能、物联网、无人驾驶、智能交通等新技术的兴起，机器人也逐渐开始以各种形式进入人们的日常生活，各种家用机器人、服务机器人层出不穷。家用扫地机器人因为价格适中而最先走进千家万户。家用扫地机器人具有一定的智能，可以自动在房间内完成吸尘拖地等清理工作。情感机器人是近年出现的新类型，以算法技术赋予机器人"情感"，使之具有表达、识别和理解喜乐哀怒，模仿、延伸和扩展人的情感的能力，可以陪伴儿童和老人。著名的有 Sony 的 Aibo 机器狗，还有 SoftBank 的 Pepper 机器人。Aibo 在日本大受欢迎，感性的日本人甚至会为退役的 Aibo 机器狗举办葬礼。

以人类自身为原型的仿人全身机器人是目前机器人最尖端的研究领域，也是机器人技术以及人工智能的终极目标。国际上目前在仿人全身机器人、仿人头部、多指机械手、仿人双足步行机等方面的理论与关键技术有了很多新的进展[2]。2015 年，美国国防部高级研究计划署机器人挑战赛要求机器人运用人使用的工具，执行一系列事故清理等相关任务，例如驾车、拆卸、开门、使用标准电动工具在墙上切割孔洞、连接消防栓以及旋转打开阀门等。参赛的多个国家的机器人研究团队都代表了世界上最先进的水平。

在过去的 10 年里，机器人相关领域有 6 项技术入选《麻省理工科技评论》十大突破性技术。

蓝领机器人：人类协同工作的好帮手

在很多应用领域，许多看似简单的操作还要依赖人来完成。在劳动密集型制造业中，对于很多手工工作，现在的机器人还无法胜任。这样的工作能不能由人和机器人合作共同实现呢？这是一个有趣的问题，毕竟过去的工业机器人都是被设计成自动工作的，一般比较笨重，鉴于安全的要求和具体作业环境比较恶劣，即使有操作人员也都会远离机器人。人机协作是机器人发展历史的最新趋势，可以说是一个人与机器人新关系的新时代[3]。

Rethink Robotics 研发的 Baxter 蓝领机器人，在学术上一般称为协作机器人，具有安全廉价、极易编程和互动的特点，可以在制造业流水线上与人协同完成任务，是人类的好帮手。这个技术概念打破了传统工业机器人的多个瓶颈，入选《麻省理工科技评论》2013 年度十大突破性技术。

人与机器人的关系，可以从机器人的相关英语的演变得到启示。从 assistant robot，到 co-worker、co-robot，一直到 cobot（协作机器人），能与人共同发展的协作型机器人是当前的主要发展方向。GM 不但是世界上首家应用工业机器人的公司，也是协作机器人概念的先驱。1995 年，GM 基金会（GM Foundation）赞助了一个项目，试图找出让机器人变得足够安全的方法，以便机器人可以和工人协同工作。1996 年，美国西北大学的两位教授 J. Edward Colgate 和 Michael Peshkin 首次提出了协作机器人的概念。协作机器人的正式兴起可归功于欧盟 2005 年的 SME（Small and Medium Enterprises）项目。该项目主要是想通过机器人技术增强中小企业的劳动力水平，降低成本，避免劳动力外包的情况。SME 项目的很多研究是使用传统工业机器人完成的，与现在流行的协作机器人更为接近。例如，由德国航空航天研究中心和 KUKA 公司联合研制的高精度轻型机器人（Light Weight Robot，LWR），以及美国 Rethink Robotics 公司研制的 Baxter 机器人，就是这个方向的代表，它们的目标都是构造出能安全地与人紧密合作的机器人。

早期的协作机器人由于没有内在的动力来源而保证了人身安全，一般的动力是由人类工作者提供的。协作机器人的具体功能是通过与工作人员合作的方式，用重定向或转向有效载荷来允许计算机控制运动。后来的 cobot 提供了有限的动力，而且添加了多个传感器来监控机器人与合作人员的状态，以保证人员的安全。虽然现阶段距离具有优秀的通用性、人机友好、价格适中等目标还有非常多的挑战，但是协作机器人力图将人与机器人早期的主仆关系变为伙伴关系，开启了机器人研究新的一页。这些研究也从一开始单纯的应用功能叠加，逐渐演化到追求工作关系和结构的改变。人和机器人的团队合作，相比人或者机器人单独工作，会大幅提高工作效率。

以 Baxter 为例，协作机器人技术的标志是柔性机械臂，装有摄像头、声呐、力反馈、碰撞检测等多种传感器，使人和机器人互动变得更安全。通过操作人员"手把手"的示范教学，降低了任务编程的门槛，使机器人可以更快更容易地适应新任务，非常适合中小企业小批量生产和不断缩短的产品周期。它

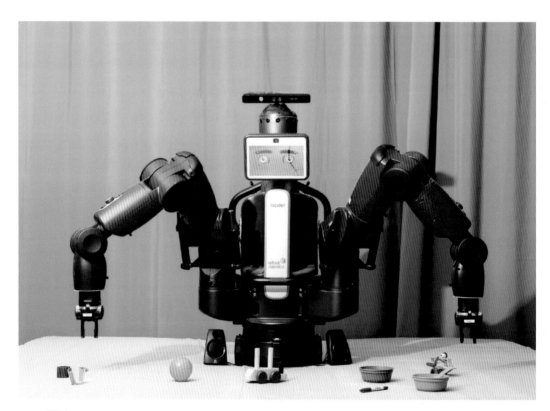

Baxter 机器人

们的体积也较小，通常可以放在工作台旁边，帮助从业人员完成高度重复性的工作，如采摘、放置、包装、胶合、焊接等。最后，与传统的工业机器人相比，协作机器人的价格也更低廉。

其他协作机器人的典型例子还包括丹麦 Universal Robotics 公司的 UR 系列，ABB 公司的 Yumi 机器人和收购自 Gomtec 公司的 Roberta 系列，Rethink Robotics 公司新推出的单机械臂 Sawyer 机器人，FANUC 公司的 CR-35iA 大型协作机器人（其负载可以达到 35 千克），KUKA 公司的 LBR iiWA 机器人等。

协作机器人在技术方面也还有很多挑战，因而限制了它的市场化和大规模推广。例如机器人在灵活性和智能性方面还不够令人满意；如何降低机器人的使用门槛，让机器人更好用，是一个急需解决的问题。另外，比较大的推广普及障碍因素之一仍然是其相对高昂的价格，例如 KUKA LBR iiWA 7 要 5 万 ~ 10 万美元，ABB Yumi 也要 4 万美元（负载只有 0.5 千克），即使它们比起传统的工业机器人动辄上百万元的价格已经算是便宜。多个公司随后都推出了相对廉价的版本，如 Rethink Robotics 推出了只有单个机械臂的 Sawyer 机器人。可惜由于过于激进的技术路线，产品研发未成熟便被过于急切地推向市场，同时，产品定位也不明确。多方面原因使 Rethink 倒在了黎明前的黑夜。2018 年 10 月，Rethink 宣布破产。即便如此，协作机器人的市场前景仍被看好。

协作机器人市场最近几年也被极度看好。伯克莱资本预测，其全球市场将从 2015 年的 1.16 亿美元增长到 2025 年的 115 亿美元，主要会被应用在物品挑拣、包装、流水线上的零部件组装、材料整备、其他机器操作等，预计会在中小规模的制造业、医药、电子零部件等领域被大规模应用。

协作机器人的市场正处于高速爆发期，10 年内市场规模会远远超过上面的估计。这是因为协作机器人不光可以用在工业领域，更大的增长动力还来自非工业领域，或者说商业领域，即使具备实用价值的消费级机械臂短期内还不太现实。在不久的将来，其在非工业领域的销量会获得巨大增长。

物流仓储及医疗是目前研究和产品化比较多的两个领域。在仓储物流领域中的拣货环节，目前主要有两种方案：一个是"货到人"，以 Amazon 的 Kiva 机器人、英国 Ocado 的智能仓库技术为代表；另一个是使用移动机器人加上机械臂来代替工人完成固定货架的分拣，这也是 Amazon 的机器人分拣挑战大赛（Amazon Picking Challenge）的主要内容，已经有团队使用了 FANUC 的 LR Mate 200 系列轻型机器人搭配 3D 视觉系统来做货架分拣。这在电商和智能物流仓储方面是一个非常有潜力的市场。再一个是医疗康复机器人、义肢机器人。由于协作机器人比较安全，加上机械臂模仿人类手臂的灵活特性，非常适合用在这些场合。还有其他的诸如机器人做菜、导游、餐饮服务等，都是很有潜力的应用方向，提供了一种让机器人走入普通人生活的可能性。

知识分享型机器人：自己学习新技能

工业机器人主要被应用于制造和生产，在流水线上各司其职，在特定工位可以准确完成任务。依照这种模式的机器人研发，必须为不同的机器人开发独立的硬件，搭配相对的控制软件以给出具体和精确的指令，才能完成特定的任务。举个例子，一个末端具有多关节、多自由度的仿人手机器人拿起一个杯子，与一个末端只有两根"手指"的钳子机械臂拿起同一个杯子的具体的实现方式，肯定是大不相同的。

如果能让不同的机器人共享各自学到的技能，就可以极大地减少重复的开发工作，快速推动机器人的应用进程。

2016 年被评为十大突破性技术的知识分享型机器人，就为解决这一挑战迈出了重要一步。

自从机器人之间技能共享的技术提出以来，这个领域就一直是机器人技术的热点，产生了很多延伸技术，与其他领域比如人工智能等也有了很多新的融合发展。曾于 2016 年被《麻省理工科技评论》评为"35 岁以下科技创新 35 人"的 Sergey Levine，在离开大学后加入了 Google 继续研究，并在同年发表了名为《通过大规模数据收集和深度学习，掌握机器人的手眼协调技能》的文章 [4]。

Sergey Levine 发现，通过在很长一段时间内运用 6 个机械手各自练习抓取不同的物品，并共享抓取过程中控制手眼协调的神经网络的各个参数（也就是学到的经验），能极大地扩大训练数据库的规模，提升训练调试神经网络的效率。此外，即使运用同样的硬件，个体之间细微的硬件差异，比如长时间工作后导致机械手零件的磨损，甚至产生不同故障等，都会对具体的知识共享和任务完成有很大影响。研究的具体数据已经在 Google Blog 上发布。这项延伸技术的亮点是深度学习（Deep Learning）的人工智能与机器人硬件控制的结合，这将会是未来一段时间内机器人技术领域非常有潜力的热点技术。

2017 年 5 月，麻省理工学院计算机科学和人工智能实验室的 Julie Shah 教授发布了 C-LEARN 技术 [5]。这项新技术结合了传统的机器人示范教学和运动规划编程技术，通过给机器人提供如何抓取一系列典型物体的基础数据信息，然后只需一次示范教学，就能让机器人自动学会抓取多种不同的物品。更重要的是，这些技能还能自动转化为其他机器人的技能，其他机器人并不要求和原来的机器人有着同样的行动模式和机械结构。

要使用 C-LEARN 技术，用户首先要向机器人提供有关如何抓取具有不同约束条件的各种物体的信息知识库。例如，轮胎和方向盘具有相似的形状，但要将它们连接到汽车上，机器人则必须以不同的方式配置机械臂以及末端的工具套件,才可以更好地移动它们。操作员需要使用电脑上的三维操作界面,向机器人演示一次如何完成特定任务,该演示包含了一系列被称为"关键帧"的相关步骤。通过将这些关键帧与知识库中的不同情况进行匹配,机器人可以自动提供运动路线计划,以供操作人员视需要进行编辑。通过这个技术, Optimus 双机械臂军用拆弹机器人成功地将学到的技能,包括开门、移动物品等,教会了另一个 1.8 米高、181 千克重的人形机器人 Atlas。

C-LEARN 技术有效地改良了传统机器人示范教学效率较低、耗时长、需要独立开发编程的问题,使人能更方便快捷地教会机器人新的技能。可以想象,当这类能让机器人更快速地学到新技能的技术被应用在前文提到的协作机器人上的时候,机器人的功能必将快速增加,迅速适应更多的任务,被应用到更多的领域。更妙的是,配合基于统一的 ROS 机器人系统接口和大规模技能知识数据库的机器人之间的知识共享技术,机器人领域必将迎来新一轮的发展热潮,会以更快的速度走进我们的日常生活。

灵巧型机器人:跟跄后也能快速恢复平衡

时至今日,世界上的机器人仍多以轮式移动为主,双足机器人的直立行走仍然是一个世界性的难题。

能让机器人在像积雪的山地上那样复杂的地形长时间独立行走而不跌倒,无疑是机器人技术的一大飞跃。灵巧型机器人技术在 2014 年被评为十大突破性技术。这一技术的领导者是 Boston Dynamics(波士顿动力)。研发出的双足和四足机器人具有出色的平衡性和灵巧性,可以在崎岖不平的复杂地形行走,可以到达世界上大部分轮式机器人都去不了的地方。

要实现行走这一目标,机器人的每一步都需要动态平衡,需要对瞬间的不稳定性有极强的适应能力。这包括需要快速调整脚的着地点,计算出突然转向需要施加多大的力,更重要的是还要在极短的时间内向足部实施非常大而又精准的力。控制好机器人的整体姿态,在控制理论、系统集成和工程实现等多个维度都需要极高的"黑科技"。

Boston Dynamics 是一家神秘的公司。其不定期发布的一系列灵巧型机器人的视频,都令世人大开眼界,代表了世界的最高水平。又因为其很少参与学术会议和发表学术论文,外界对其机器人是如何实现的知之甚少。

2016 年 2 月,Boston Dynamics 发布了新版本 Atlas 机器人的多个视频,这种机器人可以用于户外和建筑物内部,是专门为移动应用设计的。它采用电源供电和液压驱动,使用身体和腿部的传感器来平衡头部的激光雷达和立体声传感器,以避开障碍物,评估地形,帮助导航和操作物体。新的 Atlas 机器人比过去更加小巧灵活，身高 1.75 米，体重减到 75 千克。Atlas 展示了惊人的平衡能力，在胸部遭受猛推之后，能跟跄地后退几步，旋即恢复平衡，还能在高低不平的雪地上跌跌撞撞地保持前进。更令人印象深刻的是，当它被人从后方推倒之后，竟然能自己爬起来。Atlas 机器人这些出色的表现得益于 Boston Dynamics 世界领先的控制理论、系统设计和工程能力。Atlas 机器人和其他公司的机器人相比，一个重要的区别在于其使用了液压系统进行动作控制，这样可以保证瞬时更大的控制动力输出和更精确的力传递。Atlas 机器人还得益于"仿生"的整体集成结构（Integrated Structure）设计概念 [6,7]。仿生机器人就像真人一样，不仅有像骨骼和关节一样的支撑结构及油缸，还有像血管和神经一样的油路和电路。

2017 年 11 月发布的视频，进一步显示了 Atlas 机器人优异的性能，包括能在多个障碍物上跳跃前进，原地跳跃 180 度转身，甚至做出了后空翻着地的特技动作。2018 年 5 月，另一段视频展示了 Atlas 机器人在小山上自由跑步，还能灵巧地跳过地上的木头。2018 年 10 月 11 日的视频显示，Atlas 机器人已经学会跑酷，可以在小跑之后跨越木头，接着在台阶上进行左右交替的单腿三连跳，整个过程一气呵成，十分连贯。

2017 年 2 月 27 日，Boston Dynamics 发布了 Handle 双足轮式机器人。它组合了车轮和双足腿部，独特的移动方式兼顾了车轮在平坦表面上的高效率，以及腿部几乎可以在任何地方使用。Handle 高 2 米，能以 4 千米 / 小时的速度行进，并垂直跳跃约 1.2 米。它使用电力来操作电动执行器和液压执行器，满电的行程范围大约为 24 千米。Handle 机器人使用了 Boston Dynamics 制造的四足动物和两足动物机器人中的许多相同的动力学、平衡与移动操作原理，但只有大约 10 个驱动关节，简化了原来复杂的结构设计。发布的视频展示了 Handle 机器人快速轮式移动、下楼梯、跳跃越过障碍物等多项能力。

SpotMini 是一款小巧的机器狗形态的四足机器人，本体重约 25 千克，机械臂重约 5 千克。它由电力驱动，满电可运行约 90 分钟，适合在办公室或家中使用。SpotMini 是 Boston Dynamics 制造的最安静的机器人，是其兄弟 Spot 的缩小版。在继承后者的移动性的基础上，它增加了一只五自由度（5 个独立可动关节）机械臂，负责拾取和操作物体，同时配有更强大的感知传感器套件，包括立体相机、深度相机、惯性测量单元以及肢体中的位置 / 力量传感器，可以辅助其进行导航和移动等行动。

2018 年 2 月，Boston Dynamics 发布了 SpotMini 机器人的多个视频，包括在有人为妨碍干扰的情况下独立打开房门（展示了机器人算法的稳定性），以及两个 SpotMini 机器人之间通信并协同打开房门。到 2018 年 5 月，SpotMini 机器人已经可以通过人教导的导航记录和多种导航传感器技术在室内自己行走和慢速跑动，灵活地避开障碍物，还能自己顺利地识别和上下楼梯。最新一段 SpotMini 机器人的视频发布于 2018 年 10 月 16 日，展示了一段机器人伴随流行歌曲 *Uptown Funk* 跳舞的片段。它可以流畅地做出摇头、扭动、转身，甚至是太空步这样的舞蹈动作，肢体灵活程度可见一斑。

现阶段行走机器人的技术难点包括具体控制理论的实现，以及机械液压泵和电子电机控制系统的整合与设计等。行走机器人可能正在进入一个商业化的爆发前期。Boston Dynamics 的创始人 Marc Raibert 教授于 2018 年 5 月表示，会在 2018 年生产 100 个 SpotMini 机器人，2019 年有计划扩大生产规模，并开始公开发售，主要先在商业办公室环境应用，目标是在未来将 SpotMini 打造成为家用机器人。

Boston Dynamics 在 2013 年年底被 Google 收购，后于 2017 年 6 月转售给日本 SoftBank。SoftBank 也同时收购了源于东京大学的 Schaft 机器人公司。SoftBank 旗下还有芯片公司 ARM。如何整合利用这些尖端的机器人资源，SoftBank 的下一步动态让人十分期待。

农用无人机：还要用手操控的"机器人"

农用无人机于 2014 年入选全球十大突破性技术，具有多种传感器，以低廉的价格使喷洒农药、巡逻监视，以及对病虫害、农作物、土壤和灌溉情况等的监察成为可能。这一领域的无人机公司包括我国的极飞科技、大疆创新，美国的 3D Robotics、PrecisionHawk，日本的 Yamaha 等。

现阶段的民用无人机还不算是机器人，主要是因为它还需要飞手来实时操控，更像是传统意义上的遥控飞机，虽然无人机已经具有一些自主功能，如自动悬停、主动避障等。不管怎样，无人机技术是飞行机器人的基础，和机器人技术的关系非常密切。

一般的民用无人机根据飞机的气动布局和推进系统，主要包括固定翼飞机、直升机和近几年得到大量应用的多轴多旋翼飞机。固定翼飞机和直升机通常造价非常昂贵。无人机的动力系统主要有燃油内燃机和电池两种。内燃机动力虽然相比电池有功率大、续航长的优势，但因为系统复杂、维护不易，通常价格也比电池动力的高很多。常见的农用无人机以电池动力的多轴多旋翼无人机作为主要平台，通常搭配多种传感器和作业用具，如高分辨率摄像头、红外热成像镜头、多光谱多频谱传感器、激光雷达、农药喷洒装置等，可以实现水源监测、牲畜监控、农作物营养和健康管理、病虫预警、农场高精度绘图、农药喷洒等任务。多旋翼无人机作为农用飞行平台的技术已经相对成熟，能实现的功能主要受到各种传感器技术的限制。

在民用无人机领域，中国处于国际领先地位，民用无人机领域的领军公司大疆创新占据了全球民用无人机市场的超过 70% 的份额。但具体到农用领域，大疆直到 2015 年年底才进入该领域。虽然大疆在视觉传感器，即摄像头的低延迟性、远距离高清图传等方面位居行业领先地位，但具体到其他专业传感器，如高光谱传感器、多频谱传感器等，与外国的农用无人机公司如 PrecisionHawk 等仍有差距。这就造成了在我国农用无人机应用相对单一，而在国外农用无人机的应用更加多元化，与现代农业技术和管理的结合更紧密。农用无人机技术近几年来在我国也得到大力发展，商业上也已经落地。农用植保无人机受到农民合作社、种粮大户等新型农业经营主体的青睐，其中最突出的典型应用是喷洒农药。与传统喷洒方式相比，植保无人机喷洒的效率是人工的 20～30 倍，且飞行速度快，高浓度喷洒节水节农药，防治效果好。

植保无人机在技术上和商业化方面也还有一系列挑战。首先，由于受到电池的限制，现阶段的植保无人机续航飞行时间偏短，载重量偏小，这些都严重影响了作业效率。其次，农用无人机的使用环境相对于消费级或其他行业来说更为恶劣，特别是农药喷洒对飞机的耐腐蚀性有较高的要求。农用无人机一般都是在风吹日晒的状态下长期作业，这对飞机的性能与可靠性等方面提出了非常高的要求。最后，无人机设备的价格仍然偏高，而且目前无人机的操作上手还比较困难，对从业人员本身的素质有较高要求，这些都限制了大规模的普及和推广。

具体到应用无人机进行农药喷洒方面，还有以下一些额外的挑战。首先，喷洒对环境的要求高，复杂的作业环境、地形障碍物、风雨暴晒等外在因素都会影响作业效果，在风稍微大的天气条件下不能作业。其次，现阶段植保无人机的喷雾方式比较单一，只能由上往下，仅能对叶片正面进行喷施，作物下方的叶片无法受药，这些导致了无人机喷药对诸如蚜虫等出现在植物叶子背面的病虫害的防治效果有待进一步提高。另外，作物太小和作物之间的行间距太大也会影响受药的

农用无人机

效果。现阶段比较适合无人机作业的作物有水稻、小麦、芹菜等高秆密植作物，对蔬菜、果树、玉米等都不适合。最后，因为农作物病虫害的发生具有爆发性和突发性，药剂混配也是一个挑战。无人机对农药制剂的颗粒大小、溶剂种类和工艺都有比较高的要求。目前，适合飞防超浓缩喷雾的药剂并不多，农药制剂水平还不能满足无人机喷药的技术要求，很多时候面临"有机无药"的状况。

我国是个农业大国，政府对农业新技术，特别是农用无人机技术有政策扶持。这些政策会对农用航空器等重点机具做到最大限度地应补尽补，这必将为我国蓬勃兴起的植保无人机市场注入强劲的发展动力，农用无人机技术在我国必将得到飞速发展。

可回收火箭：人类火箭技术发展的里程碑

2015 年 12 月 21 日，Elon Musk 创立的 SpaceX 公司成功地在地面着陆垫上回收了火箭"猎

鹰 9 号"（Falcon9）的一级火箭。这种可重复使用的火箭技术被《麻省理工科技评论》评为 2016 年十大突破性技术。

回收火箭的技术，运用自主太空港无人船（Autonomous Spaceport Drone Ship，ASDS）作为移动的海上着陆平台，以配合火箭着陆点的精准控制。为了使发射过程更智能化，还应用了新型的发射控制系统，包括自动飞行终止系统（Autonomous Flight Termination System）、自动飞行安全系统（Autonomous Flight Safety System）。这些技术完全摆脱了对地面雷达、监控系统和人员的依赖，大大提升了火箭的发射频率，降低了发射成本。

2015 年年底的首次成功回收，是人类火箭技术发展的一个重要里程碑，很有希望极大地降低火箭发射的成本。"猎鹰 9 号"的一级火箭是以自动垂直降落、借助可变推力发动机软着陆的方式实现回收，在回收应用技术上突破了很多难题。一方面是着陆点精度高，需要控制在 10 米内。SpaceX 通过打造遥控无人船作为浮动的海上火箭降落平台，在尽量控制火箭回收着陆点的同时，移动海上着陆平台来配合火箭。另一方面，SpaceX 通过使用变推力发动机，使缓冲发动机的推力在不同高度能变化调节，可以更精确地控制火箭着陆时的姿态，避免了落地姿态不正容易倒下而毁坏火箭的问题。同时，"猎鹰 9 号"火箭体采用了新型复合材料，在保证较高强度的情况下进一步减轻了重量。回收火箭的技术还受到海上天气、发射窗口、火箭自身性能等因素的制约。

自 2016 年以来，SpaceX 的火箭回收有了更多的成功例子，技术上也日趋成熟，从 2017 年 1 月开始形成了常规流程。到 2018 年 2 月，已经成功回收一级火箭 17 个，其中有 6 个是已经进行过重复回收的，共计 23 次重复着陆回收。随着连续多次回收成功，SpaceX 开始专注于一级火箭助推器的快速重复使用。在 2017 年和 2018 年已经有 11 个回收后的一级火箭被重复使用，证明了火箭二次使用的经济性。第 5 批次（Block 5）的火箭在设计时就考虑了多次重复使用，在几乎不用检查的情况下最多可以重复使用 10 次，在翻新零部件的情况下最多可以使用 100 次。2018 年 4 月，Musk 宣布 SpaceX 将尝试用大型气球等各种方式回收第二级火箭，如果再加上正在试验中的整流罩回收，SpaceX 很有机会挑战 100% 回收运载火箭的壮举。

大概在同一时期，Amazon 创始人 Jeff Bezos（杰夫·贝佐斯）也创立了 Blue Origin（蓝色起源）太空技术公司，专注于低轨道太空旅游领域，也是可回收火箭技术的重要推动者。从 2015 年 11 月到 2016 年 10 月，Blue Origin 的 New Shepard2 号火箭已经取得了 5 次成功发射和再回收。2017 年年底，新型的 New Shepard3 号火箭带着新的载人舱在大气层飞到离地面 100 千米的高度并成功返回；2018 年 4 月底，New Shepard3 号火箭再次发射，并在亚轨道飞行后成功回收。

可重复使用火箭技术的关键词是"廉价",可重复使用是实现廉价的重要手段。为了实现可重复使用,首先火箭必须能回收。火箭回收技术在过去几年已经被 SpaceX 和 Blue Origin 成功实现,但具体到究竟能重复使用多少次、能节省多少成本,业界还众说纷纭。

SpaceX 的商业和技术路线无疑是极其成功的。NASA 关于国际太空站商业再供应服务的最新审计报告 [8] 透露,2012~2020 年,计划进行的再补给任务中,SpaceX 负责 20 次,Orbital ATK 负责 11 次。SpaceX 当前的火箭发射费用要比对手的每次 2.62 亿美元便宜很多,每次只要 1.52 亿美元。但报告也指出,从 2020 年开始,送往国际太空站的费用会增加 4 亿美元之多,主要原因是 SpaceX 为了满足合同的要求,必须升级第二代太空飞船,导致费用上涨了 50%。很显然,SpaceX 走的路线是先价格战,即使亏本也要把业务做下来,然后快速迭代新技术(火箭回收)。早期的低报价,显然不单单是因为火箭重复使用带来的,因为迄今为止,回收的一级火箭

最多只重复使用了一次,还没算上完全失败的例子。"猎鹰 9 号"的低成本还得益于采用现有的成熟工业技术,企业内部垂直整合以及规模批量生产,摊薄了成本。当新技术成熟,有了成本优势后,马上涨价,以补贴下一代更新技术高昂的研发费用。

生物机器:让小型动物去完成任务

2009 年,美国加州大学伯克利分校的 Michel Maharbiz 教授发明的生物机器技术被评为当年的全球十大突破性技术。这个技术把一个 Micro-Electro-Mechanical-System(微型机械电子系统)移植到昆虫等小型动物身上,让人可以通过电子信号遥控刺激动物的神经系统,从而达到一定程度上控制动物的行为的目的。

生物机器技术可以让小型动物完成控制人指定的各种简单任务,具有很多优点。最重要的一点是这个技术充分利用了小型动物本身的智能,可以自主完成各种高精度移动和通信的特性。例如,控制人只需要下达高层次的命令,比如从 A 到 B,生物本身就能自主执行,不需要担心具体怎么实现的问题。另外,生物本身的能耗低,不受现在的电池技术限制,使长期执行任务成为可能。最后,这个技术构成的主要硬件微型机械电子系统本身的造价相当低廉。

这种生物机器有着非常广阔的应用场景,比如可以通过搭载微型摄影系统去探索一般人

SpaceX 在美国得克萨斯州进行火箭回收着陆试验

或者机器人难以到达的地方进行研究，或者进行军事监控任务等。Michel Maharbiz 教授已经设计制造了一套微型机械电子系统，并且将之移植到一只花甲虫上，成功实现了控制甲虫起飞、转弯、降落等动作。这套系统包括微型处理器、信号天线、电池、控制电路和植入甲虫神经与肌肉系统的多个电极等。通过无线信号，人可以刺激植入甲虫的电极，从而控制甲虫的飞行行为。这个技术也在老鼠等动物上进行了成功的示范。

生物机器技术属于微型机械电子和生物技术的交叉学科，需要同时精通这些方面的专家进行研究，使得该研究的门槛非常高。其中的一个技术难点在于如何很好地融合微型机械电子系统和生物本身的神经系统，从而对动物给出更加精准的刺激信号。针对这些挑战，Michel Maharbiz 现正在研究新型的微型刺激器和微型无线信号接收器。

生物机器技术属于非常前沿的科研领域，在应用层面还处于非常早期的阶段，在公开资料中并没有商业应用的例子。可以想象的是，即使在实验室环境，这个技术也还有非常多的挑战。例如，在动物的生长过程中，其神经和肌肉系统的发育会和原来的微型机械电子系统产生冲突，随着时间的变化，产生的刺激信号可能有着完全不同的效果。具体到把微型机械电子系统移植到动物的过程，会比较费时费力，而且需要具备特殊专长的科研人员和医疗人员进行手术移植，所以大规模地进行肯定是非常困难的，除非移

植的流程能自动化。因为微型机械电子系统针对不同动物的生理系统都要独立设计，所以研发成本会很高。而对不同动物的神经系统了解得不够深入，会限制可能发出的命令，使生物机器的功能比较单一。一般的昆虫寿命都很短，这也限制了生物机器的使用寿命，再加上较高的研发成本，这个技术的商业化会有很多困难。

不管怎样，生物机器这种技术在未来是很有想象空间的。这种技术是机器人技术在生物科技上的延伸，可以看作通过用有机生物本身，包括昆虫等小型动物，来取代传统的无机机器硬件载体，造就新的生物机器虫和生物机器动物。科幻一点来说，可以想象如果未来基因和克隆技术发展成熟，那么我们甚至能够快速培养特定的生物种类，通过控制系统的手术移植，达到让这种生物为我们工作、服务的目的。从这个角度来说，生物机器这种技术甚至可以说代表了机器人技术的其中一个进化方向，长远来看意义重大。

本章回顾了机器人技术的历史发展和现状，对近几年的新技术突破和发展趋势，包括蓝领机器人、知识分享型机器人、灵巧型机器人、无人机、可回收火箭以及生物机器这 6 种技术做了重点介绍和点评。其中，无人机与可回收火箭分别是未来的飞行机器人和太空机器人做深空宇宙探索的重要基础技术。而生物机器技术，是用有机的生物体来代替无机的机械电子硬件，有可能是未来机器人技术进化的其中一个重要方向。蓝领机器人

代表了机器人技术的最新发展趋势，代表了人和机器人之间关系的进化，机器人由工具变成真正的助手，它的标志是柔性机械手，其可以和人近距离安全地互动，和人一起完成任务。蓝领机器人不但能应用在制造业，还有非常大的潜力应用于人们的日常生活。在蓝领机器人技术发展的过程中，遇到了不同硬件需要独立编程、研发耗时耗力导致造价偏高的问题。机器人之间进行知识分享的新技术就是为了解决这个问题而取得的一个重大技术突破，可以使不同的技巧技能更快地在机器人之间普及。

传统上，机器人一般都是固定作业的。即使有少数机器人可以移动，一般也采用轮子移动方式，所以传统机器人的应用受到了环境和场地的极大限制。可以用脚行走的灵巧型机器人代表了机器人移动技术的重大突破，使得机器人终于摆脱了地形环境的限制，可以到达人能去到的地方，为将来的大规模应用提供了坚实的基础。

想象一下，结合蓝领机器人的柔性机械手和双足行走的灵巧型机器人、机器人之间的知识共享技术，再加上最近几年飞速发展的人工智能技术，包括图像识别、语音交流等，机器人将是比手机、智能音箱强大得多的人工智能的物理载体，真正的家用多功能服务机器人的出现已经指日可待。

我们可以借鉴电子计算机的发展历程，它从国家级科研、军事等特殊用途的巨型机，发展到作为大中型商业机构的生产力工具的大型机，再到体积较小的家用个人电脑，再到体积更小的手机，计算机越来越成为人们日常生活中不可分割的一部分。其发展过程更催生出互联网、人工智能等新领域，使人类从电气时代进入信息时代。

现阶段的机器人技术正处于由工业应用逐渐转向商业、服务业应用的阶段，在某种程度上，蓝领机器人的出现相当于早期苹果电脑的出现，而行走机器人的出现又相当于移动电话的发明。可以想象，在接下来的10~20年，智能型机器人技术必将突飞猛进，人类将会从信息时代进入智能机器人的时代。

专家点评

姚蕊

（中国科学院国家天文台副研究员）

机器人在近年已经成为一个热点，如同 AI 一样，凡是能与"机器人""AI"连在一起的技术都显得高大上，也经常让人看花眼。《麻省理工科技评论》从茫茫"机器人海"中挑选出了 6 项机器人技术实属不易，这几项技术更是具有代表性，能够带领大家看看机器人领域这些年的热点与趋势。

书里的机器人技术的梳理排布也很有意思，先带着大家看看机器人家族中最重要的成员——协作机器人。它在工业领域最为常见，从单支链机械手臂到并联结构，从刚性到柔性，变化多端，它的低门槛让机器人具备了更广泛的应用场景和更多的机会，也让它成为劳动力从"人"到"机器人"的有效过渡，期待未来它们能更轻巧、更灵活、更精确。如果说曾经的机器人技术更多地集中在机器人的"手脚"能力，那么现在的机器人热点技术一定离不开人工智能，这是要机器人好好地发育"大脑"。通过深度学习和硬件技术的发展，让机器人学习掌握更多的技能，知识分享型机器人就是这样的存在。

看完了这两项机器人技术，感觉已经看到了最主要和最热点的机器人技术，然而还不够，书里还给我们介绍了几项有特点的机器人技术。

Boston Dynamics 一直是包括我在内很多机器人学者的一个关注点，比起他们的控制理论和算法，我更关注该公司机器人的系统和工程设计能力，各种灵巧创意设计和工程实现绝对值得机器人爱好者持续关注。

最初关注无人机技术更多的是因为我的一些军事爱好者同事们，等到 2016 年我参加一场无人机展览的时候，才恍然大悟无人机在农业上的蓬勃前景，几乎无一例外，国内研究无人机出色的研究院所和公司都着眼农用领域的需求，寻求更多的技术突破和市场份额。

如果说前面四项技术在机器人领域中还算"接地气"，那么最后两项技术就有点"冷门"了。可回收火箭技术是高精度着陆控制与自主太空港无人船的完美结合，而生物机器技术则是跨学科领域，让微型机械电子和生物技术结合在了一起，对于研究人员的门槛要求高，技术前沿，值得期待在未来看见更多可能性。

参考文献

[1] Executive Summary World Robotics 2017 Industrial Robots.

[2] 仿人服务机器人发展与研究现状，《机器人》第 39 卷第 4 期，2017 年 7 月．

[3] 机器人技术的发展，《机器人》第 39 卷第 4 期，2017 年 7 月．

[4] Deep Learning for Robots: Learning from Large-Scale Interaction, March 8th, 2016, Posted by Sergey Levine.

[5] Teaching Robot to teach other robot, May 10th, 2017.

[6] Boston Dynamics 网站．

[7] Boston Dynamics'Marc Raibert on Next-Gen ATLAS: "A Huge Amount of Work", IEEE Spectrum, Feb 24th 2016.

[8] Audit of Commercial Resupply Services to the International Space Station，Report No. IG-18-016.

第七章
能源新技术，现在关注或许还能免受"末日审判"

撰文：杨立中

突破性技术：

入选年份	技术名称
2009	Traving Wave Reactor 行波反应堆
2010	Solar Fuel 太阳能燃料
2010	Light Trapping Photovoltaics 光捕捉式太阳能发电
2011	Smart Transformers 智能变压器
2012	Ultra-Efcient Solar 超高效太阳能
2012	Solar Microgrids 太阳能微电网
2013	Ultra-Efcient Solar Power 多频段超高效太阳能
2013	Supergrids 超级电网
2014	Smart Wind and Solar Power 智能风能和太阳能
2016	SolarCity's Gigafactory　SolarCity 的超级工厂
2016	Power From the Air 空中取电
2017	Hot Solar Cells 太阳能热光伏电池
2018	Zero-carbon Natural Gas 零碳排放天然气发电

人类会因为自己的错误，而接受命运的"末日审判"吗？

与核导弹还停留在发射架上、人工智能还没有完全智能不同，由于人类活动而导致的全球气候变暖，早在工业革命开始的时候就已经悄然启动。如果我们不及时踩下刹车，人类文明的列车将几乎注定会跌下气候变化的悬崖。这是因为工业革命以来短短200多年的时间里，人类就通过燃烧煤炭、石油、天然气等化石燃料，向大气层释放了地球经过数10亿年的光合作用和地质运动才累积在地壳内部的碳资源。随着天量的二氧化碳等温室气体被释放到空气中，地球的温度也随之越来越高。2007年，联合国在当年的《人类发展报告》中明确提出，危险性气候变化的阈限是升高2℃左右。"超过这一阈限，将引发人类发展的倒退，向不可逆转的生态损害发展之势将难以避免[1]"。然而，最新的研究显示，如果维持现有的排放情况不变，21世纪末，地球的温度将升高灾难性的5℃[2,3]。

可以预见的严重后果将包括但不限于：劳动生产率下降、经济衰退；洪水、旱灾、热浪、飓风等极端气候事件更强、更频繁；难以控制的疫病传播；海平面上升从而覆没沿海土地与城市；动植物物种大范围灭绝；水资源短缺，农作物减产，过去的发达经济体中也出现大规模的"气候难民"，甚至爆发以资源争夺为目的的大规模持续性战争，等等。

事实上，气候变暖导致的危机已经开始从隐性变得显性。2017年夏天，多起破坏力史无前例的飓风袭击了美国。据统计，"哈维""艾玛"等飓风造成了至少2,000亿美元的经济损失[4]，相当于当年美国GDP的1%。要知道，2017年美国GDP的增长率也只有2.3%而已。而2018年夏天，随着大气中二氧化碳浓度达到80万年以来的巅峰，席卷北半球的热浪更是让人们直观地感受到了气候变化的威力。未来，极端天候等气候危机将越来越频繁。有人预测，到21世纪末，由于气候变化而导致的世界经济衰退将超过23%。若全球气温升高超过2℃，人类将不得不花费数百万亿美元来遏制这一趋势，这将是目前全世界GDP总量的好几倍。

因此，作为温室气体的主要来源，世界能源系统必须完成清洁化改造。然而，这项重要工程的进展却远比计划得要慢得多。

如果把气候变化的最后审判比作人类命运的"大考"，那么21世纪就是最残酷的考前。1997年，人类制定了第一份"复习计划"——对发达国家具有减排约束力的《京都议定书》。有研究测算[5]，如果从议定书通过的3年后，也就是2000年起，通过每年新增约400,000兆瓦的清洁能源，就会有望在2050年达到减少碳排放70%的目标，从而遏制住气候变暖的势头。可是，快20年过去了，每年新增的零碳排放能源只有约55,000兆瓦。按照这个进度，我们差不多要到2400年才能完成原计划2050年就希望达到的排放指标。可以说，在应对这场大考时，我们只在"制定复习计划"这一件事上做到了雄心壮志，在执行层面则严重滞后。2016 年 11 月，面对失败了的第一份计划，人类历史上第一个关于气候变化的全球性协定——《巴黎协定》正式生效。近 200 个缔约国重申了在 21 世纪将全球气温升高控制在 2℃以内的目标，并明确了包括发展中国家在内的所有缔约方各自的减排义务。离 2050 年还有约 30 年的时间，我们要补上的不仅是过去 20 年没有完成的努力，更是工业革命开始之后 200 年来几乎完全荒废了的"课业"。留给人类的时间已经不多了。

然而，尽管气候变化的末日审判已经迫在眉睫，但 30 年的时间跨度还是太长了。对于很多人来说，与担忧下一代甚至下三代的生存与毁灭相比，眼前的经济增长、权力争夺、消费升级似乎更迫在眉睫。2017 年 6 月，全世界最大的经济体——美国宣布退出《巴黎协定》，这无疑为人类命运的未来再次蒙上了一层阴影。但在另一边，科学家与工程师们却从未敢放慢自己的脚步。

尽管清洁能源技术的开发存在"长研发周期"与"高资金需求"的特性，导致了其注定无法实现互联网 IT 技术那样的快速起步、快速迭代与快速扩张，但过去 10 年依然诞生了许多新的能源技术。它们中有的走向了市场，有的则还徘徊在进一步商业化的过程中。不论成败，它们都代表了人类摆脱末日审判的不懈努力。

2009~2018 年，在众多能源技术进步需要面临的挑战中，《麻省理工科技评论》的十大突破性技术着重关注了以下几个方面。

在成熟能源技术的清洁化改造方面，传统化石能源行业一直致力于从燃料燃烧到废气排放全过程的清洁化。在以太阳能燃料（2010年）为代表的燃料清洁化，与以零碳排放天然气发电技术（2018 年）为代表的燃烧结果清洁化领域，优秀的研究成果层出不穷。而核能作为目前唯一可以承担基础电力载荷的非水清洁能源，其研究更是不曾止步，其中最引人关注的便是第四代核反应堆的开发。而作为第四代核反应堆技术的典型代表，行波反应堆（2009 年）目前已经进入试验阶段。

在新能源发电技术的进展方面，《麻省理工科技评论》共关注了 4 种新型的高效太阳能发电技术，分别是：光捕捉式太阳能发电（2010 年）、超高效太阳能（2012 年）、多频段超高效太阳能（2013 年）和太阳能热光伏电池（2017 年）。它们无一例外都在理论环节上有着重大创新，虽然到目前为止，还没有任何一种新型太阳能电池技术可以撼动普通硅晶光伏电池的江湖地位，但它们的出现无疑代表了太阳能光伏技术未来可能的发展方向。而在产业化方面，随着生产环节的持续进步，硅晶光伏电池的成本不断下降。其中的代表便是 SolarCity 的超级工厂（2016年）。

新能源有着不稳定的特性。这为一直以来依

赖稳定能源输入的电网带来了不小的挑战。为了适应新能源的发展，以电网为代表的电力系统必须提高新能源的接入率，并走向智能化。在电网零件层面，变压器（2011 年）和断路器（2013 年）的升级已经完成了技术革新，只待市场应用。而全电网层面的智能化预测分析（2014 年）正搭着智能硬件、人工智能、大数据的春风如火如荼地发展。在另一边，部分脱离电网的独立微电网（2012 年）则被认为是最适宜清洁能源发电特点的电网形式，已经在全世界范围内展开试点。而空中取电技术（2016 年）已经实现了小型 Wi-Fi 设备的无源通信，未来将有望实现电动汽车等大型用电设备的无线电力传输，对于新能源汽车等行业的发展将有重要的意义。此外，如果依赖于清洁能源的电网要最终成型，则离不开可靠的大规模储能技术取得突破，这一部分我们将在本书的"材料"一章有所涉猎。

下面笔者将对每一项入选技术的背景、原理、发展现状、市场化情况进行详细梳理。

化石能源与核能，成熟能源技术的清洁化

1. 化石能源燃料的清洁化——太阳能燃料

在现有的能源结构中，石油、天然气、煤炭等化石燃料一直是占比较大的一次能源。在成为可以为现代人提供光和热的燃料之前，这些由碳、氢、氧、硫等元素构成的物质都曾是生活在地球表面的生物。通过光合作用

和食物链的传递，它们将地球大气中的碳元素（源于二氧化碳等）和氢元素（源于水等）固定在自己的身体里。之后，这些古生物的遗骸再经过数千万甚至数亿年的高温高压作用，最终形成了如今容易燃烧、含热量高的化石燃料。因此，化石燃料所能释放的能量，究其来源实际上是数亿年来从太阳到达地球的光能。人类在近 200 年通过燃烧化石燃料所增加的大气二氧化碳含量，则是亿万年来古生物吸收和固定的碳元素在一个"瞬间"的大量释放。

科学家们一直在设想，地质运动产生的化石燃料虽然不可再生，但有没有可能在人工环境中模拟光合作用的过程，将二氧化碳和水合成为燃料？这便是所谓的"太阳能燃料"的概念。太阳能燃料中的能量来源于阳光，而产生的碳排放则来自合成燃料时吸收与固定的碳元素，因此全过程中净碳排放为零。这种零碳燃料的概念一直以来都是科学家们研究的热点内容。其中最典型的技术，便是常规的生物质燃料：先种植甘蔗等含糖量高的植物，再通过发酵将其中的糖分转为酒精，之后添加到发动机里成为替代汽油的燃料。

2010 年，一种新型的太阳能燃料技术入选了当年《麻省理工科技评论》公布的全球十大突破性技术。通过基因改造，一家名为 Joule Biotechnologies 的公司成功发现了一种微生物，可以通过光合作用直接将二氧化碳和水转换为汽油和柴油。由于无需先转化为生物体内的糖分、再经由发酵过程变成燃料，该

公司宣称，这种"没有中间商"的新技术，其单位土地面积燃料产出是常规生物质燃料的100倍，而理论成本仅为1.2美元/加仑（约为2元/升）。

然而，2017年，在耗尽高达2亿美元的融资（投资方包括对生物柴油十分感兴趣的Audi）之后，这家曾经雄心勃勃的公司宣布解散[7]。经过10年的奋战，它还是倒在了从实验室通往产业化和大规模生产的路上。尽管清洁的太阳能燃料或许可以证明自己在技术上的可行性，但面对已经发展超过100年的成熟化石燃料产业，太阳能燃料不论在产能还是成本上都毫无竞争力。而近年来持续低迷的油价，更是成为压垮骆驼的最后一根稻草。

Joule Biotechnologies虽然倒下了，但在全世界各地的实验室里，我们还是时常可以听到利用各种技术获取氢气、甲烷、酒精、柴油等有关太阳能燃料的报道。希望有朝一日，不论是通过市场手段也好，依赖政策扶持也罢，太阳能燃料真的可以在商业上与化石燃料展开竞争。毕竟，任何改善气候变化的雄心壮志，都要通过经济的手段才能实现。

2. 化石能源排放的零碳化——零碳排放天然气发电

在化石燃料中，天然气发电释放的大气污染

Joule Biotechnologies 实验室里用于生成生物柴油的微生物
图片：**Bob O'Connor**

物要比煤炭和燃油少得多，是最为理想的化石能源。然而，即使天然气燃烧没有硫化合物、氮氧化合物等污染物质的排放，但二氧化碳作为主要燃烧产物的排放是不可避免的。全世界范围内，约有 22% 的发电量来自天然气，在美国，这一比例则为 30%，导致天然气发电成为地球上最主要的碳排放来源之一。

长久以来，科学家和工程师们一直致力于在化石燃料发电厂的末端——最后排出的尾气（为空气、二氧化碳、水蒸气等的混合气体）中分离并收集二氧化碳。这被叫作"碳捕集与封存"（Carbon Capture and Storage, CCS）的技术被视为降低大气二氧化碳含量的最重要技术之一。然而，传统的碳捕集技术需要额外的气体分离、收集、净化、加压等相关设备与过程，这会导致发电成本上涨 50%~70%，却还有 10% 左右的碳排放无法完成捕集[7,8]。

面对这个问题，一家名为 Net Power 的初创公司另辟蹊径。与在已有的天然气发电厂加装碳捕集系统不同，他们直接把碳捕集融合到了一种全新的天然气发电热力学循环——"Allam 循环"中。在美国石油炼化工业的中心城市休斯敦城外，Net Power 正在建造一座基于 Allam 循环的 50 兆瓦天然气发电厂。该公司相信，这种全新的技术能捕捉天然气燃烧后释放的几乎 100% 的二氧化碳，同时又能够以不高于普通天然气发电厂的成本发电。该技术的秘诀在于：高压、闭合回路、

纯氧燃烧和二氧化碳超临界循环[8]。

在这个循环里，二氧化碳不再是需要排放的尾气，而成为推动涡轮机发电的高效工质。首先，从空气中分离出纯净的氧气，让天然气在纯氧而不是空气中燃烧，从而提高了燃烧的温度和压力，进而提高了发电效率，提高了出口二氧化碳的浓度。如此一来，无需添加其他的碳捕集设备，只要通过冷却分离出已经凝结为液体的水分，就可以得到高纯度的二氧化碳。再经过加压与加温，这部分二氧化碳中的 95%[8] 都可以被作为循环工质重复利用。而因天然气燃烧而净增加的那 5% 的二氧化碳，由于其已经处在高温、高压的状态下，则可以直接被导入输运管道，送到旁边的油田里帮助开采原油。这部分二氧化碳的出售可以进一步降低约一半的发电成本，理论上甚至有可能实现每度电的成本仅为 0.009 美元[10]。不过，石油开采的市场容量还是相对有限的。Net Power 希望可以进一步开拓其二氧化碳在水泥制造、塑料制造和其他碳基材料行业中的销路。

Net Power 是 8 Rivers Capital 公司、Exelon 电力公司以及 CB&I 能源建设公司共同合作的产物。8 Rivers Capital 是 Net Power 的所有者，最早由两位麻省理工学院的校友 Bill Brown 和 Miles Palmer 创立。2008 年全球金融危机后，Bill Brown 决定放弃自己在华尔街的职位，拉上供职于国防承包商的 Miles Palmer 一起努力"为世界做出点有益的改变"[9]。起先，他们决定进军洁净煤行业，然而很快

就发现没有人会为增加成本的事情买单。而这正是前文中太阳能燃料生产商 Joule Bio-technologies 花了 10 年和 2 亿美元才明白的道理。为了实现清洁能源的商业化价值，其成本必须低于传统能源。后来，Bill 和 Miles 结识了 Allam 循环的发明人——英国工程师 Rodney Allam。在成为 8 Rivers Capital 的合伙人后，Rodney Allam 通过不懈的努力，将自己多年前提出的理论变成了具有商业竞争力的产品：可以捕捉到几乎全部的二氧化碳，却不会导致发电成本增加的发电厂。

Net Power 的发电厂已经在试运行且开始了初步的测试。其曾打算在 2018 年内就公布初次评估的结果，并最终在 2021 年并网发电。如果测试的结果理想，就将证实以合理的价格从化石燃料中获得零碳能源的可能性，更标志着碳捕集与封存技术将有望迎来廉价时代。如此一来，成本低于核能、稳定性高于可再生能源的天然气必将改变能源供给的局面。当然，在这之前，碳捕集技术还必须为二氧化碳产品找到足够庞大的市场。毕竟，化石燃料排放了那么多的二氧化碳，就算填满全世界所有的地下岩洞，恐怕也储存不了多少。

3. 核能的高效利用——行波反应堆

早在化石燃料发电技术开始清洁化之前，作为目前唯一可以承担基础电力负荷的非水零碳能源，核能从来就没有停下过发展的脚步。从 20 世纪 50 年代核能被用于民用发电以来，核电站的反应堆已经过三代的发展[10]。

时至今日，核电站的安全性、经济性、稳定性都已经达到了相当高的高度，但还有一个问题一直没有得到很妥善的解决：核燃料利用率低、核废料难以处理。

核电站的核心是核燃料的核反应。在传统的核电站中，开采出来的核矿石是不能直接用于核反应的，必须经过提炼、浓缩等环节制成合格的核燃料。在使用过程中，又只有一小部分的核燃料可以真正被用于核反应，一旦这部分核燃料被用完，哪怕剩余的核废料中仍然有着不小的能量也必须废弃。因此，在核电站的运行过程中，必须每 18~24 个月就对核燃料棒进行更换。这一高度危险的过程是核电站运营中成本最高的环节之一。而更换下来的核废料中，依然有着大量的放射性物质，其对环境和人体有害的放射性衰变甚至可能持续上百万年。可以说，传统核电站对核燃料的低利用率，不仅造成了成本的上升，还给核废料的处理带来极大的困难；更重要的是，带来了可能造成核武器扩散的潜在风险。

2008 年，由比尔·盖茨投资的泰拉能源[11]开始关注低成本、可以满足不同国家对能源安全的需求、无法被用于制造核武器、减少核燃料加工和核废料处理环节、足够安全的新一代核电站技术。经过仔细的评估与选型，他们认为，只有一种名为"钠冷快中子堆"的技术可以全部满足上述需求。后来，这项由 Terra Power 开发的第四代核反应堆概念被叫作"行波反应堆"。

这个概念于 2009 年获评《麻省理工科技评论》十大突破性技术。与其他核反应堆相比，行波反应堆最大的特点就在于其可以对贫化铀、天然铀、钍和轻水堆产生的核废料进行转化，把未经浓缩的天然核燃料，甚至是其自身产生的乏燃料转化为可以深度焚烧的合格燃料。在行波反应堆中，核裂变会集中地发生在裂变区，这个裂变区会像水波一样从反应堆的一端向另一端缓慢扩散，每年大约前进 1 厘米 [12]，将面前的核燃料充分转化、反应。反应过的核废料被储存在身后，

行波反应堆因此得名。理论上，行波反应堆可以获得极高的燃料利用率，一次装料后可以自持运行数 10 年，既不需要添加新燃料，也不需要清除乏燃料 [13]。在这样的运行机制下，核燃料的利用率可以提升 30 倍 [11]。

因此，如果行波反应堆可以普及，就将不再需要核燃料循环中烦琐、复杂、危险的铀浓缩、燃料棒更换、乏燃料再处理等环节，从而降低核电站的成本与环境风险，并可以有效控制可能的核武器扩散威胁。

比尔·盖茨的减排观：$CO_2 = P \times S \times E \times C$，即二氧化碳排放 = 人口 × 每人所需服务 × 每项服务所需能源 × 单位能源产生的碳排放。未来，他最想有的超能力是：更多的能源。

然而，行波反应堆的制造极其危险、困难，自 1958 年提出、2008 年由 Terra Power 全力研发至今，尚未有任何一座真正的反应堆被建造出来。2015 年，Terra Power 与中国国家核电集团签署协议，共同推进这一先进的核反应堆概念在中国落地。与其他国家相比，中国技术与资金实力雄厚、现实需求强劲、对于引领科技变革雄心勃勃，对 Terra Power 有着强烈的吸引力。比尔·盖茨本人甚至因此于 2017 年以 Terra Power 董事长的身份——而不是 Microsoft 创始人的身份——通过层层

遴选当选为中国工程院外籍院士。他们计划在 2024 年完成首座行波反应堆的制造。如果可以成功，这将注定为核能的发展带来全新的变革，也将谱写一段国际技术合作应对气候变化的佳话。

太阳能，路在何方

能源革命最重要的参与者无疑是以硅晶太阳能光伏电池、轴流式风力发电机为代表的清洁能源技术。蓝色的硅晶光伏电池板，与巨

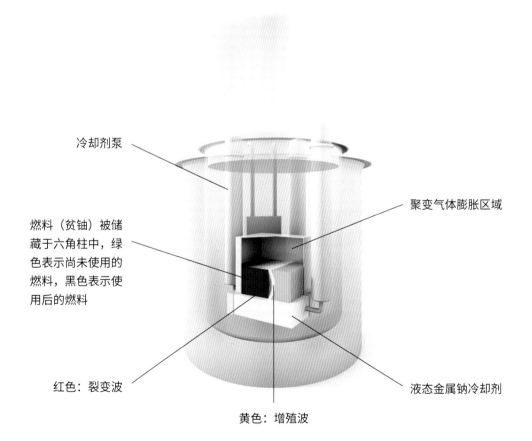

行波反应堆示意图。与当今的反应堆不同，行波反应堆需要的铀浓度非常低，从而降低了核武器扩散的风险。该反应堆使用数百个装满贫铀燃料的六角柱（以黑色和绿色表示）。在一个每年仅移动 1 厘米的"波浪"中，这种燃料被转化（或增殖）为钚，然后经过裂变。该反应需要少量浓缩铀（图中未显示）才能开始使用，并可能在几十年内无需添加燃料。该反应堆使用液态钠作为冷却剂。反应堆的核心温度非常高，约为 550℃，而传统反应堆的典型温度为 330℃。更高的温度意味着更高的效率。

大的白色风力发电机一起，共同构成了清洁能源技术最为公众熟知的形象。相比于风力机械早在 2,000 多年前就已经被广泛用于农业生产，太阳能光伏电池直到 1958 年才第一次被投入实际应用——安装在"先锋 1 号"卫星上[14]。1973 年的石油危机后，随着油价的节节攀升，太阳能光伏电池的发展逐渐形成气候。短短二三十年，太阳能光伏电池的效率节节攀升，发电成本从每瓦特近 100 美元迅速下降至不足 0.5 美元，而装机容量也不断增加。1995 年，全世界的光伏装机容量大约为 200MW，相当于一座小型燃煤火力发电厂的发电。而国际能源署曾估计，2018 年全球累计光伏装机容量将超过 500GW[15]（1GW = 1,000 兆瓦 = 1,000,000 千瓦），20 年间足足增长了 2,500 倍。太阳能光伏电池的本质，是一种名叫"光生伏打"的物理现象。当太阳光照射到某些物质的表面时，只要太阳光携带的能量足够大，就可以在物体内稳定地激发出电子流，从而实现由光能到电能的能量转化。然而，受限于各种因素，光伏电池所能发出的电量一直比较有限。这些限制光伏电池发电量的因素包括：

（1）由于太阳到地球的距离过于遥远，能够到达地球表面的太阳光非常有限，导致单位面积地球表面所能接收到的太阳辐射能量其实非常小。

（2）在这些总能量已经比较小的太阳光中，光伏电池还会反射、透射一部分光，只吸收其中的一部分。

（3）对于被电池吸收的太阳光，电池也只能利用其中能量大小恰好合适的一小部分。每一种光伏材料都存在一个特定的"能量门槛"。在太阳光谱中，低于这个"能量门槛"的光能无法激发出电子，而高于这个门槛的光能则会以热量的形式释放掉其高于这个门槛的那一部分能量。对于常规光伏电池来说，只有 45% 的光能能被利用。

（4）由于太阳能发电的间歇性，当光伏电池的发电量比较大，而电网又无法及时传输这么多的电能时，就不得不关闭太阳能发电厂，导致一年中只有有限的时间里太阳能电池可以真正用来发电。

为了解决这些问题，10 年来，科学家们对光伏电池的发电原理进行了大量的创新，取得了不小的突破，发明了一系列新的非传统光伏电池，这其中就包括受到《麻省理工科技评论》关注的光捕捉式太阳能发电（2010 年）、超高效太阳能（2012 年）、多频段超高效太阳能（2013 年）和太阳能热光伏电池（2017 年）技术。它们无一例外都是太阳能光伏发电技术的重大突破。通过对光伏电池的基本结构进行一定的优化，这些新技术或是增加了到达电池表面的光线，或是实现了发电效率的显著提高，或者有望解决光伏发电不稳定的问题。然而，这些技术改进在提高发电量的同时，或多或少都会导致制造成本的上升。而随着常规光伏电池的制造成本一降再降，其市场地位不断得以巩固，而各种新型太阳能电池技术由于经济性的原因一直无法得到市场的完全认可。以 SolarCity 的超级工厂（2016 年）为代表的常规光伏电池生产商，在技术创新的基础上更实现了生产组织方式的跨越式发展，让太阳能从一款昂贵的太空产品，逐渐成为千家万户屋顶上的廉价组件。这在极大地提高了全球太阳能装机容量和世界各国的清洁能源发电比例的同时，客观上也导致了其他的新型光伏发电技术无法与常规硅晶电池在经济性上一较高下。

1. 新型太阳能发电技术——光捕捉式太阳能发电

尽管常规光伏电池的成本已经非常低了，但要与火力发电进行完全市场化自由竞争，其成本还必须下降 1/5~1/2[16]。在常规硅晶光伏电池的成本结构中，约有 40% 是来自厚达200~300 微米的硅晶片。因此，一种名为"薄膜电池"的概念一直广受欢迎。薄膜电池的厚度通常只有 1~2 微米，其光电转化材料可以直接沉淀在诸如玻璃、塑料和不锈钢等价格便宜的材料表面，因此有着大幅降低太阳能发电成本的可能性。

然而，由于薄膜电池的光电转化材料晶片实在太薄，甚至几乎与太阳光的波长差不多，导致大量的太阳光——尤其是近红外波段的太阳光很难被吸收，使得薄膜电池的转化效率明显低于常规硅晶光伏电池。因此，提高太阳光的吸收率对于提高薄膜电池的发电效率至关重要。

对于这个问题，澳大利亚国立大学的 Kylie

Catchpole 找到了一个非常出色的解决方案：等离子体。等离子体是一种不同于固态、液态、气态的"第四种物质形态"。Catchpole发现，如果将金属银的纳米颗粒沉降在薄膜电池的表面，那么直射到这个表面的光并不会像镜子（镜子表面镀的也是银）一样把光线反射回去，而是会被形成于纳米颗粒表面的等离子体在薄膜电池中折射来折射去，直到被光电转化材料吸收并转化为电能[17]。她的实验显示，与普通薄膜电池相比，用银纳米颗粒沉降处理过的电池效率提高了 30% 之多。2010 年，Catchpole 的这一重要研究成果获评《麻省理工科技评论》十大突破性技术。

然而，8 年多过去了，这一技术迟迟不能商业化。一方面，纳米颗粒沉降的方法至今仍停留在实验室，工业界到目前为止都还没有开发出可以大量、快速、低成本地进行纳米颗粒沉降的工艺。另一方面，常规硅晶光伏电池的成本早已下降了很多，远超过Catchpole 开始这项研究时用于购买硅晶片原材料的那 30%。但 Catchpole 并没有放弃。已经从当年的博士后变成了现在的教授的她，一直都在对这项技术进行持续改进，希望有一天可以将它成功地商业化。

2. 新型太阳能发电技术——超高效太阳能

使用比常规的硅晶更加高效的光电转化材料是提高太阳能光伏电池发电效率的重要途径之一。2012 年，Semprius 公司使用砷化镓材料制成的太阳能光伏电池获得了高达 34% 的

Semprius 公司的太阳能板利用玻璃透镜聚集入射光，使微小光电管的能量产出得以最大

发电效率，而同时期的硅晶电池单结转化效率只有 20% 左右。因此，Semprius 的这一项技术被评为当年的十大突破性技术。

之所以砷化镓的转化效率比晶体硅要高，其中的一个重要原因是砷化镓属于"直接带隙半导体"，而晶体硅其实是"间接带隙半导体"。间接带隙半导体在吸收太阳光转化为电能的时候，不仅需要吸收特定波长的光，还需要借由另一种粒子"声子"吸收另外一部分能量，才能完成光的吸收。与之相对，在直接带隙半导体材料（如砷化镓）中，光的吸收并不需要声子的介入。"这就好比三个人约吃饭永远比两个人约吃饭要难"[18]。通过少引入一个粒子，砷化镓可以获得比硅高得多的效率。此外，砷化镓还拥有可塑性强、耐温性好、弱光性好[19]等明显的优势。

然而，作为第二代半导体，砷化镓晶片价格高昂，素有"半导体贵族"的称号。反观常规光伏电池中的硅，则是地球地壳中储量最丰富的元素之一，每一粒沙土中都含有硅元素。为了降低电池中砷化镓材料的使用量以控制成本，Semprius 只得采用"聚光光伏"的办法，即使用很少量的砷化镓，而用 1,100 倍的玻璃透镜将砷化镓半导体材料周围的光聚集到只有 600 微米宽、600 微米长、10 微米厚的"光吸收装置"上。这种聚光光伏的技术方案是 Semprius 公司的核心技术突破之一。但即便如此，Semprius 的砷化镓电池还是无法和常规硅晶光伏电池在成本与收益上一较高下，更何况砷化镓电池中的砷元素还有毒性。

2016 年，Semprius 公司完成了最后一笔融资，但到了 2018 年，用 Google 搜索"Semprius"的话，页面上显示的已经是"永久关闭"了。

不过，这并不意味着砷化镓电池的发展从此走向没落。2014 年，由法国 Soitec 公司联合欧洲两大研究机构——法国的 CEA-Leti 和德国的 Fraunhofer ISE 组成的研究团队，利用砷化镓等材料制成了效率高达 46% 的多结聚光太阳能光伏电池 [20]，至今仍然保持着世界最高效率太阳能光伏电池的纪录。在他们朝 50% 的转化效率进发的同时，量产型的砷化镓太阳电池已经在航天领域有了广泛的应用。

3. 新型太阳能发电技术——多频段超高效太阳能

半导体材料对于光的吸收有着频率上的敏感性。不同的半导体材料总是对某一频段的光吸收得比较多，而对另一些频段的光的吸收却较少。这导致如果太阳能光伏电池仅由一种材料组成，那么这种材料吸收较少的频段就无法被转化为电能。这是太阳能光伏电池存在理论转化效率的重要因素之一。

因此，如果能将不同的材料一起用在同一块太阳能电池上，并特别指定这些材料来吸收不同频段的光，那么理论上就能实现对太阳光谱中更多频段的吸收，而以此原理制造出来的太阳能光伏电池便能获得很高的效率。

依照这种思路，最直接的方法叫作"级联"，即将三层甚至更多不同材料的半导体堆叠在一起，上一层吸收不了的光"漏"给下一层吸收，好比净化水厂用一层一层薄膜由大到小地吸附水中的杂质一样，用不同的半导体

材料层尽可能多地完成对全光谱的吸收。不过，级联电池虽然可以创造出较高的效率，但其生产和制作的过程十分复杂。

2013 年，加州理工学院的 Harry Atwater 教授和他的团队凭借着另一种多频段太阳能技术，获评当年《麻省理工科技评论》十大突破性技术。与堆叠材料不同，阿特沃特教授发明了另一种思路：分光。这种新式太阳能电池用分光器将太阳光分成好几份，分别让不同的半导体材料吸收，从而避免了复杂的多级半导体的制作过程。阿特沃特教授甚至大胆断言，这种太阳能电池的转化效率能高达 50%，这将是传统硅基太阳能电池转化效率的两倍以上 [21]。

然而，对于分光器的设计，阿特沃特教授却一直没有确定到底哪种技术最适用于工业化生产。而由其担任首席技术顾问的 Alta Devices 公司也于 2015 年被中国的汉能集团收购，成为汉能收购的第四家太阳能公司。获得充足的资金支持之后，Alta Devices 持续在太阳能光伏电池领域进行创新，然而，尚未有任何一种技术被证明具有硅晶光伏那样的可持续性盈利能力。

4. 新型太阳能发电技术——太阳能热光伏电池

与之前几种技术考虑的仍是如何更高效地完成光电转化不同，2017 年的太阳能热光伏电池技术采用了一种全新的思路：光转热再转电。

麻省理工学院的副教授 Evelyn Wang 领导的团队，设计了一种创新性的装置，可以先把太阳光转化为热，再通过特定温度下的热辐射把热变回特定频率的光，而这时的频段几乎可以全部被光伏电池利用。这项名为"太阳能热光伏电池"的技术第一次超过了常规光伏电池的效率，为太阳能发电效率突破光伏电池理论极限甚至翻倍提供了可能。更为难能可贵的是，由于利用太阳光之前先把光能转换为了热，而热量是可以被储存的，使得太阳能热光伏电池在阴雨天与夜间也可以发电。因而这一技术突破有望实现高效、稳定、持续、廉价的太阳能电力供应。

前面说过，常规光伏电池存在"终极效率极限"：在太阳光谱中，能量低的光不能被光伏电池利用，能量高的也只能被利用一部分。采用多层不同半导体材料进行堆叠或分光，也只不过是增加了可以利用的频段数量而已。而 Evelyn Wang 的这套太阳能热光伏电池系统，则是通过对入射太阳光的光谱进行"调控"，改变了照射到电池表面的光线的能量分布，让所有的能量都聚集在了可以被普通硅晶光伏电池吸收的频段中，从而让一块普通的光伏电池吸收了几乎全部的太阳光谱。他们设计了一套由"吸收器""辐射器""光学滤波器"组成的设备，让太阳光依次通过这三个设备再照射到光伏电池上。三个部件通过完美配合，就像一个调节太阳光颜色的旋钮一样，把分布连续的太阳光光谱全部聚集到了高于或略微高于光伏电池能隙的频段，让光伏发电的理论效率一举超过了 60%，达到了光伏电池"终极效率极限"的两倍。

不过，这套示范系统的开发，只是太阳能热

吸收 - 辐射器上由黑色的碳纳米管构成的表面，可以将全光谱的太阳能转化为热

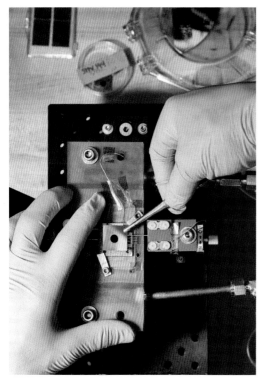

吸收 - 辐射器被放置于光学滤波器和光伏电池之上

光伏技术走向大规模应用的第一步。还静静地躺在 MIT 实验室里的这个三元件组合只是一个初步的、未经优化的、远非完美的系统，在其真正投入实际应用之前，还有着无数技术、工程、经济性的挑战需要他们克服。

5. 新能源生产的革新——SolarCity 的超级工厂

在这章，我们反复提到的一个制约这些新型光伏技术发展的主要因素就是：过快下降的常规硅晶光伏电池的价格，让新的技术在充分发展之前就失去了市场竞争力。但另一方面，光伏电池价格的大幅下降，换来了光伏电池在全世界范围内装机容量的飙升。2009年的人们可能很难想象，光伏电池的装机容量可以在 10 年内增加约 10 倍之多[15]。而让这一切成为现实的，就是以 SolarCity 的超级工厂为代表的一系列大型光伏电池生产商的迅猛发展。通过持续改进工艺、增加产能、提高光伏电池的效率、降低成本，太阳能光伏电池开始逐渐从高精尖的航空航天领域走向千家万户的屋顶。

SolarCity 的超级工厂于 2014 年动工。在被 Tesla 收购之后，新的"超级工厂 2 号"由 Tesla 和 Panasonic 共同建设，并于 2017 年正式投产。然而，Tesla 的这笔收购却给自己带来了一定的麻烦。有评论认为，Tesla 收购 SolarCity 是一笔错误的投资。时至今日，Tesla 自己的财务状况也不够理想了，这为未来 SolarCity 的发展蒙上了阴影。

不过，尽管 SolarCity 的发展出现了一些困境，但在地球的另一端，中国的光伏行业的发展却如火如荼。在经过最早的爆发和回调之后，近年来，中国逐步完成了从原材料生产到产品安装调试的光伏全产业链的建设，其庞大的生产和消费体量被释放出来，开始主导国际市场。10 年来，中国的光伏电池生产能力在国际市场中的占有率从 25% 飙升到了近 50%[22]，太阳能光伏产业因此成为中国制造的优势产业。2018 年，全球出货量最大的 10 家太阳能光伏电池生产商中，有 8 家来自中国。而当年的一季度，中国就新增加了 10GW 的装机容量，相当于 10 座大型的

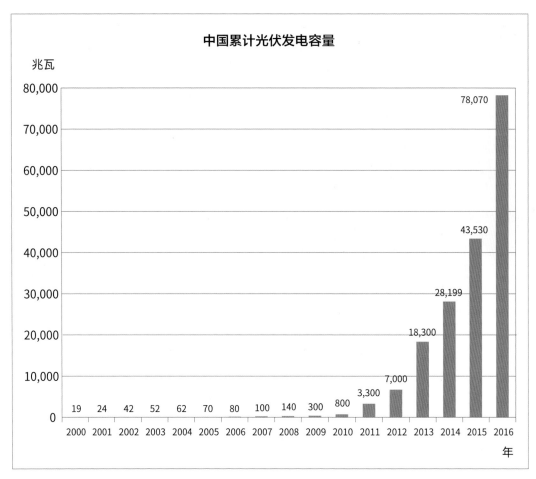

中国光伏市场高歌猛进

核电厂在 3 个月内同时并网[23]。

与光伏生产能力攀升相伴随的，则是太阳能光伏电池价格以指数形式的下降，而这个趋势丝毫没有要停下来的意思。这是中国——这个新的世界工厂为人类的清洁未来做出的重要贡献。

电网对新能源的智能化适应

作为人类社会中最重要的能源网络，电网的

诞生和发展不过只有约 100 年的时间。100年来，电力这一第二次工业革命中最具代表性的产品，就这样随着一根根电缆，从甚至千里之外的发电厂，走进每一个家庭，点亮每一条道路，驱动每一座工厂。经过 100 年的发展，电力技术已经日臻成熟，形成了一个稳定、高效的全球性网络：

发电厂——不论是火力发电厂、水力发电厂还是核电厂，按照稳定的频率输出高功率的交流电（比如，在包括中国在内的大多数亚欧国家，这一频率为 50 赫兹，即每秒钟电压和电流变化 50 次）。发出电之后，经过变电站升高电压，就被放到由电缆组成的电网中。

电网的另一端，是千家万户的用电需求。由于电是以光速在电网中传播的，因此，当你在阅读本书时，你身边的台灯、空调此时此刻所消费的电能，其实是在一段可以被忽略不计的时间之前刚刚在遥远的发电厂中生产的。由于电力不可被储存的特性，电网实际上是地球上最大的零库存物流网络，而且发货速度几近光速。

对于这样一个庞大但敏感的系统来说，任何形式的供需不平衡——在某一个瞬间的生产大于消费，或者消费大于生产，都会导致系统的不稳定。如果供小于求，就会导致电网频率的下降，甚至导致随机的大范围停电；而供大于求，则会导致一些电网设备无法承受进而发生故障，最后同样会导致大规模的停电。

因此，一直以来，稳定都是电网的第一要务，而在这方面，欧洲、美国、中国等成熟的电网系统也一直表现不错，很少有较大规模的事故发生。但新能源的到来彻底打破了这种局面。

在传统的发电形式中，电力的生产是随着需求的变化来不断调节的。比如，傍晚的电力高峰期来临之际，火力发电厂就会增加燃料的投放，水电站也会开大闸门让更多的水流过发电机组。入夜之后需求减少，发电机组再将自己的功率降下来。电力需求的变化虽然是随机的，但大体上有规律可循。可是，太阳能、风能等发电形式就没有那么听话了。明明需求负荷增加了，却突然飘来一朵云遮住了太阳能电池板，发电量瞬间大幅下降；或者电力需求明明已经要减少了，当天夜里的风却越吹越起劲。在清洁能源发展的早期，新能源的接入比例还不算太高，电网还可以通过多种灵活的调节手段去解决这个问题。后来，随着全球气候变化的日趋加剧，世界各国都对新能源的发电量提出了越来越高的期待，新能源的发电比例于是在很多地方逐渐达到甚至超过了当地电网所能承受的极限。经过 100 多年平稳运行的电网技术，也不得不因此开始新的技术革命。

在这个全新的时代，电网面临的挑战既包括如何提高新能源的接入率，更包括如何应对电力生产与消费的智能化趋势。举例来说，在未来，随着屋顶光伏等居民发电技术和新能源汽车等户用储能技术的普及，用电户自己也可能是发电户。这导致电网出现了前所未有的"双向流动"的趋势。如何智能化地应对这一全新的应用场景，也给电网带来了新的挑战。而新能源汽车作为一种可移动的用电设备，也让电网有了一种全新的用电负荷。

为了应对这些新挑战，电网技术的革命同时在好几个维度上展开。在最微观的层面，变压器、断路器等电网关键设备出现了全新的形式；在最宏观的层面，科学家和工程师们开始对"看天吃饭"的新能源进行预测，从而让电网可以提前做好准备；在应用层面，太阳能微电网的出现，更是为以前电网不可及的地区带来了享受现代文明的机会；而在这些维度之间，无线电力传输技术的突破，则有可能改变用电器与电网进行连接的方式，为未来电网的形态增添了许多可能。

1. 电网元器件的革新——智能变压器

在电网中，变压器是一个关键的部件。它负责把发电厂发出的低压电变成高压电送上电网，再把电网上的高压电变成低压电送给用户。因此，变压器是发电端（发电厂）、输电端（电网）、用电端（用户）之间的桥梁。在传统电网中，变压器只要负责进行电压的升降就可以了，但在新能源大量接入的今天，传统变压器越来越无法满足需求。比如，对于用电端产生的不稳定，传统变压器并不会进行任何的隔离，而是"尽职尽责"地传递给发电端；又如，传统变压器只能对交流电的电压进行升降，而对直流电无能为力；再如，其调控也非常不智能，有些情况下甚至需要手动。

因此，科学家们决定给变压器赋予更多的职能，这便催生了所谓的"智能变压器"。按照北卡罗来纳州立大学 Alex Huang 教授的说法，这种新型的变压器是一种可以"在电网和用户之间形成缓冲"的小型化的高效电力电子装置，可以保证"不论用户那边发生什么事情，电网都可以保持稳定"[24]。而且，

它既可以对交流电进行操作，还可以操控直流电。例如，当一个人把一辆电动汽车接入自家的一个交流电的电源，智能变压器可以让邻居家太阳能光伏电池发出的直流电来给这辆汽车充电。

智能变压器之所以可以实现这些传统变压器做不到的功能，是因为它涉及了高频变压器和逆变器[25]——将直流电转换为交流电或将交流电转化为直流电的装置。在一个典型的降压过程中，它首先将高压的交流电转为直流电，再将直流电逆变为高频的交流电，最后再将其频率降低，完成降低交流电电压的过程。在这个过程中，同时涉及了交流和直流，也采用了全数字化控制，可以较方便地采集电网信息和联网通信，从而能够通过变压器对电网实现智能控制。因此，智能变压器比传统电力变压器更能够满足新能源接入带来的稳定性和智能化要求，"让太阳能光伏电池板接入电网，就和把打印机连到电脑上一样简单"[24]。

经过多年的发展，尽管有人认为市场还没有完全做好准备，但 ABB、GE 等各大公司早已开始相关研发，并推出了相应的产品。有机构更是预测，到 2025 年，全球智能变压器的市场将达到 5 亿美元的规模[26]。可以这么说，业界许多人已经相信，智能变压器的技术已经准备完毕，需要解决的只剩成本问题。当然，这也是商业化进程中最大的一个问题。

2. 电网元器件的革新——超级电网

从诞生之初，到底该用交流电还是直流电的问题，就一直伴随着电网的发展。与交流电相比，直流输电有在远距离范围输电时成本低廉、可靠性高、无频率选择性等优点。但是直流输电发展了这么多年，依旧还只是运用在"点对点"的传输，并不能如爱迪生期待的那样成为组建电网的基本构成。

其技术难点之一，在于电网中一个小小的元器件——断路器。所谓的断路器，简单地说就是电网的开关，控制着输电线路的通断。一旦电网中某一个部分的用电情况出现异常，可能会影响到其他部分甚至整个电网时，就需要用断路器将这部分电路与电网隔离开，再慢慢检修。但一直以来，可以用于直流输电的可靠断路器一直没有被制造出来。直到 2013 年，ABB 公司研制出了世界上第一个适用于直流输电线路的高压断路器，才让直流电网最终变成了现实。

直流断路器之所以成为技术挑战，是因为断路器的两种技术思路——传统的机械开关和可控半导体，都不能满足直流输电断路的要求。前者操作反应太慢，做不到在要求的 5 毫秒内完成线路的断开；而后者虽然反应快，却要一直连接在电路里，导致较大的电力传输损耗。而 ABB 公司研制的这款直流断路器，名叫"混合直流断路器"（Hybrid DC Breaker），既可以可靠又迅速地将故障电路断开，又没有过大的损耗。所谓的"混合"，是因为其将传统的机械开关和可控半导体有机

结合，在成功集成了两者的优点的同时，避免了各自的缺点。其开关频率高达 200 千赫兹，能在 5 微秒之内将故障电路断开，解决了直流输电断路器灭弧困难等技术难点[27]。凭借能颠覆电网组成的能力，ABB 开发的混合直流断路器成功跻身《麻省理工科技评论》2013 年度十大突破性技术的行列。

不过，ABB 公司并没有将这项技术在市场上的领先优势维持太久。2016 年，中国也成功投运了自己生产的高压直流断路器。时至今日，尽管争议不断，特高压直流输电网已经成为中国电网一项令人瞩目的成就。而中国并未因此止步，随着特高压直流输电技术的日益成熟，中国正在研究跨国的东北亚电网、亚欧大陆电网甚至全球电网的可行性。

3. 大电网系统的智能化预测——智能风能和太阳能

在电网设备完成彻底的改变之前，对风能和太阳能的发电量进行智能化的预测，是一种已经被证实了的对于提高新能源接入率行之有效的技术手段。

在美国的科罗拉多州东部，几乎每一个迎风旋转的风力发电机，都会每隔几秒钟就记录一次风速和功率输出，并每隔 5 分钟就把这些数据发送到位于 Boulder 的美国国家大气研究中心（National Center for Atmospheric Research，NCAR）的高性能计算机上。在那里，基于人工智能的软件会对来自气象卫星、气象站和周围其他风电场的数据进行分

析，从而以前所未有的精确度对风电功率进行预报，使科罗拉多州能够以远超过去想象的低成本使用更多的可再生能源[28]。

在风电负荷预测技术出现之前，每分钟都会间歇变化的风力不仅让风电场头疼不已，更让负责接纳它的电网痛苦万分。为了大规模地利用风力发电，电力公司不得不大量使用燃气轮机等化石燃料发电方式作为补充，以防备风力的突然减弱；或是在风力突然增强的时候让风机空转，也就是所谓的"弃风"。NCAR 研究应用实验室副主任 William Mahoney 评论道："这么做不但费钱，还对环境有害。"

有了先进的风力预报技术，科罗拉多州最主要的能源供应商——Xcel 近两年更加重视风电业务的拓展。2015 年，Xcel 的电力供应中可再生能源的比例已经达到 34%。预计到 2020 年，可再生能源在该公司电力供应中的比重会上升到 43%，这是显而易见的巨大的经济和环境效益。

除了很早就开展相关研究的科研院所，各大企业也对这个巨大的市场跃跃欲试。2015 年，GE 开发出一套基于云计算的智能数字风电场（Digital Wind Farm）系统。这套系统不仅可以收集和分析数据，还能通过从机器的表现中学习来提高自身的分析能力。利用这套系统，风机操作员可以实时调节风机，以获得最优结果。GE 表示，如果全球的风力发电机都使用这套系统，那么每 100 兆瓦的风

电场就可以增加 1 亿美元的产值，而全球风力发电工业增加的总产值可以达到 500 亿美元。如此庞大的市场自然也少不了中国公司的关注。比如，中国的风电企业远景能源也在全球大气科学研究的前沿——科罗拉多建立了空气动力与气象研发中心，通过整合气象、风电、太阳能以及大数据、机器学习等能力，可以对从 15 分钟到一个月的风机、光伏功率输出进行非常准确的预测，提高了新能源在中国电网的接入率[29]。而类似的企业与机构则远非远景一家。可以预测，随着能源系统整体智能化的程度进一步提高，风能和太阳能预测只会更加精准。虽然"看天吃饭"的本质并不会改变，但相比之前，我们会对"老天爷"的脾气摸得更准一点，从而让化石能源排放的二氧化碳更少一点。

4. 直接与新能源相适应的电网微型化改造——太阳能微电网

一方面，新能源接入大电网困难重重，而在另一方面，新能源又天生有着"分布式"的属性——无需大型的发电设施，一个屋顶、一片空地，只要有太阳，就能为一个家庭、一座建筑、一个村庄甚至一座小岛提供电力。新能源发电的这一独特属性，让"太阳能微电网"这一概念在为气候变化做出显著贡献的同时，也为电网无法覆盖的地区带去了福音。

所谓的"微电网"是相对于大电网而言的。传统的大电网往往覆盖整个地区，甚至一片大陆，而微电网则是将一个相对较小的发电

站发出的电能，在一个有限的区域里进行配送，减少传输损耗。

2012 年夏天，印度爆发了人类历史上影响最大的一次停电，共有 22 个邦、超过 6 亿人的日常生活受到影响[30]。在印度，富人家里和高级酒店自备发电机是常态，但穷人就不得不忍受"没电是正常，来电才奇怪"的电力供应品质。不只是印度，非洲、南美洲甚至澳大利亚的很多地区，都常年饱受电力供应不稳定的困扰。一些科技人员也开始思考，也许有新的电网形式可以避免此类事件再次发生。在此趋势下，来自印度的 Nikhil Jaisinghani 和 Brian Shaad 共同创办了 Mera Gao 电力公司。"Mera Gao"在印度语中是"我的村庄"的意思。该公司利用太阳能电池板和发光二极管成本下跌的机会，建立和运营了能够为村庄提供清洁照明和手机充电的廉价太阳能微电网。虽然像单个太阳能灯之类的解决方案也能够提供照明和手机充电，但微电网的优势在于其安装成本可以由村民分摊。

"简单"，是 Mera Gao 商业模式的核心。只需花费 900 美元，Mera Gao 就可以为 150 户家庭安装由两个光伏电池板、两组电池、一些电缆、照明灯具及手机充电器组成的太阳能微电网系统[31]。电网自始至终都使用 24 伏的直流电源，因此该系统可以使用铝线作为导线，而非价格较贵的、用于更高电压的铜线。在铺设电网之前，Mera Gao 公司会对村庄的地形进行绘制，以确保配电线路的分布最有效（如果有人想免费用电的话，断路器就会跳闸）。Jaisinghani 说："制图和设计是我们最大的创新。"由于单个成本低、安装简单——未经训练的安装人员也可以在一天内完成，Mera Gao 的商业模式极具可复制性。

2017 年，该公司融资 250 万美元，希望能为 50,000 户家庭带去光明[32]。虽然其规模和效应仍比较有限（相比之下，中国政府推动的系统性"光伏扶贫"工程，在 2015 年就完成了 1,836 兆瓦，取得 22.6 亿元的年均收益[33]，2017 年更是提出要实现 8,000 兆瓦的总规模），但作为一个创业公司，Mera Gao 因其独特而又成功的商业、扶贫、环境价值，于 2012 年入选当年《麻省理工科技评论》十大突破性技术，哪怕这个技术看上去一点也不"高大上"。Mera Gao 让人们意识到，投资新能源不仅有望成为新经济的增长点，更可以实现一些"旧经济"无能为力的愿望。

5. 电力传输的新可能——空中取电

2016 年，《麻省理工科技评论》十大突破性技术关注了一个非常有趣的新技术：无源 Wi-Fi 设备[34]。所谓的"源"，指的是电源；而"无源 Wi-Fi 设备"，则是说这种 Wi-Fi 设备无需连接电源线，直接利用散布在环境中的 Wi-Fi 信号里携带的能量，就可以实现电力自给自足，从此彻底摆脱电源线的束缚。这个由华盛顿大学研发的无源 Wi-Fi 设备能够依靠后向散射的原理，利用空间中的 Wi-Fi 信号中承载的能量，实现两个无源设备之间的 802.11b Wi-Fi 信号发射。换句话说，两个没有电池也没有电源线的设备，从空中取到它们所需的能量，实现了互相通信的功能。考虑到现代社会，我们生活的环境中充满了各种各样的电磁能量：Wi-Fi、手机信号、广播电视信号等，研究人员相信，利用这个技术，未来的智能家居、监控摄像、温度传感器和烟雾报警器应该再也不必更换电池了。

然而，通过这种方式能够获得的能量非常有限，只有用电功率极低的设备才应用得到这个技术。而能源工程师们真正关心的，是有没有可能将无线电力传输技术应用于大功率设施的输电，最起码得是一辆汽车吧。

事实上，无线电力传输并不是什么很新的概念。早在 100 多年前，Nikola Tesla（尼古拉·特斯拉）就已经开始了相关的研究，甚至在美国纽约的长岛建起了一座从未正式启用过的无线电力传输塔。在那时人们的幻想中，飞机上天是不需要携带燃油的，只要保证电力传输塔可以始终照射着飞机，它就能利用无线传输而来的电能保持飞行。

时至今日，这依然是一个令人着迷的话题。但到目前为止，比较成熟的无线电力传输还只能用于小型设备（比如电动牙刷、手机等），而大规模、大功率的无线电力传输仍未进入应用层面。不过一旦部署成功，将会大大改变目前电网的电力传输形态，诸如电动汽车一边行驶一边充电，位于地面的用电

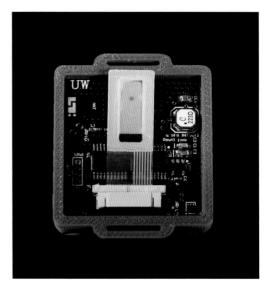

无源 Wi-Fi 设备

单位直接从位于太空中的太阳能发电厂获得电力等想法将得以实现。

过去的几年中，在 Evatran、WiTricity 等公司和许多科研机构的推动下，无线电力传输技术在电动汽车充电领域取得了一定的发展，在方便性、安全性等方面都成功证明了自己。在应用层面，无线电力传输已经被证明可以通过在车底安装的线圈、布置于充电站地面的线圈之间进行电磁感应（即 Nikola Tesla 在一百多年前发明的技术，该技术简单，支持一对一充电，但功率小、距离近，且对定位精度要求高）或磁共振（近年来由麻省理工学院发明，功率大、距离远、定位精度要求低，但技术复杂）的方法，对电动汽车进行非接触式的充电。目前，NISSAN、Tesla 等电动汽车生产商已经展示了自己的无线充电技术，却都面临着成本高（甚至高达

近 100 年前的科幻艺术作品[35]
中的愿景，如今仍然没有实现

有线充电桩的 5 倍）、传输效率低、电能损耗高等问题。

2017 年，Qualcomm 宣布其已经实现了边行驶边充电技术的开发，理论上可以让汽车摆脱油箱和电池的束缚——只要有路，车就可以一直开下去。该公司已经成功地在一条长 100 米的道路上进行了测试[36]。这项技术脱胎于 Qualcomm 之前收购的奥克兰大学 Halo IPT 部门，后者早在 20 世纪 80 年代就已经开始了相关的研究。

一旦车用无线电力传输技术通过实用性测试，成功地证明自己的经济性并进入大规模推广，人类的地面交通就将彻底告别化石能源的污染和碳排放，以及常规电动汽车受限于电池容量的行驶里程，其对汽车行业、石油行业、电池行业和整个人类的能源格局都将产生深远影响。

通过对过去 10 年间《麻省理工科技评论》评选出的能源类科技进展进行梳理，我们对这 10 年来能源科技的进步进行了近乎全景式的扫描。虽然不能完全覆盖所有的科技突破，但这 13 项技术足以让我们感受到新能源领域的科学家和工程师们为挽救人类的命运所做出的不懈努力，也让我们对可持续的清洁未来有了一丝信心。

但这个未来，单靠科学家和工程师是远远不够的。气候变化是已经被证明且正在发生的事实，它的灾难性后果也比想象中要来得更快。而人类已经到了需要行动的最后关头。科学家和工程师们已经竭尽全力，那么亲爱的读者，你呢？

专家点评 ❶

李俊峰

（国家应对气候变化战略研究和国际合作中心学术委员会主任）

《麻省理工科技评论》每年都要评选出全球十大突破性技术，本章是对 10 年能源技术创新的总结，分别对成熟能源技术的清洁化、新能源发电技术、智慧电网等 12 大领域的 13 项技术进行了评论。

在成熟能源技术的清洁化方面，《麻省理工科技评论》给大家展示了行波反应堆、太阳能燃料和零碳排放天然气发电等三项技术。其中的行波反应堆技术最引人注目，它可以更加安全、高效、低成本地向人类提供更加清洁的核能。太阳能燃料技术则是利用太阳能可持续的能量，尝试将自然界的二氧化碳的水合成为新兴的合成燃料，它有可能成为人类终极解决化石能源消费产生二氧化碳等温室气体排放的问题。零碳排放天然气发电则是通过高压、闭合回路、纯氧燃烧和二氧化碳超临界循环等技术实现了在很少增加成本的条件下实现化石能源发电的零碳排放。虽然这三项技术尚未实现商业化的应用，但是让人们看到了未来利用化石能源的新天地。

新能源发电技术主要集中在太阳能发电方面，其中包括光捕捉式太阳能发电、超高效太阳能、多频段超高效太阳能、太阳能热光伏电池和 SolarCity 的超级工厂等五项技术。前四项技术把技术创新的主攻方向放在了提高电池组件的太阳能的吸收和转化能力上面。其中前三项是提高光伏电池本身吸收和转化太阳能的能力，而太阳能热光伏发电则是先把太阳能的光能全部转化为热能，再把热能转化为可以被光伏电池全部吸收和转化的特定频谱的光能。这些技术都是有益的尝

试，但是在传统的晶体硅电池自身效率大幅度提升和成本降低面前，这些技术的光彩被时间淹没了。尤其是 SolarCity 的超级工厂的风头已经被中国光伏企业的规模化生产盖过去了。

智慧电网方面的三大技术分别是智能变压器、超级电网和风电、太阳能微电网。其中智能变压器技术可以把电网和"有源"的用户柔性地连接在一起，减少负荷的变化对电网的冲击，同时又可以在电网需要时实现用户侧向电网的反向输电。超级电网的核心技术是解决了直流断路器的制造和风电、太阳能可再生能源发电的数字化管理，前者已经在中国电网企业的柔性直流输电技术上得到了应用，后者已经成为电网对风电和太阳能发电管理的范式。至于太阳能微电网技术，已经在那些大电网尚不能覆盖的地区为稳定电力供应问题提供了解决方案，同时也为大电网覆盖之下的太阳能发电的分布式利用提供了一种新的选择。

总之，《麻省理工科技评论》评选出的 10 年能源技术并没有给人们提供眼前一亮的能源技术解决方案，同时这些技术大都还没有商业化应用，但是它展示了科学家们在能源技术创新方面锲而不舍的努力，也揭示了能源技术和其他技术一样在不断地进步，并且这种进步是叠加的、积累的。它们朝着一个共同的方向前进，使得能源的生产不仅更加清洁，更加低碳，而且成本更加低廉，从而可以可持续地满足人人享有可持续能源的需要。

专家点评 ②

——| 涂建军 |——

（哥伦比亚大学全球能源政策中心研究员）

自18世纪工业革命以来，能源已成为全球经济发展不可或缺的支撑因素。到了21世纪的今天，面对化石能源过度消耗所带来的资源、环境与安全等方面的挑战，技术突破越来越成为能源行业可持续发展的希望所在。通过回顾过去10年所评选出的13项能源领域的科技突破，可以看到未来全球能源行业的发展呈现出以下三大趋势。

1. 全球电气化进程势不可当

电气化就是在国民经济各部门和居民生活中广泛使用电力，而电力也越来越成为各种终端用能的主要选择。从全球范围来看，电气化的驱动因素众多，包括电动汽车的蓬勃发展、热泵在供热领域的广泛应用、工业制造与工艺过程的电力需求演变、中产阶级人数增长所导致的电器与制冷额外用能、能源脱贫进程中的无电人口下降，而数字化更能够进一步推动能源需求的电气化。根据国际能源署（2017年）的预测，到2040年，印度的电力需求增长相当于欧盟当前的用电量水平。而中国的电力需求增长高达全美国的用电需求。有鉴于此，包括2018年基于富氧燃烧捕集为基础的零排放天然气在内，本书梳理的过去10年评选出的所有能源技术突破全部来自电力行业。

2. 低碳发展时不我待

工业化革命以来人类活动带来的温室气体排放，导致地球气候出现了越来越明显的变暖趋势。为应对气候变化，自1992年在巴西里约热内卢通过《联合国气候变化框架公约》后，低碳发展正在成为世界各国经济增长的最小公约数。为控制全球变暖低于2℃并致力于达到1.5℃的温升控制目标，2015年12月达成的《巴黎协议》采取了自下而上的减排架构，由各国根据自身意愿与能力提交国家自主贡献（Nationally Determined Contributions，NDCs）。不过遗憾的是，虽然《巴黎协议》下的NDCs可以带来可观的减排量，但相关机构的评估普遍认为，当前世界各国的减排承诺难以实现全球温升控制在2℃之内的目标。有鉴于多年来国际气候谈判所遇到的挫折与反复，社会各界对低碳能源科技领域的突破寄予了厚望。这也是本书梳理的过去10年来所有能源技术突破全部与低碳发展有直接联系的原因。

全球互联互通和分布式发展是未来能源行业发展相辅相成的两大方向。现代能源工业长期以来的一大特点是集中生产与集中消费。到了21世纪，出现了中国国家电网所倡导的以全球能源互联网为代表的"大即为美"的能源发展理念，即以特高压电网为骨干网架，在全球范围实现电网的互联互通。与此形成对比，在"小即是美"的环保理念驱动下，分布式能源近些年来在各国也取得了长足的发展。有别于认为全球能源互联网与分布式能源发展互相冲突的看法，笔者认为两者之间应该是互相补充、相辅相成的关系。展望未来，洲际层面的电网互联互通，以及社区层面的分布式能源发展，在能源行业都将有一席之地。这也为本书梳理的过去10年的科技突破技术所证实：其中既有代表前者的2013年的超级电网，也有代表后者的2012年的太阳能微电网，更有可以联络两个不同理念的2011年的智能变压器以及历年来的各种光伏发电技术的突破。

除了以上行业发展趋势，本书梳理的过去10年的技术突破也反映了能源科技研发的以下两大特点。

（1）降低物质到终端能源利用之间的转换次数是未来能源科技突破的一大方向。根据爱因斯坦 1905 年提出的质能方程，1 千克质量的物体相当于 2,100 万吨 TNT 爆炸所释放的能量。自 1919 年卢瑟福（Ernest Rutherford）实现了人类历史上第一次人工核反应后，在安全高效的前提下实现由物质到能量转换的核反应就成了能源科技研发的金矿。本书所列的 2009 年的行波堆就是该领域研发的最新进展。不过，由于历史上出现的民用核能领域的数次重大安全事故重创了核能利用的经济性，能源科技突破的重点近些年来越来越多地转向了光伏发电。由于太阳能直接来自太阳中心的核聚变，如果将近年来的光伏研发热，放在历史的维度来看，很可能是人类在实现安全高效的质能转换遭遇挫折后退而求其次的阶段性研发努力。

（2）新能源技术的突破面临着传统能源技术成本效率不断进步的激烈竞争。近些年来，新能源技术突破虽然层出不穷，但来自传统能源技术的成本效率进步也同样不容忽视。虽然本书列举了过去 10 年多达 6 种太阳能发电技术的突破，但根据国际可再生能源署的统计，传统的多晶硅光伏模组的成本在同一时期已经下降了约 80%，这也直接导致了本书所列的光伏发电技术突破迄今无一取得显著的市场份额。另外，虽然近年来光伏、风能等新能源技术取得了长足的进步，但包括煤炭、石油、天然气在内的化石能源技术进步的步伐并没有停滞，这也是时至今日化石能源在全球一次能源消费的占比仍高达 80% 以上的原因之一。

鉴于本书所列的能源技术突破与成功的产业化之间所存在的巨大鸿沟，各国政府需要进一步加大对能源科技研发的支持力度，并通过环境成本的内部化为能源科技创新酝酿好的培育土壤和公平竞争的市场环境。而在未来的能源科技成果的评选中，或许那些令新兴经济体国家有切肤之痛的领域（如空气污染治理、能源扶贫、化石能源的清洁高效利用）也能被选中。

专家点评 ③

——| 罗景山 |——

（南开大学电子信息与光学工程学院教授）

能源是人类永恒的话题，从原始社会的钻木取火到现代社会的星际探索，无处不需要能源。能源奠定了我们人类文明和现代化的基础，无法想象一个离开能源供应的社会：没有电力，没有网络，没有交通运输工具……目前，我们的能源供应主要来自化石燃料，它们不仅储量有限，而且其大规模利用给我们带来了环境和气候问题。工业革命以来，大气中二氧化碳的浓度急剧增加，如果不加以阻止，将会给全球气候带来毁灭性影响。开发清洁和可再生能源已经成为人类共识。过去的 10 年，是清洁能源飞速发展的 10 年，太阳能、风能等新能源在我们的能源供给中所占比例不断提升。《麻省理工科技评论》总结回顾了 2009~2018 年清洁能源方面的 13 项突破性技术，内容涵盖太阳能、风能、新能源电网、核能等，从中可以看出人们从不同角度对清洁能源技术的探索。

其中，超过半数的技术和太阳能利用有关。太阳能取之不尽，用之不竭，太阳照射地球一小时产生的能量足够人类用一整年，是一种理想的清洁能源。如何高效地捕获太阳能并将其转变成我们可以直接利用的能源形式是科学家们一直在研究的课题。太阳能利用技术主要有光伏电池、光热发电、太阳燃料等。高效的光伏电池可以最大限度地吸收太阳光，将其转变成电能。此外，太阳光谱有很大一部分是红外光，它们主要产生热，我们可以直接利用这部分热能烧水供暖，也可以将其转变成电能。由于昼夜交替和天气原因，太阳能具有很强的间歇性，如何把光照时产生的能量存储起来，在需要的时候释放出来是太阳能大规模利用需要解决的问题。太阳燃料技术，将太阳能直接转变成燃料和化学品被认为是存储太阳能最具前景的方式之一。

在新能源中，除了太阳能外，风能等也具有很强的间歇性。一方面，它们产生的电能需要并网才能被大范围地利用；另一方面，它们的间歇性给电网的稳定性带来了极大的挑战。如何尽可能多地接入新能源，同时又能保持电网的稳定运行是新能源大规模利用需要解决的问题。这方面的探索和研究诞生了一些诸如智能电网、太阳能微电网、智能风能和太阳能等相关技术，未来会有更多这方面的技术涌现。

从能源供应体量上看，目前核能与可再生能源相当。经过多年的研究，人类已经掌握了可控核裂变技术并将其用于民用发电，但也领教过核电站失控给我们带来的惨痛教训。核能的安全性以及核废料的处理方式一直是具有争议性的话题。开发更加安全、环保、经济的核能利用方式是核能未来的发展方向，如果无法解决这些问题，核能可能面临被淘汰的风险。另外一个具有前景的方向是可控核聚变技术，类似太阳内部的氢核聚变。利用这种技术，我们可以造出"人造太阳"，这将会给我们的能源供应带来革命性的变化。

基于这些突破性技术，也产生了一些创业公司，虽然有些公司在创业的道路上未能走到尽头，但它们提出的想法和创意却给我们提供了新的思路和启示。虽然跨度 10 年，但书中提到的很多技术至今仍是我们研究和关注的对象。我相信，经过我们的不断努力和探索，总有一天，我们可以找到终极清洁能源解决方案。

本文参考文献

国际能源署（2017）世界能源展望 2017. 国际能源署：巴黎.

国际能源署（2018）世界能源平衡表 2018. 国际能源署：巴黎.

国际可再生能源署.

政府间气候变化专门委员会.

刘振亚（2015）全球能源互联网. 电力工业出版社：北京.

Bruce Cameron Reed (2014) The History and Science of the Manhattan Project. Springer: Heidelberg New York Dordrecht London.

UNDESA (2012) A guidebook to the Green Economy. UN Division for Sustainable Development.

参考文献

[1] 联合国. 应对气候变化：分化世界中的人类团结 [R]. 2008.

[2] BROWN P T, CALDEIRA K. Greater future global warming inferred from Earth's recent energy budget[J]. Nature, Macmillan Publishers Limited, part of Springer Nature. All rights reserved., 2017, 552: 45.

[3] TEMPLE J. Global Warming's Worst-Case Projections Look Increasingly Likely[EB/OL]. MIT Technology Review, 2017. (2017).

[4] ROTMAN D. Hot and Violent[EB/OL]. MIT Technology Review, 2015. (2015).

[5] TEMPLE J. At this rate, it's going to take nearly 400 years to transform the energy system[EB/OL]. MIT Technology Review, 2018. (2018).

[6] SCOTT KIRSNER. How a biofuel dream turned into a nightmare[EB/OL]. The Boston Globe, 2018. (2018)[2018-04-26].

[7] ALLAM R J, PALMER M R, BROWN G W,et al. High efficiency and low cost of electricity generation from fossil fuels while eliminating atmospheric emissions, including carbon dioxide[C]//Energy Procedia. Elsevier B.V., 2013, 37: 1135-1149.

[8] ALLAM R, MARTIN S, FORREST B,et al. Demonstration of the Allam Cycle: An Update on the Development Status of a High Efficiency Supercritical Carbon Dioxide Power Process Employing Full Carbon Capture[J]. Energy Procedia, The Author(s), 2017, 114(November 2016): 5948-5966.

[9] TEMPLE J. Potential Carbon Capture Game Changer Nears Completion[EB/OL]. MIT Technology Review, 2017. (2017).

[10] GOLDBERG S M, ROSNER R. Nuclear Reactors: Generation to Generation[M]. American Academy of Arts and Sciences, 2011.

[11] HEJZLAR P, PETROSKI R, CHEATHAM J,et al. Terrapower, LLC traveling wave reactor development program overview[J]. Nuclear Engineering and Technology, Korean Nuclear Society, 2013, 45(6): 731-744.

[12] JACKSON N. How It Works: Traveling-Wave Reactor[EB/OL]. The Atlantic, 2010. (2010).

[13] WIKIPEDIA. Traveling wave reactor[EB/OL].

[14] Photovoltaics[EB/OL]. Wikipedia.

[15] INTERNATIONAL ENERGY AGENCY (IEA). Snapshot of global photovoltaic markets[R]. 2017(T1-31:2017).

[16] LEE T D, EBONG A U. A review of thin fi lm solar cell technologies and challenges[J]. Renewable and Sustainable Energy Reviews, Elsevier Ltd, 2017, 70(November 2016): 1286-1297.

[17] CATCHPOLE K R, POLMAN A. Plasmonic solar cells[J]. 2008, 16(26): 21793-21800.

[18] WANG U, 杨一鸣. Ultra-Efficient Solar 超高效太阳能 [G] 科技之巅. 北京：人民邮电出版社, 2016: 257-267.

[19] 赵青晖. 汉能的"砷化镓太阳能电池"优劣在哪？[EB/OL].

[20] New world record for solar cell efficiency at 46% – French-German cooperation confirms competitive advantage of European photovoltaic industry[EB/OL]. Fraunhofer Institute for Solar Energy Systems ISE, 2014. (2014).

[21] ORCUTT M. Ultra-Efficient Solar Power 多频段超高效太阳能 [J]. 2013: 216-220.

[22] KOLAR J W, HUBER J E. Fundamentals and Application-Oriented Evaluation of Solid-State Transformer Concepts[J]. (6).

[23] CONDLIFFE J. China is installing a bewildering, and potentially troublesome, amount of solar capacity[EB/OL].

[24] FREEDMAN D H. Smart Transformers[J]. MIT Technology Review, 2013(June 2011): 24.

[25] DAVIS S. Are Solid-State Transformers Ready for Prime Time?[EB/OL].

[26] GRAND VIEW RESEARCH. Solid State (Smart) Transformers Market Analysis By Product, By Component (Converters, High-frequency Transformers, Switches), By Application, By End-use, By Region, And Segment Forecasts, 2018 - 2025[R]. 2018.

[27] 杨一鸣. Supergrids 超级电网 [G]2013: 229-233.

[28] BULLIS K. Smart Wind and Solar Power[J]. MIT Technology Review, 2014, 117(3): 44-47.

[29] 远景 . 远景孔明新能源功率预测产品 [M].

[30] SINGH S. Solar Microgrids[J]. Technology Review, 2012, 115(3): 39-40.

[31] WHARTON SCHOOL. How Innovative Business Models Can Bring Cheap Energy to Poor Communities[M]. 2018.

[32] WHARTON SCHOOL. How Innovative Business Models Can Bring Cheap Energy to Poor Communities[M]. 2018.

[33] 经济参考报 . 光伏"造血"扶贫面临融资等多重难题 [EB/OL].

[34] HARRIS M. Power from the Air[EB/OL].

[35] RILEY J. Transmitting Power by Radio[J]. Radio News magazine, 1925: 766.

[36] QUALCOMM. Qualcomm Halo[EB/OL].

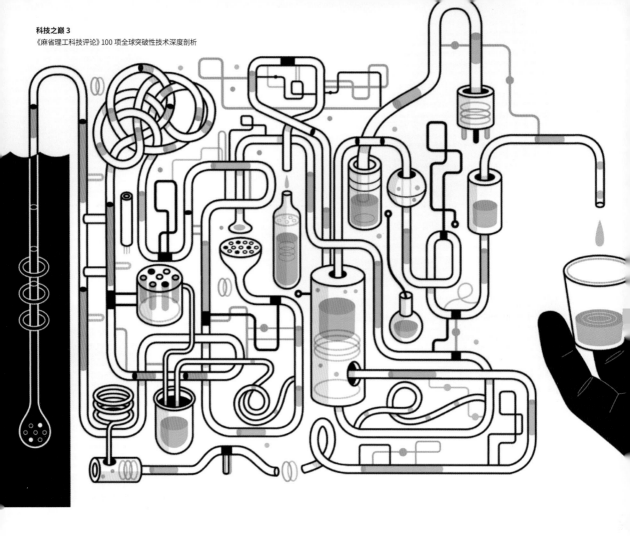

第八章
先进材料，
改变人类生活，
助力社会发展

撰文：马振辉

主要技术：

入选年份	技术名称
2009	Liquid Battery 液态电池
2009	Nanopiezo Electronics 纳米压电器件
2010	Green Concrete 绿色混凝土
2011	Solid State Battery 固态电池
2012	High-Speed Materials Discovery 高速筛选电池材料
2013	Additive Manufacturing 增材制造技术
2014	Microscale 3-D Printing 微型 3D 打印
2015	Nano-Architecture 纳米结构材料
2015	Megascale Desalination 超大规模海水淡化
2018	3-D Metal Printing 3D 金属打印

在人类社会的发展过程中，材料的发展水平始终是时代进步和社会文明的标志。人类和材料的关系不仅广泛、密切，而且非常重要。事实上，人类文明的发展史，就是一部如何更好地利用材料和创造材料的历史。

25,000 年前，人类开始学会使用各种用途的锋利石片；10,000 年前，人类第一次有意识地创造了自然界所没有的新材料——陶器原料，这一创造新材料的举动标志着人类社会步入了文明时代。继陶器时代之后，由于生活方式的变化和战争等方面的原因，人类发明了青铜冶炼技术。后来，罗马人发明了水泥，腓尼基人发明了玻璃，这些传统材料至今仍然被现代社会大量使用。

19 世纪中叶，现代平炉和转炉炼钢技术的出现，使人类真正进入了钢铁时代。20 世纪中叶以后，人工合成高分子材料以及先进陶瓷开始登上人类的历史舞台。20 世纪 50 年代，单晶锗和单晶硅以及化合物半导体等相继问世，使电子技术领域由电子管发展到晶体管、集成电路、大规模和超大规模集成电路，人类社会进入信息化时代。

20 世纪 70 年代，材料、信息和能源被列为社会文明的三大支柱。当然，信息和能源的发展也离不开材料的创新与进步。半导体电子元器件、磁存储介质以及电缆光纤通信等领域都依赖信息功能材料的升级；而电池材料、储氢材料以及超导材料等为人类开辟新能源提供了明确方向。

材料的发展与科技的进步密不可分。材料性能的提升，促进了科技进步，如电池材料的电容量提升使电动汽车的续航能力更加强劲；同时，科技的进步也带动了材料性能的提升和新型材料的出现，如 3D 打印技术的出现使结构材料的性能得到优化。可以说，人类对材料的认识和利用的能力，决定着社会的形态和人类生活的质量。为此，本章梳理了过去 10 年《麻省理工科技评论》十大突破性技术中与材料息息相关（或技术导致材料革新）的重大突破性技术，旨在为读者打开一扇从新视角解读材料的窗户。

3D 打印、反渗透淡化技术，产业结构正在被改变

1. 先进制造技术

在著名的国产电影《十二生肖》中，成龙饰演的角色采用一种先进的技术快速制造了一个生肖塑像，达到了以假乱真的效果。这种先进技术就是 3D 打印技术。

我们知道，在传统制造技术中，一般先制造出固定形状大小的材料，然后通过切削等工艺制造出我们最终所需大小和形状的零件。而 3D 打印技术将材料粉末按照一定的形状进行"堆砌"，最终实现零件的制造。3D 打印机与普通打印机的工作原理基本相同，只是打印材料不同。普通打印机的打印材料是墨水和纸张，而 3D 打印机内装有金属、陶瓷、塑料、砂等不同的打印材料，通过电脑控制可以把打印材料一层层叠加起来，最终

3D 打印机

把计算机上的蓝图变成实物，因此它又被称为增材制造技术。这种新型技术避免了传统制造中出现的大量材料浪费，且在制造复杂的几何零件中表现出明显的优势。

如何将 3D 打印技术应用于大规模生产中，一直是人们关注和研究的重点。

通用电气（GE）一直致力于这方面的研发工作。2012 年秋天，GE 收购了两家拥有自动化精确生产金属 3D 打印技术的公司，并将其技术整合到 GE 的飞机制造部门——GE 航空的运营中。GE 航空首先将 3D 打印技术应用到飞机发动机的燃料喷嘴领域。在制备过程中，使用计算机控制激光器。把激光束精确地打到钴 - 铬合金粉末床上，让所需区域的金属合金熔化，一层一层地产生 20 微米厚

的材料层。这种采用增材制造技术的燃料喷嘴，其重量却只有传统方法生产的喷嘴的 25%，所需的零件数从 18 个减少到 1 个，并增加了许多过去无法实现的新设计，例如更精巧的冷却路径等，其耐久性也提高了 5 倍[1]，可承受约 1,648.89℃的高温[2]。这些好处极大地提升了喷嘴的性能。预计 GE 每年将生产超过 3 万个这种喷嘴。由于机器可以日夜不停地连续运行，因此该技术在制造复杂的形状时速度更快，优势更加明显。

随后，GE 的工程师用钴 - 铬合金 3D 打印了用于 90-94B 型发动机上 T25 传感器的外壳。负责该项目的经理 Jonathan Clarke 估计，该技术突破了传统制备技术无法实现的复杂几何工艺，节省了至少一年的研发时间。如今，许多现役的波音 777 等飞机都已成功换上了这种新型传感器外壳[3]。除此之外，还有一些涡轮螺旋桨发动机的零件也用 3D 打印技术生产。GE 健康部门也开发出一种打印换能器（用于超声波机器）的方法。GE 电器部门采用增材制造技术来进行原型的快速设计和制造，每年可设计出 15,000 个部件[4]。GE 石油和天然气部门则用 3D 打印来生产涡轮机原型和开发新型泵部件。GE 还正与美国能源部合作，共同开发采用 3D 打印部件的高效海水淡化设备[5]。

为了实现 3D 打印技术的产业化，2015 年 GE 花费 2 亿美元在印度建立了工厂，专门生产飞机发动机和风力涡轮机等设备的部件，还用 3D 打印技术生产替换零件。过去，替换

零件通常需要大批量生产和存放,耗费了大量的资源。而现在,3D 打印技术提高了替换零件的生产速度,周期从 3~5 个月缩短到 1 周左右,并且不需要提前大批量生产,节省了可观的成本[6]。2016 年 4 月,GE 再一次斥巨资在宾夕法尼亚州的匹兹堡建立了增材制造旗舰中心——增材技术进步中心,旨在研发相关的硬件与软件,探索增材制造在各个领域的实际应用[7]。

目前,GE 的工程师正开始研究如何用更多的金属合金(包括一些专为 3D 打印设计的材料)来进行增材制造。比如,GE 航空正在检验钛、铝和镍铬合金的可行性。单个部件可以由多种合金制成,这让设计师可以定制部件的材料特征,这是铸造过程做不到的。举个例子,发动机或涡轮机的一片叶片可以由不同的材料制成,这样,叶片的一端可以为了强度而优化,而另一端则为了耐热性而优化。就目前而言,GE 的发动机喷嘴这个小到可以放在手掌中的部件,将是对增材制造技术掀起的复杂高性能产品制造革命的第一次重大检验。

事实上,在 GE 之前,3D 打印技术已被用于制造一些市场定位明确的产品(如医疗植入设备),还被工程师和设计师用来制造塑料原型。然而,把这项技术用于大规模生产数千台喷气式飞机发动机的重要合金组件,仍然是一个意义重大的里程碑。增材制造技术被 GE 公司用于对航空、能源、健康等领域进行彻底的改造,因而入选《麻省理工科技评论》2013 年度十大突破性技术。

相较于 GE 公司在 3D 打印技术规模化生产方面取得的成果,哈佛大学的材料科学家 Jennifer Lewis 正在从另外一条道路研究 3D 打印的新应用。

Lewis 开发出了先进的微型 3D 打印技术,使用更广泛的材料作为 3D 打印机的"油墨",例如活细胞、半导体等。这种技术可以打印许多新材料并有望打印出精密的电子设备和人体器官,开启了 3D 打印的新篇章,因此入选《麻省理工科技评论》2014 年度十大突破性技术和 2015 年"50 大最聪明公司"(《麻省理工科技评论》公布的另外一个榜单)。

打印电子设备与人体器官,是 Lewis 聚焦的两大方向。2013 年 Lewis 团队打印出了微电极等微型锂离子电池部件。他们还打印了很多其他的东西,例如带有传感器的塑料贴。运动员们也许有一天会戴上这些塑料贴,来监测脑震荡、测量猛烈的冲击等。2014 年,Lewis 的研究团队采用多种细胞以及支撑这些细胞的基质材料组成打印"油墨",首次打印出了带有复杂血管网络的生物组织。另外,他们还用低温时会自行液化的"油墨"创造出一种空心管结构,再在其中注入血管内皮细胞,从而发育成血管,有望解决一个困扰人们多年的问题:在创造出用于测试药物或进行移植的人造器官时,如何创造出血管系统,从而让细胞存活。下一步,他们准备打印功能性肾脏。目前,他们已经能打印出肾脏的基本功能单元——肾单位（也称肾元），不仅能帮助药厂加快筛选药物的速度，还能帮助科学家加深对肾脏细节的理解。

2014 年，Lewis 成立了一家名为 Voxel8 的公司，用来商业化世界上第一台可打印嵌入式电子设备等新型器件的多材料 3D 打印机[8]。这种打印机能同时打印多种材料，例如导电的含银油墨和塑料。这可以使工程师抛弃传统的电路板，创造出新颖轻巧的设计。这种新型油墨不仅拥有良好的导电性，还能在室温下打印并保持形态，可用来连接计算机芯片和电动机这类传统零件，打印出天线等电子元件。Lewis 还希望未来人们在自己家中就可以打印出计算机零件或机器人玩具[9]。

2015 年年初，Voxel8 的第一种产品开始正式接受预订，售价 9,000 美元，被誉为"世界上第一台电子设备 3D 打印机"[10]。该公司在 CES（Consumer Electronics Show，国际消费电子展）上用这台设备展示了打印迷你四轴无人机的过程，获得了 CES "2015 年最佳创意奖"，还获得了 2015 年"爱迪生奖"的金奖[11]。2015 年，获得 1,200 万美元 A 轮融资的 Voxel8 被《麻省理工科技评论》评为 2015 年"50 大最聪明公司"之一[12]。Lewis 本人也获奖无数，除了学术上的奖项以外，还被《快公司》评为 2015 年最具创造力的商界人物之一。

2016 年 3 月，Lewis 的团队再次取得重大突破，用人体骨髓干细胞等多种材料打印出带有血管的组织，将打印厚度提升了 10 倍，达到了 1 厘米。打印出的组织存活了 6 周时间，还在骨生长因子的作用下向骨细胞分化了 1 个月，让人们看到了器官打印的前景。[13]

Lewis 的发明的秘诀在于让油墨在制造过程中同时打印。每种油墨的材料都不同，但它们都可以在室温条件下被打印出来。不同的材料意味着不同的挑战，比如细胞在被挤出喷嘴时很脆弱，容易死亡。不管用什么材料，油墨的配方都必须调制得既能在压力下流出喷嘴，又能在目标位置保持形状。

此外，他们将 3D 打印延伸向第四维——时间，研发出了微型 4D 打印。他们的灵感来自大自然中的结构。例如，植物中的微结构会对环境刺激做出反应，让花和叶随时间改变形状。通过模拟卷须、叶片和花朵等植物器官对湿度、温度等环境刺激的反应，Lewis 的团队打印出了一种能在水中改变形状的水凝胶复合结构。这些纤维可用计算机编码出遇水变形的细节。在未来，甚至可以用导电材料替换纤维，实现更多的可能性，有望在智能纺织物、柔性电子设备和组织工程学等新兴领域中大展拳脚[14]。

目前，许多研究机构正在致力于微型 3D 打印技术的开发，并取得了一定的成果。2017 年，麻省理工学院、新加坡国立大学与 New Balance Athletics 合作研发出可根据人体湿热度来自我冷却的跑步服和鞋子。在这项研究中，研究人员用一种基于液体沉积的微型 3D 打印技术将大肠杆菌引入基材，从而实现了基材的自我调节效果。未来的工作将侧重于细胞的稳定性，以确保在相当长的一段时间内这种能自我冷却的"活"衣服是可持续的[15]。德国的 Nanoscribe 公司一直致力于微型 3D 打印机的研发和制造。据报道，2017 年，Nanoscribe 的 3D 打印机销售（特别是其高分辨率激光光刻机）及其微制造服务产生的销售额高达数千万美元。目前，Nanoscribe 的 3D 打印技术可用于制造指尖陀螺，高精度的光学微透镜、衍射光学元件，用于生物打印的纳米级支架等[16]。

除了大规模生产的问题，制约 3D 打印技术发展的另一个重要因素是成本昂贵。

3D 打印技术在使用任何非塑料材料（尤其是金属）时，成本非常昂贵，速度也慢得让人无法接受。为了摆脱这一困境，一种实用型金属 3D 打印机已经被研发出来，因此入选《麻省理工科技评论》2018 年度十大突破性技术。

2017 年，来自劳伦斯·利弗莫尔国家实验室（Lawrence Livermore National Laboratory）的研究人员研发出一种 3D 打印不锈钢零部件的方法，通过这种方法生产出来的零部件的强度是传统方法的两倍。这项技术的优势在于它可以生产出更轻、更坚固的金属零部件，以及用传统金属加工方法无法制造出来的复杂形状的零部件。它甚至可以在制造过程中精确调控金属的微观结构。

同年，位于波士顿附近的 3D 打印初创公司 Markforged 发布了第一台价格在 10 万美元以下的金属 3D 打印机。

而另一家位于伯灵顿的 3D 打印初创公司 Desktop Metal 也在 2017 年 12 月开始交付其第一台金属原型 3D 打印机。该公司还计划推出体积更大、用于工业制造的打印机，它们的速度将会比之前的金属 3D 打印机快 100 倍。

金属 3D 打印的操作如今也变得越来越容易。Desktop Metal 公司现在推出了一款用于金属 3D 打印的软件。使用者只要在软件中输入他们所要打印的物体规格，软件就会生成一个适用于 3D 打印的计算机模型。

GE 公司也不甘落后。早在 2013 年"十大突破性技术"中就曾提到其"增材制造"：将 3D 打印技术用于它的航空产品生产中。该公司现在也正在测试一款新型金属 3D 打印机，该打印机的打印速度很快，可用于大型零部件的生产。而 GE 曾计划在 2018 年开始销售该金属 3D 打印机。

如果这种可用于零部件生产的实用技术被广泛应用，那么将有可能改变我们大规模量产产品的方式。短期来看，有了这项技术后，制造商们将不再需要维持大量的库存，他们可以按需打印一个部件。比如说，当顾客需要给旧车替换一个零部件的时候，就可以立即提供给他。长期来看，那些大规模生产某一特定零部件的大工厂将会被产品线丰富的

在 1400℃的微波炉中烧结液压歧管的钢铁部件，如此复杂的部件用传统方法很难制备

小工坊所取代。这些小工坊将能按照顾客的需求随时打印出各种各样的零部件。

目前金属 3D 打印主要有三个趋势：大尺寸、精致化、自动化。在德国法兰克福举办的 3D 打印最专业的展览 Formnext 2017 上，GE 展出了可打印出尺寸达 1 米 × 1 米 × 0.3 米的航空零部件，并强调未来可以提高到 1 米 × 1 米 × 1 米。另外，在自动化部分，GE 也以燃油喷嘴尖端为例，通过 3D 金属打印，制造工期可由 15~18 个月缩为 3~5 个月，而且此喷射引擎的零件可由近 20 件整合成 1 件。金属 3D 打印也可与机器手臂、"工业 4.0" 概念结合，提升制造业的自动化程度。在 Formnext 2017 上，业者展出的不少设备都已量产，或是正朝量产的方向走，由此可以看出，金属 3D 打印的商业运转已经可行。但相较于传统的铸造或锻造工法，金属 3D 打印还有几个阻碍：一是机器设备以及金属粉末的成本都仍偏高；二是尽管目前金属 3D 打印已经使用了四只激光器，可同时工作，但以用户的角度来看，速度还是很慢。

得益于 3D 打印技术的发展，2015 年加州理工学院的科学家 Julia Greer 的实验室通过 3D 激光光刻技术，制造了世界上最坚硬和轻盈的新型陶瓷材料，同时它还不易碎。

在 Greer 制作的演示视频中，研究人员用实验室中的仪器按压一小块方块形材料，压力逐渐增大，方块在轻微的震颤中开始瓦解。但是令人惊奇的是，当压力被移除时，之前仿佛要塌缩瓦解的小方块瞬间复原。研究人员还发现这种恢复力是可控的，当结构中的纳米梁的厚度大于 10 纳米时，晶格将完全破碎，不会恢复原状；而当纳米梁厚度小于 10 纳米时，神奇的恢复力将会出现。

这款新型陶瓷采用 3D 打印的有机物支架作为支架。通过 3D 激光光刻技术，先在激光的闪烁中构建错综复杂的有机物支架，然后给这些支架覆盖金属或者陶瓷的涂层，当有机物支架被氧等离子体清理掉后，这些涂层覆盖物仍然可以保留复杂的结构。最终的成品就是一小块精确纳米级的复杂结构，像建

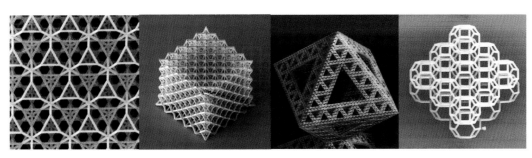

微型 3D 打印制备的纳米结构陶瓷

造埃菲尔铁塔一样，支撑梁一步步达到错综复杂的十字交叉，不同的是这里的支撑梁只有 10 纳米厚。最终制造出的纳米级别精确控制的金属 / 陶瓷纳米晶格仍能保留优良的机械性能。由于该技术拥有巨大的潜在运用空间，被《麻省理工科技评论》评为 2015 年度十大突破性技术。

如果大规模生产此类材料成为现实，那么用它代替现时工业中大量使用的复合材料将极具潜力：仅用复合材料 1/10 的重量却仍然一样坚硬。另一个潜在的应用是提高电池的能量密度，即在相同尺寸的电池里储存更多的电量。以前像硅这样的材料拥有很高的电池能量密度，但是通常无法承受普通的张力，现在可以在硅电极表面覆盖一层金属纳米晶格，从而大大提高材料的韧性。麻省理工学院副教授 Nicholas Fang 也指出，由于纳米结构的材料具有超大的表面积，结合轻量的特性，便携式快速充电电池也将成为现实[17]。

Greer 的合作伙伴——加州马里布 HRL 实验室（Hughes Research Laboratories），现为 Boeing 旗下的研究院。2015 年年底，Boeing 宣布将 HRL 研发的"世界上最轻的金属"投入飞机零部件的运用研究。如果飞机机舱门和内壁都采用纳米晶格金属材料的话，那么飞机的重量将大幅减轻，燃料的使用效率将大幅提高。HRL 构架材料组经理 Bill Carter 说："现代建筑有许多优秀的杰作，埃菲尔铁塔、金门大桥凭借精巧的架构设计达到了让人难以置信的轻重量和稳固。我们正是把现代建筑

的精巧设计搬到了微观世界，同样实现了惊人的轻量金属。"目前，HRL 的研究人员正在努力实现金属纳米晶格的各种应用，包括化学催化剂、声学、减震等[18]。

同时，Greer 对不同的材料尝试了纳米结构制造法。在发光二极管表面上覆盖纳米晶格可以精确控制光的流量，在绝热材料中加入纳米晶格可以精确地控制热量的流动。她和两家电池制造商合作，致力于提高电池的能量密度；她还和一个生物团队合作，期望制造出纳米晶格来引导人体骨头（比如耳朵中的听小骨）的生长。目前这项技术还存在两个明显的缺陷：产品尺寸和制造速度。格里尔和她的合作伙伴们无法制造出比手掌更大的纳米结构材料；Greer 展示的 6 平方毫米的陶瓷纳米晶格薄片跟普通办公室纸张的厚度一样，却要耗费一周的时间来制造。

2018 年，Greer 团队再次有所斩获。他们开发出一种技术，使 3D 打印复杂的纳米金属结构成为可能。一旦其过程被放大，它就可以用于在计算机芯片上创建 3D 逻辑电路、构建微型医疗植入物以及设计超轻型飞机组件等。现有的大多数金属增材制造（Additive Manufacturing，AM）方法将分辨率固有地限制在 20~50 微米，这使它们不能用于生产具有较小尺寸特征的复杂金属 3D 打印结构。该团队开发了一种基于光刻技术的工艺，以创建具有约 100 纳米分辨率的复杂纳米级 3D 打印金属结构。首先合成含镍的杂化有机－无机材料以产生富金属光刻胶，然

后使用双光子光刻来雕刻 3D 聚合物支架，并将它们热解以使有机物挥发，产生超过 90% 质量含量的含镍结构。纳米力学实验揭示其强度比为 2.1~7.2 MPa/（g/cm^3），这与使用现有金属 AM 工艺制作的晶格结构相当。这一成果发表在 *Nature Communications* 杂志上[19]。

　不难看出，这些创新的方法都是使用 3D 激光光刻制备有机物的结构模型，在模型上覆盖金属或陶瓷材料后除去有机物。说是 3D 激光光刻成就了纳米晶格材料，一点都不为过。所以笔者认为，能否制造出大尺寸的纳米晶格材料，取决于 3D 激光光刻的打印尺寸。纳米结构材料的进步离不开台前努力的材料科学家，也离不开提升定义纳米材料尺寸的光刻机的工程师们。

可见，3D 打印技术无疑是先进制造技术的一个重要方向，有着十分广阔的发展前景，并且这项技术在制造业领域已开始产生重大的商业影响。在最初的时候，受限于工艺技术以及较高的加工成本，3D 打印技术并没有受到太多的青睐。然而，随着技术的不断完善和进步，3D 打印技术在某些原料昂贵、加工精度要求特别高的制造领域呈现出越来越大的优势。尤其在高端制造业，这一技术的商业应用空间十分广泛。

2. 环境能源材料

（1）电池材料

电池技术在可持续清洁能源发展中起着重要的作用。相比于传统的镍氢电池、铅酸电池，锂离子电池具有能量密度高、无记忆效应、环境污染小等特点，被广泛应用在能量存储与转化的领域。从 1991 年 Sony 将含有液态电解质的锂离子电池带入电子设备的应用至今，液态锂电池已经成为目前最为成熟、使用最广泛的技术路线之一。如今，锂离子电池已经作为动力电池在电动汽车如 Tesla、比亚迪中使用，具有极大的市场份额。预计 2020 年全球锂离子电池市场的规模有望达到 4,500 亿元[20]。

然而，在电动汽车使用的液态锂电池中，大部分零件本身并不能存储电能（如冷却系统和支撑材料等），这使电动汽车变得笨重，且成本高昂。因此，2007 年 Ann Marie Sastry 成立了一家名为 Sakti3 的公司，致力于固态锂离子电池的研发。在保证相同性能下，这种电池的体积仅为传统液态锂离子电池的 1/3~1/2[21]。

固态电池的原理与液态电池相同，只不过其电解质为固态，具有的密度以及结构可以让更多的带电离子聚集在一端，传导更大的电流，进而提升电池容量。因此，同样的电量，固态电池的体积将变得更小。传统的电池使用液体电解质，会导致电池阴极溶解而易产生爆炸。固态电池中由于没有电解液，封存将会变得更加容易，在汽车等大型设备上使用时也不需要再额外增加冷却管、电子控件等，不仅节约了成本，还能有效减轻重量。

Sakti3 公司的 **Ann Marie Sastry** 正在寻求轻质低成本电池的产业化途径

尽管此前有不少公司也尝试过用固态物质作为电解质，但大都失败了。加拿大 Avestor 公司也曾尝试研发固态锂电池，最终 于 2006 年正式申请破产。Avestor 公司使用一种高分子聚合物隔膜，代替电池中的液体电解质，但一直没有解决安全问题。其将固态锂电池安装在 U-verse 有线电视盒内，但在北美地区发生过几起电池燃烧或爆炸事件[22]。Sakti3 的固态电池采用的是薄膜沉积技术，这一技术往往用于光伏太阳能电池。电池内部没有液体电解质，而是采用了一种"夹层"装置充当电解质，以保证离子间的正常传输。由于 Sastry 研发的固态电池具有良好的稳定性和使用寿命，被《麻省理工科技评论》评为 2011 年度十大突破性技术。

此外，Sastry 已经编写了相关的模拟仿真软件，用于预测材料和相关部件组合在固态电池中的行为。或许，现在最具考验的地方在于价格。液态锂电池的成本在 200~300 美元 / 千瓦时，如果使用现有技术制造足以为智能手机供电的固态电池，其成本会达到 1.5 万美元，而足以为汽车供电的固态电池的成本更是达到令人咋舌的 9,000 万美元。

Sastry 表示，固态电池生产成本居高不下的一个重要原因在于生产效率低下。按照 Sastry 的规划，Sakti3 最终将会把电池的成本降低至 100 美元 / 千瓦时，不过，她并没有给出最终的时间表[23]。

真空沉积限制了固态电池的厚度，这反过来又限制了它们的能量存储容量。因此，这些薄膜电池只能有限地使用在小型设备中。Planar Energy 公司已经研发了一种卷到卷（Roll to Roll）的生产工艺，来制造更大型的固态锂离子电池。2011 年春天，该公司收到来自美国能源部先进研究计划署（Advanced Research Projects Agency–Energy）项目授予的价值 400 万美元的基金，该公司说，其压印的固态电池的存储量是相同尺寸的液体锂离子电池存储量的 3 倍多。存储能量的增加可能主要是因为该公司的全固态电池不需要许多在传统电池中占据空间的支撑结构和材料，从而拥有了更多的能量存储空间。Planar Energy 公司预计，与使用高真空机械制造的固态电池相比，其能减少一半的投资费用。该公司表示，其生产工艺可以用来生产足以驱动电动汽车的大电池[24]。

2015 年 3 月中旬，真空吸尘器的发明者、英国 Dyson 公司创始人 James Dyson（詹姆斯·戴森）将其首笔 1,500 万美元的投资投向了固态电池公司 Sakti3。同年 10 月，Dyson 以 9,000 万美元收购了 Sakti3 电池研发公司，并将其创办人兼技术研发工程师 Sastry 纳入麾下，持续钻研固态电池技术。目前，已有超过 400 人的团队正在推进搭载固态电池的电动汽车的研发工作，预计 2020 年正式亮相[25]。

2018 年，比利时大学 IMEC（校际微电子中心）研制出一种创新型固态锂离子电池，充电两小时就达到每升 200 瓦时的能量密度。为了进一步提升电池性能，IMEC 正研究把纳米颗粒电极与纳米复合材料电解质结合在一起。IMEC 使用超薄涂层作为缓冲层，以控制活性电极和电解质之间的相互作用[26]。

在我国政策的鼓励下，我国企业在高性能动力电池方面也获得了更大的发挥空间。赣锋锂业公司研发的固态锂电池仍处于试验阶段，但已通过多项第三方安全测试。公司希望在 2019 年以具有竞争力的价格大规模生产固态锂电池并向市场推广[27]。

除了固态电池，锂电池的另一条发展道路是生产大尺寸电池以用于电网级储能。

在现代社会，电力与现代化紧密挂钩，所以电力网络就显得格外重要，甚至可以说电力网络是世界上最大的供应链，而且要求零库存。要解决这个问题，就势必涉及储能的广泛应用。对于太阳能、风能这些可再生能源来说，它们普遍都具有间歇性供应的问题，且存在弃光弃风现象。所以，如果要更好地发挥它们的效能，就必须有一整套的储能解决方案。此外，全球电力资源的分配十分不平衡。人类若想摆脱化石燃料，就必须在现有的电力系统中加入关键的储能环节，让电力在空间和时间上得到更合理的再分配。目前，锂电池由于受到能量密度、成本、安全性等因素的限制，无法胜任电网级储能[28]。

电解铝行业通常配有大型生产设备，24 小时不间断工作，以规模效应降低成本，获取 1 千克铝的成本不足 1 美元。受此启发，美国麻省理工学院的 Donald Sadoway 教授团队尝试将类似电解铝的步骤逆向操作，在 2009 年得到了液态金属电池，有望实现大规模且廉价的电力存储，被《麻省理工科技评论》评为 2009 年度十大突破性技术[29]。

Sadoway 设计的液态金属电池如下页图所示，其由三层液态物质从下而上组成：底层是液态锑，上层是液态镁，中间由熔盐电解液分隔。在放电过程中，镁失去两个电子变成镁离子，镁离子通过电解液，从锑分子中获得两个电子，形成镁锑合金。与电源相连后，镁锑合金分解，镁离子"游"回上部电极，还原到初始成分。

Sadoway还持续在元素周期表上检索更廉价、表现更好的电池配方。"设计总是从元素周期表开始的。"这是门捷列夫的名言。研究团队还发现钙这种廉价的金属材料有望应用到液态金属电池，能提高电池电量输出的潜力。

目前液态金属电池的寿命很长，损耗率低，即使每天进行一次充放电操作，持续 10 年后仍能保有初始容量的 99%。Sadoway 甚至认为，液态金属电池可能是"永生"的。液态金属电池结构远比锂电池简单，三层液态材料密封在坚固的外壳中。即使外壳逐渐腐蚀，里面的液态材料也可以被非常便捷地提取出来，并重新利用。从这个角度而言，液态金属电池可能重新定义了电池回收。

2011 年，Sadoway 的液态金属电池公司 Ambri 开张，获得了包括比尔·盖茨在内的企业家的投资。Sadoway 预期，首个商业化产品会在 2020 年前交付客户。

商业化进程中要克服哪些问题？ Sadoway 团队最先造出的是容量只有 1 瓦时的元胞电池，他们称之为"小酒杯"。而商业化的液态金属电池产品，设计储电量 1,000 千瓦时，功率 350 千瓦，体积 18 立方米，总重量 15 吨，支持 1,000 伏直流电。

由于生产工艺流程中可能会出现一些问题，Sadoway 需要把可靠性提高到六西格玛，也即 100 万个部件里容错 1 个缺陷，远超实验室的标准——1%。

目前，这种电池已稳定安全地测试运行了 4 年，即使遭遇火灾也安然无恙。但 Sadoway 希望它的寿命能达到二三十年。

Sadoway 介绍了两家有意向的客户，都是电网上的"孤岛"：夏威夷和曼哈顿。由于夏威夷岛上没有可供发电的自然资源，长期进口柴油燃烧发电，曾是全美电费最贵的地方。如今，夏威夷正在大力发展太阳能发电，储能问题亟待解决。曼哈顿岛上则有大量金融机构和数据机构的服务器，耗电量巨

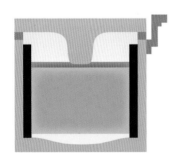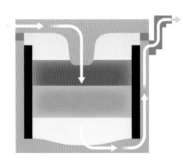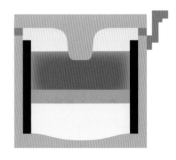

新型电网蓄电池的熔融活性组分（彩色带：蓝色表示镁；绿色表示电解质；黄色表示锑）保存在一个容器中，用于传导和收集电流（左）。当电流流入电池（中）时，电解质中的镁离子获得电子并形成金属镁，金属镁连接熔融的镁电极；同时，锑离子失去电子以在相反的电极处形成金属原子。随着金属的形成，电解质收缩且电极生长（右）。在放电期间，该过程反转，并且金属原子再次变为离子。

大，但电力均由纽约主城区输配过来。如果要在用电高峰满足曼哈顿岛的电力需求，那电网可能会过热崩溃。目前的一个替代方案是在哈德孙河底新修一条输配电通道，但成本高昂。液态金属电池或许可以提供可行的储能方案，有效调节用电峰谷。

（2）超大规模海水淡化

每当谈到中东，人们脑海中总会自动联想到漫天的沙尘与无边无际的荒漠，鲜有绿色植被，水资源匮乏。在这样的环境下，中东众多的阿拉伯国家都在为粮食少与人口爆炸带来的各项问题而烦恼。然而就在邻居们还在为这些事犯难时，占据新月沃地西南角一小块土地的以色列却成了中东为数不多的实现了粮食基本自给的国家（自给率95%，2008年数据），并且每年大量出口谷物、油料种子、肉类、咖啡、可可和糖，此外，以色列农业科技异常发达，是世界农业科技发展的领航国家。[30]

事实上，以色列超过一半的国土面积被沙漠覆盖。2004年以前，以色列的供水几乎完全依靠地下水和雨水，且城市的水资源短缺问题因污染和干旱而不断恶化。而带来巨大改变的是来自海水淡化技术的大规模应用和技术进步。

海水淡化由于原料极易获得而成为地球上不少缺水国家获取淡水的方法之一。海水淡化的技术主要分为蒸馏和反渗透过滤两种。无论使用哪一种技术，海水淡化的主要成本都来自除去海水中盐分时的能量消耗。相比较

而言，反渗透技术在能耗上更低一些，目前一般在3~10千瓦时/立方米。就相同技术而言，海水反渗透过滤生产单位淡水的成本与淡化厂的产量成反比，也就是说，规模越大，产量越高，成本反而更低，而计算获得的每立方米淡水的理论能耗可以低达0.98千瓦时。[31]

2013年10月，全球规模最大最先进的反渗透海水淡化厂——以色列Sorek反渗透海水淡化厂全面投入运营。Sorek反渗透海水淡化厂位于以色列中部的特拉维夫市南部约16千米处，距离海岸2.2千米，占地面积10万平方米。该工厂是以色列兴建的第四座大规模淡化厂，产水规模达每天62.4万立方米，为以色列之最。其中约54万立方米的水直接供应给以色列的供水系统，为超过150万人提供纯净的饮用水，占以色列市政供水的20%。该厂2013年荣获了全球水奖"年度海水淡化水厂"奖项。

这家工厂由以色列海水淡化巨头企业Israel Desalination Enterprises（IDE Technologies）为以色列政府建造，总共斥资5亿美元。虽然这座工厂采用的是传统的反渗透过滤技术（Reverse Osmosis，RO），但得益于工艺和材料上的改良，该厂在海水淡化中所达到的低成本和大规模都是前所未有的。因此，以Sorek工厂为代表的超大规模海水淡化技术也被《麻省理工科技评论》评为2015年度十大突破性技术。[32]

传统的反渗透过滤技术最大的问题在于成本。反渗透过滤技术需要消耗大量的能量，迫使海水克服渗透压通过高分子半透膜，以滤去海水中的盐分。Sorek 的生产成本就低得多，它甚至可以在以每立方米 58 美分这个价格出售淡水时盈利（一个以色列人一周的用水量大约为 1 立方米）。这个售价是无法维持现今其他海水淡化厂的基本运行的。另外，Sorek 的能耗是全世界所有巨型海水淡化厂里最低的。得益于一系列的工艺革新，Sorek 的生产效率要远高于同类工厂。它采用了 IDE 先进的反渗透过滤淡化技术，通过减少压力容器、联管箱、控件和检测仪表的数量以降低成本，减少能耗，增加产量。超高压泵和能源回收装置的使用显著提高了运行效率，降低了工厂的能源消耗量。此外，大口径管道、污泥处理等措施显著减少了对陆地和海洋环境的影响[33]。

IDE 先进的反渗透淡化技术与其他大型海水反渗透设施的本质性区别在于使用了 16 英寸（1 英寸 =2.54 厘米）的膜垂直布置。这种创新方式减少了大量部件、膜壳和联管箱的数量，便于快速安装使得技术更易实现。与传统的 8 英寸膜元件相比，每个 16 英寸膜元件的有效膜面积（膜元件中可对原水进行过滤的膜面积）以及产水量可增加 4 倍。水处理厂的初始投资成本可因此减少约 10%，而 20 年的生命周期成本至少可节约 6,100 万美元。

这种先进的膜元件由日本首屈一指的多元化

材料制造商 Nitto Denko Corporation（日东电工株式会社）及旗下水处理技术子公司美国 Hydranautics（海德能公司）（以下统称为日东电工集团）提供。日东电工集团生产的 16 英寸 SWC5-1640 和 ESPAB-1640 元件是目前业界所能实现的最大尺寸。通常淡化海水系统运行时必须通过高压泵向膜组件施加 5~7 兆帕的压力，需要消耗大量的电力。由于 SWC5-1640 运行所需的压力比传统膜元件低，因此耗电量也相应减少。一般而言，产水量和脱盐率之间是相互排斥的关系。但 SWC5-1640 节能性佳，能够在对脱盐率不产生明显影响的前提下获得较高的产水量，因而有助于提高海水淡化工艺的经济效益。每升海水通常含有 4~5 毫克硼，有资料显示，经常摄入硼可对人体造成伤害，因此 WHO 规定，饮用水中的硼浓度必须低于 0.5 毫克 / 升。ESPAB-1640 可对 SWC5-1640 处理后的水进行二次处理，从而最大限度地降低硼浓度，使之不会对人体产生影响。[34]

此外，澳大利亚、新加坡以及海湾诸国也是海水淡化的重度用户。美国加利福尼亚州目前也准备拥抱海水淡化技术。2015 年 12 月 15 日，加州的 County of San Diego（圣迭戈县）的 Carlsbad（卡尔斯巴德）举办了最新落成的海水淡化厂的开业仪式。该厂同样使用了反渗透过滤技术，耗资共 10 亿美元，预计能日产 5,000 万加仑（约 19 万立方米）的淡水，能满足全县 10% 的淡水需求。这绝对是缺雨并且少地下水的 San Diego 的巨大福音。[35]

还有一些只适合小规模应用的反渗透过滤技术由于效率高、相对廉价，可以全面推广以解决每个地区的具体问题。甚至在远离海岸的地方，在面对盐分较高的地下水时，反渗透过滤技术同样有用武之地。目前反渗透过滤技术的最前沿突破方向在单层碳原子半透膜（如石墨烯）。已经有包括美国麻省理工学院在内的不少研究小组开始了这类高效二维半透膜的研究，一旦成功，将会进一步降低反渗透技术的能耗，降低的理论值在 15%～46%。除了降低能耗外，使用石墨烯半透膜还能缩小过滤装置的体积，将工厂的面积缩小一半。

事实上，中国水风险（China Water Risk）网站指出，在中国的 669 座大型城市中，至少有 400 座城市面临水资源匮乏的问题。此外，93% 的电力供应需要工业用淡水，稳定的水资源供应同样是经济基础的保障。然而在中国，政府统计数据显示，2015 年，中国并未实现日淡化海水 220 万～260 万吨的目标。截至 2015 年 12 月，根据中国海水淡化协会统计，已建成项目的日淡化海水量为 103 万吨，相比预期目标差距巨大。

其根本的问题还是在于成本。作为高耗能产业，海水淡化项目成本高昂。目前，国内居民用水的均价低于 50 美分（约合人民币 3.4 元）每吨，然而淡化海水的均价却在每吨 75 美分至 1.2 美元（折合人民币 5~8 元）。如此高昂的价格意味着淡化海水很难找到承接的自来水厂，地方政府铺设管网的积极性也不

高。普通自来水管长期输送淡化海水会被腐蚀，若把地下供水管网全部改成塑料管，巨大的市政成本会进一步推高淡化海水的价格。就此，天津大学天津市膜科学与海水淡化技术重点实验室主任王志曾指出："一遇到干旱，当地政府部门和企业就会找我们谈海淡项目合作，然而一旦次年降雨量充足，他们就会将计划搁置，把资金投放到别处。"

总之，该项技术在中国的大规模应用还有相当长的路要走。除了技术的本土化，是否能够降低成本，并与市政供水系统进行有效结合，才是关键所在。另外，南水北调工程的存在也确实降低了海淡项目的紧迫性。

（3）绿色混凝土
现如今，低碳环保已经成为人们日常生活中的主旋律。低碳的目标就是降低温室气体二氧化碳的排放量。由于现代化工业社会燃烧过多煤炭、石油和天然气，大量的二氧化碳气体进入大气中，从而引发温室效应。温室效应可导致全球气候变暖、海平面升高，进而对人类社会造成严重影响。

在水泥形成混凝土的制造工艺中，需要用化石燃料（如煤炭、天然气等）将粉末状石灰石、黏土和砂石加热到 1,450℃。这一过程会产生大量的二氧化碳：每生产 1 吨普通水泥将生成 650~920 千克的二氧化碳。2009 年，全世界共生产了 28 亿吨水泥，由此产生的二氧化碳占全球排放总量的 5%。在美国，只有石油燃料的消费（用于交通、电力、化工

制造等用途）以及钢铁工业，超过水泥制造排放出更多的温室气体。随着新兴国家经济崛起，水泥需求是大幅提高，水泥的污染赫然成为最突出的全球性问题之一。来自伦敦的新创公司 Novacem 的首席科学家 Nikolaos Vlasopoulos 正在开发能够减少碳排放的水泥。通过对水泥配方进行调整，Vlasopoulos 研发了一种能够吸收二氧化碳的新型绿色混凝土。生产每吨新型水泥可以为大气减少 100 千克的二氧化碳，而生产每吨传统水泥则需要排放 800 千克二氧化碳，因此，该技术被《麻省理工科技评论》评为 2010 年度十大突破性技术。[36]

绿色水泥采用镁硅酸盐取代先前的基础原料石灰岩。它的独特之处在于它是碳负性的，这是因为镁硅酸盐不仅在制造过程中比标准水泥需要的热量少，而且在硬化过程中还能够有效吸收空气中大量的二氧化碳，所以，在生产过程中，绿色水泥排放出的二氧化碳量就会远远小于它在被使用时吸收的空气中的二氧化碳量。绿色水泥产品在整个生命周期中每吨可吸收 0.6 吨的二氧化碳，它就像植物一样将二氧化碳吸入，却完全不会产生碳足迹。并且，在这种新型工艺下，生产水泥所需的原料用量将大大减少，另外，生产过程所需的温度低于 300℃，而传统水泥生产通常需要约 1,450℃的高温环境，这样就大幅地降低了能源的消耗。

早在伦敦帝国理工学院读书时，Vlasopoulos 就已发现了这一配方。"我当时正在从事镁氧化物与普通水泥的配比研究。"他说道。但是，当他在镁化合物中加入水而非普通水泥后，发现不依靠含碳丰富的石灰石也可以制成坚固的水泥。并且，在水泥固化的过程中，空气中的二氧化碳与镁相互作用产生碳酸盐，固化水泥的同时吸收了二氧化碳。Novacem 公司正在改进配方，力争将新水泥的性能做到与普通水泥一样。

其他一些新创公司也在努力减少水泥中的碳排放。比如从事这方面研究的还有位于加州洛斯加托斯的 Calera 公司，该公司已经获得 5,000 万美元风险资金用于该研究。Calera 公司采用的是另一种思路，它在加州建立了一个示范工厂，做法是：利用电力工厂生产过程中排出的二氧化碳，将它与海水或盐水混

绿色混凝土

合形成碳酸盐，用它减少甚至替代生产水泥时所使用的石灰岩。但麻省理工学院混凝土可持续研究中心主任 Franz-Josef Ulm 表示，Calera 公司的产品目前只是作为普通水泥的添加剂使用，尚不具备替代普通水泥的能力。

另一家公司的灵感则来自 2,000 多年前。美国弗吉尼亚州的 Ceratech 公司认真研究了历史："古罗马人是用火山灰跟水混合做出水泥的。我们分析了火山灰的成分，发现它完全可以用现代煤电站排放出的粉煤灰来替代。"美国每年因燃煤发电而产出的粉煤灰有 7,000 万吨，大部分都被当成垃圾填埋掉了。Ceratech 公司将粉煤灰与一些专利液体添加物结合后，成功地生产出了水泥颗粒。由于这个过程不需要加热，所以可以说是绿色零排放的。[37]

Novacem 公司取得了减排方面的优势，但与该领域所有新创公司一样，Novacem 面临着将技术进行实际工业应用的难题。Vlasopoulos 相信，如果 Novacem 公司年产能达到 50 万吨，带来的产值将和普通水泥相当。即便是这一目标也不容易实现。因为"他们试图向非常保守的行业推广一种全新的材料"，西北大学土木与环境工程系的 Hamlin Jennings 教授认为这一目标"肯定困难重重"。Novacem 公司将与英国最大的民营建筑公司 Laing O'Rourke 开展合作，在建筑业内试用新水泥。利用英国皇家学会的 1,500 万美元资金，Novacem 公司计划试产这种新水泥。

但是，如果要靠绿色水泥来减少碳排放，需要成千上万的生产商、建筑商、工程师、城市规划者的协同改进。目前推广绿色水泥的首要障碍就是：缺乏第一批吃螃蟹的实践者。

"如果修建了足够多的示范性建筑，比如桥梁、道路和建筑物，让人们看到这种新型水泥的可靠性，那么它的推广会顺利很多。"Ceratech 公司目前已经开始实施一些项目，比如美国佐治亚州的一个港口码头建筑、得克萨斯州的一个化学处理基地，他们所期待的结果，还要等时间来验证。

高速筛选电池、纳米压电器件，仍在迎难而上

1. 高速筛选电池材料

自从锂离子电池问世以来，五花八门的电池材料也纷纷被开发出来。为了实现电池性能的最大化，不同电池材料的排列组合成为提高电池存储量的有效方法之一。电池装置由三大主要组件构成：阳极、阴极和电解液。不仅每个组件都可以由很多种不同的物质以任意组合混合形成，而且三大组件之间还必须协同良好。这给研究者们留下了无数种可以探索的具有开发潜力的组合。这种费时费力的工作给研究人员带来很大的困扰。

为了找到最好的组合，位于美国圣迭戈的 Wildcat Discovery Technologies 采用了一种最初由药物开发实验室发明的策略：高通量组合化学法。他们不是一次测试一种材料，而

是系统化地平行开展数千项测试，在一个星期内，分析和测试的材料组合有将近 3,000 种。2011 年 3 月，Wildcat Discovery Technologies 对外公布了一种磷酸钴锂阴极，在普及型的锂离子磷酸盐电池中，比通用阴极能多提升近 1/3 的能量密度。该公司同时还展示了一种可以让电池在较高电压下更稳定工作的电解液。

其他公司也试图利用组合技术寻找新型电池材料，但遇到了很多技术障碍。测试数千种材料的简易方式，就是将每种材料的样品沉积在某种基质上的底膜上。这种方法确实曾让先前的研究者发现用于制造电池组件的理想材料——但随后发掘出来的候选材料通常

被证明不适用于具有成本效益的大规模生产流程。为了节省时间，少走弯路，Wildcat Discovery Technologies 通过制造微缩版电池样品来大量进行重复实验（大规模生产技术的缩微版）。在实施中，在对候选材料的性能进行测试的同时，也对它们是否便于制造进行测试。除此之外，Wildcat Discovery Technologies 还在各式各样的潜在运行条件下，将材料组件连在一起组装成实际的电池进行测试。"包括温度和电压在内的很多变量都会对电池性能构成影响，我们必须检验所有变量。" Wildcat Discovery Technologies 首席科学家 Gressel 说。其结果是：在 Wildcat Discovery Technologies 试验台上表现优异的材料，拿到生产现场检验也同样出色。由

各种具有潜在应用的前驱材料

于 Wildcat Discovery Technologies 的电池高速筛选能让研究人员每周尝试上千种合理的电池材料组合，大大提高了新电池研发的速度，被《麻省理工科技评论》评为 2012 年度十大突破性技术。

气体溢出是锂离子电池的难题，气体的来源主要是碳酸盐电解液的分解。电解液浓度降低通常会导致电池寿命缩短，而电解液分解的副产物会造成各种潜在内部故障。电池制造商和材料供应商一直以来想通过提高电池电压来储存更多的电能，但是对高压环境下的气体溢出检测束手无策[38]。传统的气体检测如阿基米德排水法，没有任何实际意义，检测完后电池也随即失效。2014 年 Wildcat Discovery Technologies 推出的电池原位气体检测解决了这些问题，该技术能够以 0.1 秒的间隔连续监测电池使用过程中内部产生的气体。人们能够清晰地记录同一块电池使用中各个时间段产生的气体，这极大地推进了新型电池商品化的进程。[39]

作为 2013 年美国汽车科技资助计划的获得者，Wildcat Discovery Technologies 的项目在 2016 年终于取得了突破性的进展，总算没有辜负美国能源部的资金支持。受资助项目的目标是研发出基于硅材料电池阳极的非碳酸盐电解液，这能够极大地提高电池的能量密度，最终产品的性价比也会远超今天的锂离子电池。通过高速筛选材料法，Wildcat Discovery Technologies 的科研人员对 2,500 多种电解液组合进行了制备和性能评估。现在，

在相同的硅材料电池阳极环境下，他们筛选出的无导电添加剂非碳酸盐电解液性能比碳酸盐电解液提升了 50%。新电解液另一个令人欣喜之处是气体溢出问题跟原来的碳酸盐电解液控制得一样好。"我们对现阶段的进展感到满意。"的首席科学官 Deidre Strand 博士说："无导电添加剂非碳酸盐电解液的优异表现给我们下一步探索导电添加剂的工作打开了大门。"

Wildcat Discovery Technologies 的努力已经获得了阶段性的成功，未来的电池会比现在更小、电量也会更足——这样的进步对于智能手机和电动汽车制造商等颇具吸引力。

2. 纳米压电器件——纳米发电机

你还在为手机电池没电而发愁吗？也许，有朝一日，人们可以利用摩擦生电来给个人电子产品充电。2006 年，在原子力显微镜的帮助下，佐治亚理工学院王中林教授团队利用竖直结构的氧化锌（ZnO）纳米线的独特性质，发明了能将机械能转化为电能的世界最小的发电装置——直立式纳米发电机。在此基础上，他的科研团队在 2007 年和 2008 年初，发明了超声波驱动的直流纳米发电机和纤维纳米发电机。

在这些直立式发电机中，氧化锌纳米线一端固定，并与一个固定电极相连。而当氧化锌线自由端在驱动电极的作用下受力变形时，纳米线一侧受压缩而另一侧被拉伸。由于氧化锌同时具有半导体和压电性质，这就使得

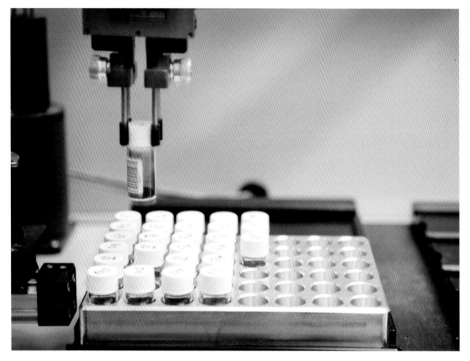

为了处理大量样品，Wildcat Discovery Technologies 在很大程度上依赖于自动化，该测定机器用于称重并记录小瓶材料

纳米线拉伸和压缩的两个相对侧面分别产生正、负压电电势，从而进一步实现机械能到电能的转化、整流和输出。

纳米发电机产生的电力可以存储在电容器内，定期驱动传感器并无线传输电信号。未来人们可以通过散步来激活放在鞋子内的纳米发电机，为手持电子设备提供电力；心脏跳动可为植入体内的胰岛素泵提供电力；甚至轻拂的微风都能让纳米发电机为探测环境的传感器提供电力。纳米发电机基于这些潜在应用，被中国两院院士评为 2006 年度世界科学十大科技进展之一；2008 年，被英国《物理世界》评选为世界科技重大进展之一；被《麻省理工科技评论》评为 2009 年度十大突

破性技术。

"尽管这类发电机取得了巨大的成功并衍生出基于不同衬底的模型，直立式发电机的进一步发展仍面临一些困难亟须解决。"王中林说，"一个挑战来自驱动电极与氧化锌纳米线距离的精确控制，少量的误差就会造成发电机不能正常工作。另外，直立式发电机工作时自由端和驱动电极要不断接触和摩擦，由此可能造成纳米线和电极的磨损，进而影响纳米发电机的性能和寿命。"[40]

为了解决直立式纳米发电机的问题，王中林尝试了各种设计方案并进行了大量实验，经过近两年，终于发明了封装型交流纳米发电

机，有效克服了直立式发电机的设计缺陷。

在这一新型交流纳米发电机中，氧化锌线水平放置于弹性高分子衬底上，其两端分别连接输出电极并固定在衬底上。由于衬底厚度比氧化锌线的直径大得多，当弹性衬底变形弯曲后，氧化锌线整体被拉伸或整体被压缩。在压电效应的作用下，压电电场沿着氧化锌线轴向建立并在两端形成电势差。由于在一端有肖特基势垒的存在，此压电电势差随着氧化锌线的来回弯曲从而驱动了电子在外电路中的往复流动，因此对外接器件产生了交变电流。

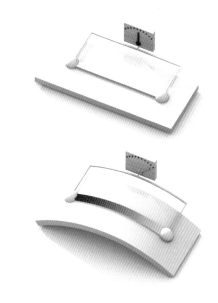

交流纳米发电机的示意图以及来回弯曲时所给出的交流输出电压通过弯曲氧化锌纳米线产生的机械应力在导线上产生电势，通过电路驱动电流（这种由机械能转换为电能的现象称为压电效应）

当交流纳米发电机工作时，氧化锌线起到的"电容"和"电荷泵"的作用，不断将机械能转换为电能，从而实现从环境中获取能量并有效输出。单根氧化锌线所给出的电压最多可达到 50 毫伏。如果不考虑基片的能量损耗，就氧化锌线而言，发电效率可达 7%。

2011 年，王中林团队宣布研发出了首个可商用的纳米发电机。在美国化学学会国家会议和展览大会上，王中林团队展示了该研究成果。他们通过按压位于两个手指之间的纳米发电机，分别给一个发光二极管（LED）灯泡和一个液晶显示屏（LCD）提供电力，以此证明了其在商业上的可行性。[41]

王中林表示，5 个纳米发电机结合在一起，能产生 3 伏特的电压和 1×10^{-6} 安的电流，电压与两节普通的 AA 电池相当。从王中林

2005 年开始研究纳米发电机到 2011 年，纳米发电机的输出功率提高了几千倍，输出电压提高了 150 倍。未来，人们可将很多纳米发电机组合在一起，为 iPod 和手机等电子设备提供电力。

王中林表示，他们的下一个目标是进一步提升纳米发电机的输出功率，并可能在 3~5 年最先在环境检测传感器上实现其商业运用。

尽管目前纳米发电机已经取得了一定进展，但其离大规模的产业化应用还有很长的路要走。其中，很重要的一点就是发电效率低。如果能解决这一问题，相信不久的将来，可穿戴电子设备将会成为我们的"潮流服饰"。

参考文献

[1] GE global research. 3D Printing Creates New Parts for Aircraft Engines. 2016.

[2] Fortune. GE's bestselling jet engine makes 3-D printing a core component. 2015.

[3] Fortune. GE's first 3D-printed parts take flight. 2015.

[4] GE Appliances. At a Rapid Pace: GE Changes the Way it Develops Appliances. 2016.

[5] Ge reports. Honey, I Shrunk The Steam Turbine: We Could Drink From The Sea With This Miniaturized 3D Printed Machine. 2015.

[6] 3ders. GE uses 3D printing to prototype desk size carbon dioxide turbine that can power a smalltown. 2016.

[7] 3ders. GE opens additive manufacturing facility in Pittsburgh, creates 50 new jobs.2016[2016-05-25].

[8] Harvard. Jennifer Lewis named one of 2015's Most Creative People in Business. 2015.

[9] Fastcompany. Jennifer Lewis: For giving 3-D printing a jolt. 2015.

[10] Adam Clark Estes. Gizmodo : This $9 K Machine Could Usher in the Era of 3D –Printed Electronics.2015.

[11] Voxel8. Voxel8 Press Kit. 2016.

[12] Voxel8. News and Highlights. 2015.

[13] Harvard. Scaling up tissue engineering. 2016.

[14] Harvard. Novel 4D printing method blossoms from botanical inspiration.2016.

[15] 91 打印网 . 3D 打印将大肠杆菌植入衣物能在人体湿热度上升时自主降温 . 2017.

[16] 搜狐 . Nanoscribe 的微型 3D 打印技术获德国物理学会认可 . 2018.

[17] Bourzac，K. A Super-Strong and Lightweight New Material. MIT technology review. 2014.

[18] HRL Laboratories，LLC. HRL Laboratories: HRL Researchers Develop World's Lightest Material.

[19] 搜狐 . 加州理工学院开发出可 3D 打印纳米级金属结构的新技术 . 2018.

[20] 搜狐 . 中国锂电池产业分析报告 . 2017.

[21] Massachusetts Institute of Technology. Technology Review: High-energy cells for cheaper electric cars Solid-State Batteries. 2011.

[22] 搜狐 . 全固态锂电池介绍及电解质深度解析 . 2017 [2017-08-28].

[23] OFweek 锂电网 . 解析固态锂电池：开辟续航新时代 无奈商业化之路漫漫 . 2015.

[24] Massachusetts Institute of Technology. Technology Review: Storage: The Key to Clean Energy's Furture. 2011.

[25] 凤凰网科技 . 这家英国最知名的吸尘器制造商，凭什么要跨界做电动汽车？2017.

[26] 搜狐 . 英媒：比利时机构研制出创新型固态锂离子电池 . 2018.

[27] OFweek 锂电网 . 中日韩三国鼎立：谁将率先占领高性能电池市场？2018.

[28] 网易首页 . MIT 教授萨多维：跳出锂电池框架，液态金属电池或 "永生" . 2018.

[29] Massachusetts Institute of Technology. Technology Review: Liquid Battery. Donald Sadoway conceived of a novel battery that could allow cities to run on solar power at night. 2009.

[30] 网易首页 . 从沙漠农业到海水淡化，以色列何以成为农业强国？2017.

[31] R. Dashtpour and S. N. Al-Zubaidy, Energy Efficient Reverse Osmosis Desalination Process, International Journal of Environmental Science and Development, 2012, 3(4).

[32] 徐子丹 . 全球规模最大的反渗透海水淡化厂 . 水处理技术 , 2014, 06.

[33] 全球最大的 Sorek 反渗透海水淡化厂 .

[34] 凤凰网财经 . 日东电工集团将向位于以色列的世界最大海水淡化厂供应业界最大尺寸的 16 英寸反渗透膜 . 2011.

[35] $1 Billion Desalination Plant, Hailed as Model for State.

[36] Massachusetts Institute of Technology. Technology Review: Storing carbon dioxide in cement: Green Concrete. 2010.

[37] 新浪新闻中心 . 为水泥撕去污染标签 . 2013.

[38] Michalak B., Sommer H., Mannes D., et al. Gas Evolution in Operating Lithium-Ion Batteries Studied In Situ by Neutron Imaging. Scientific Report. 2015(5): 15627.

[39] Jacobs J. Wildcat Discovery Technologies Offers New In-Cell Gas Sensing Capabilities. 2014.

[40] 科学网. 交流纳米发电机问世. 2008.

[41] 网易新闻. 首个可商用的纳米发电机问世. 2011.

第九章
生物医疗，用智慧辨识破坏，用科技逆转伤害

撰文：沙吉惠

主要技术：

入选年份	技术名称
2009	Paper Diagnostics 诊断试纸
2010	Engineered Stem Cells 干细胞工程
2010	Dual-action Antibodies 双效抗体
2010	Implantable Electronic 植入式芯片
2012	Egg Stem Cells 卵原干细胞
2013	Memory Implants 移植记忆
2014	Brain Mapping 脑部图谱
2015	The Liquid Biopsy 液体活检
2015	Brain Organoids 大脑类器官
2016	Immune Engineering 免疫工程
2017	The Cell Atlas 细胞图谱
2017	Reversing Paralysis 治愈瘫痪
2017	Gene Therapy 2.0 基因疗法 2.0
2018	Artificial Embryos 人造胚胎

一直不变的，唯有从未停止的变化，人也一样。

随着时间、环境的变化，你会因自身的容貌、性格或观念的变化而惊呼，殊不知斗转星移间，就连你所以为的你，也早已不再是你所知道的你了——从一颗细胞，到遗传信息的修饰，变化无处不在，从不停歇且避无可避，而人类曾是这些变化的受益者。

将时间的刻度尺拉大，所有的生命都是从变化中而来。这种突如其来的变化没有预兆，没有方向。就像是硬币的两面，可好可坏，与一切无关，只是一件关于运气的事情。我们如今的存在，证明我们的祖先曾是这场豪赌的幸运儿，获得了自然母亲的怜悯与眷顾，但这不意味着我们可以继续这份福祉，安然度过这一生。

突变没有停止，也不会停止，不同的是，这一次我们每个人都可能是突变的直接受害者。面对曾经天赋的赐予者，和如今生命的潜在破坏者，人类选择用智慧加以辨识，必要时用科技逆转伤害。

自然造就了人类，而今，人类用科技抵御自然。近年来，包括能源、材料、计算、互联网等科技行业发展迅速，其中生物医疗领域更是得到了长足的发展。10 年间，《麻省理工科技评论》共评出 14 项生物医疗相关的突破性技术，主要涵盖了干细胞研究、脑科学、检测手段、基因 / 免疫疗法 4 个方面。

生命虽然是一场单程的旅行，但并不是"一锤子买卖"，干细胞就像是自然进化中生物留下的后路，留下的"重生"机会。这种细胞在自我复制之余，可以在条件合适的时候分化成为特定的组织或器官，行使生命功能，堪称是非常时刻的"备选计划"。

像绘画一样，人类在勾勒自我、认识自我，但同时又在不停地修正、推翻自我，甚至复制自我。在我们的教科书上就曾有这样一项认知：雌性哺乳动物的卵细胞数量在出生之前就已经确定，且在出生后只会减少而不会补充，但随着成年女性卵巢中卵原干细胞（2012 年）的发现，这一认识被彻底推翻，该技术也被《麻省理工科技评论》评为年度十大突破性技术。这一发现为无数大龄或不孕女性带来希望，同时也引发了研究者新一轮的思考：生殖细胞是否可以由干细胞之外的途径获取呢？

就像植物细胞所具有的全能性一样，不仅仅是种子，甚至是一段根、一片叶都具有发育成为完整植株的潜能。那对于人类而言，与干细胞同宗同源、具有完全相同的遗传物质的体细胞，是否也可"取而代之"呢？

事实证明，逆转生命的"配方"真的存在。研究者由体细胞获得具有全能性的诱导多能干细胞，并先后诱导分化获得人造精子、人造卵子，甚至是人造胚胎（2018 年），其中人造胚胎被《麻省理工科技评论》评为年度十大突破性技术。这一技术使生殖配子的提

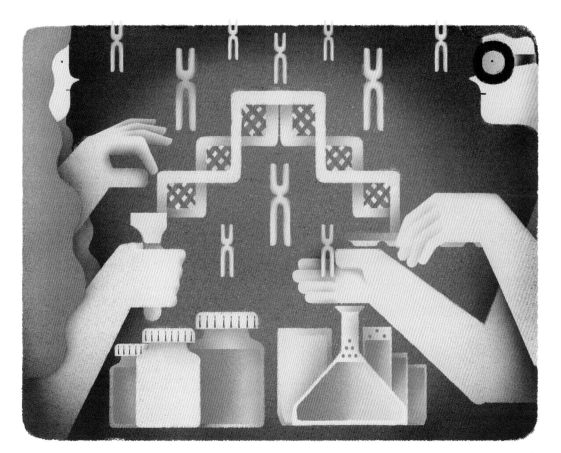

逆转生命的"配方"

供个体不再受年龄、健康状况甚至是性别的限制，出现相同性别的父母也将成为可能。

但干细胞工程（2010 年）的应用前景绝不仅限于生育方面，由诱导多能干细胞形成的细胞、组织或器官拥有更广阔的舞台。近年来，诱导多能干细胞在老年性黄斑变性患者视力恢复甚至帕金森病的临床治疗方面均有亮相，其中类器官也是一个重要的研究方面。

类器官可以简单地理解为一种来源于人类、被人工培养的微型器官类似物，由于其与真实器官具有高度相似的组织结构与生理功能，因而常被作为生物研究的实验模型，目前已有的类器官包括肠、肝脏、心脏、大脑类器官（2015 年）等。这些类器官就如同"替身"，为人类以身试毒，被用于疾病或药物的临床前模拟。

在人类抵御自然的道路上，人们已经先后获得了备选方案、"替身"，但在开始这次抗争之前，人类还缺少一份可以参考的"地图"。自 21 世纪初初步完成人类全基因组测序至今，我们已经从这份数据库中获得了丰厚的回报，这一次，科学家们故技重施，希望对人体的 200 多种、40 多万亿个细胞进行"人口普查"，从单细胞水平绘制细胞图谱（2017 年），甚至可以按照组织、器官等进行精确分类，如癌症图谱、脑部图谱（2014 年）等内容。

工欲善其事，必先利其器。短期来看，这项工作高成本、高人力，可一旦完成将会呈现出爆发式的研究突破，因为这是人类通往未来的地图，未来必将会给我们带来意想不到的惊喜。

以脑科学为例，所有的神经细胞都各有特点，分工明确，但又并非彼此毫无交流、孤立无援。脑部图谱的绘制就像是对脑部"社会"成员组成、社会关系的一种梳理。就像电脑程序可以被解读为一段段代码，人脑同样可以被具象化为特定的生物信号。一旦肢体行为、情绪、逻辑的"摩尔斯电码"被完全解读，那么人类就可以通过体外设备模拟这种生物密码，甚至创造生物密码从而达到操纵特定行为、情绪的目的。实际上，基于此的脑机接口技术在近年来得到了飞速的发展，已经被应用于记忆移植（2013 年），甚至治愈瘫痪（2017 年）的临床试验中。

但在与自然的拉锯战中，伤害的出现并不都是摧枯拉朽般的，更多的是以一种绳锯木断、水滴石穿的姿态。对于这种概率性的伤害事件，最好的解决方式就是防患于未然，将其扼杀在萌芽之中。因而快速、简单、精

准、监测连续性强的检测手段得到越来越多的推崇和需求。

近年来涌现的可佩戴式检测设备、数字药物、植入式芯片（2010 年）正是完美地契合了这些需求，于受试者皮下植入芯片，就可随时监测其各种生理生化指标，甚至可以在患者主观意识不参与的情况下直接完成患者组织、器官与医生之间的"对话"。但尽管精准高效，植入式芯片技术对于部分落后地区而言，仍旧难以企及。因而简单易得、便于操作且对人体副作用更少的诊断试纸（2009 年）和液体活检（2015 年）开始走入人们的视野。相对于高科技支撑的植入式芯片技术，诊断试纸和液体活检显得有些简陋和廉价，但这反而成为其在不发达地区得以推广的优势——不需要专业人士和设备，但相比之下，更低的成本、更小的侵入性伤害，却可以在更短的检测时间内，完成更多的检测类型，性价比不可谓不高。

抽丝剥茧，当认识了疾病的真面目，人们也就开始了和疾病或者说与它背后的本质——自然法则的正面交锋。

在自我的救赎中，人类从两个方面展开了与自然之手的较量：纠正突变与激活免疫。当人类发现遗传信息是疾病根源的时候，基因疗法便开启了它的历史时刻。经历了最初的繁花似锦，到中途的人人避之不及，如今基因疗法 2.0（2017 年）再次启航，以更坦然的姿态面对成功和风险，面

对自然与自我，坐在命运的对面，伸出手，与之一较高下。

相比之下，人类在自身免疫系统的运用上则表现得更为稳健，从 1796 年人类历史上第一支用来对抗天花的牛痘疫苗开始，人类便开启了免疫疗法的应用之路。以子之矛攻子之盾，如果可以通过免疫工程（2016 年），激活、加强自身免疫，使双效、多效抗体（2010 年），或修饰强化后的免疫细胞识别并消除"异己"，那么简直堪称最完美的解答了。2017 年，免疫细胞疗法进入爆发之年，多个制药界霸主入场布局，其中 Kymriah、Yescarta 两种疗法先后被美国 FDA（Food and Drug Administration，食品与药品监督管理局）批准用于临床治疗。

医疗就像是一场人类与自然的决斗、与命运的抗衡，科技在其中则充当了利刃的角色。因为科技，人类有了逆转时间之钟的可能；因为科技，在坐以待毙之外人类有了选择的余地。但科技在使人类变得更幸运的另一边，也给人类带来了不幸。既然这把利刃可以刮骨疗毒，当然也要见血，科技造福人类却也带来了未知的社会公平、伦理道德，甚至是千百年后才会显现出的自然演化问题。

人类对科技、对真理的追求从未停止。但我们所追求的科技并不应该是对所有不利或潜在不利因素的斩草除根、彻底摒弃，而应是兼容并包地寻求和解，这是人类与自然的和解，也是与自我的和解，而这也是医疗最终

的答案。

寻找重启生命"游戏"的 Plan B——干细胞

生命存在的每时每刻都在变化，从不停歇。在历史的长河中，正因为有了变化，才有了如今生物遗传的多样性。变化无处不在，从生命之初的配子（如精子、卵子）形成，到生长、发育，以至生老病死，生命的演化没有方向，没有先后，也没有记忆，就像旷野中的树木，肆意地尝试生命的可能。

但对于环境这位终极法官而言，有好的变化，就一定会有坏的变化。物竞天择，适者生存，好的变化可能让生物更健康、聪明，获取更大的先天优势，而坏的变化带来的很可能就是癌症，甚至死亡。

但也许你未曾料到，在生命这个无法回头的单向旅程中却隐藏着可以重启"游戏"的 Plan B——干细胞。

干细胞是一种可以自我复制，且具有再生其他组织器官潜力的未分化细胞，通过自身的分裂、分化，干细胞既可以形成更多自己的同"胞"，又可以特化成为其他重要的体细胞或器官。如果要比喻，那么干细胞就像一粒种子，当阳光、雨露、土壤等外界条件均适合的时候，它就会生根发芽，成为想成为的样子。

根据功能不同，干细胞可分为全能（totipotent）干细胞、多能（pluripotent）干细胞、单能（unipotent）干细胞等类型。全能干细胞（八细胞时期前的细胞）具有发育成独立个体的能力，多能干细胞源自全能干细胞，相比之下，多能干细胞无法发育成为完整个体，但具有发育成为多种组织的潜能，而单能干细胞的局限则显得略多，只能向一种或两种密切相关的细胞类型分化。

实际上，我们临床应用的干细胞类别常与发育过程的前后及分布相关。人从一颗受精卵开始，经过不断的分裂分化成为完整的个体，因而受精卵可以理解为第一个干细胞，1 变 2，2 变 4，4 变 8，胚胎由单细胞的合子状态经历了二细胞时期、四细胞时期、八细胞时期，发育成为桑葚胚。在受精的第 5 天左右，桑葚胚进一步发育，成为囊胚，而其中内层的细胞被称为胚胎干细胞（Embryonic Stem Cell，ESC），具有分化成为多种细胞类型、组织及器官的潜能。

但如果想利用其多能性，从内细胞团（Inner Cell Mass）提取细胞无疑是对生命的一种破坏，无论是从伦理道德还是从获取的难易程度来说，胚胎干细胞都不是人类用来弥补"错误"理想的种子库。

细胞作为生物生命结构和功能的基本单位，大部分都要经历衰老和死亡，以血红细胞为例，其生命周期一般在 80~120 天，但即使超过细胞生命周期的极限，人类依然可以安

然无恙，那是因为在已经分化的器官中暗藏着一股可靠的后备力量——成体干细胞，为器官和组织源源不断地提供新生军。

成体干细胞（Somatic Stem Cell），又称成人干细胞（Adult Stem Cell），顾名思义，是指存在于已分化组织中的未分化细胞，在特定条件下，成体干细胞或是产生新的干细胞，或是按一定的程序分化，形成新的功能细胞，用以维持组织或器官生长及衰退的动态平衡。

相比之下，尽管成体干细胞并不像胚胎干细胞那般"无所不能"，但它所具有的分化潜力，已经足以应对一些误入的"歧途"。这些小小的"种子"，给了人类"回头"的机会。

随着研究的深入，存在于机体各种组织和器官中的成体干细胞正在被逐渐发掘，已有的报道显示，脑、骨髓、皮肤、肝脏等成体组织中均发现有干细胞的存在，这意味着某些由于特定细胞类型损伤引起的疾病将可以通过干细胞移植进行治疗，同时，新的发现如卵原干细胞的存在，也正在推翻之前建立的概念，这将为人类在生理机制及生命意义方面带来新的理解。

在我们的教科书中，就有这么一条"铁律"：雌性哺乳动物（包括人类）的卵细胞数量在出生之前就已经确定，且在出生后只会减少而不会补充。

就好像在银行建立储蓄账户一般，在胚胎发育的过程中，雌性哺乳动物的卵子由卵原细胞经有丝分裂发育成为初级卵母细胞并停留在细胞分裂前期。雌性哺乳动物在出生时便携带着所有的"存款"，即初级卵母细胞，也是未来所有发育成卵子的可能"种子"。进入青春期，也就开始了"支取"的过程，一般来说，从青春期到绝经期，每个月雌性哺乳动物体内都会有少数初级卵母细胞被激活，其中一枚经减数分裂发育成为卵细胞（次级卵母细胞），经卵巢排出。

与男性所产生的精子不同，在女性的生命过程中，卵细胞只能被消耗却不能被补充。因而对于女性来说，时间的流逝不仅仅意味着衰老，更关乎卵子的质量与数量，关乎其何时做、是否可以做母亲的选择。

这一概念使得许多个"她"不得不屈从于时间的支配，在时钟的嘀嗒声中，部分女性选择为最佳生育期让路。近半个世纪以来，卵细胞"只减不增"这一理论被写在教科书中，同时也成为生殖生物学最基础的理论之一。

而事实上，自 2004 年以来，这一理论开始被不断挑战，而生殖生物学家 Jonathan Tilly 就是其中的急先锋。2012 年 Tilly 及其团队宣布，他们在成年女性的卵巢中发现了卵原干细胞的存在[1]，这一改写教科书式的发现很可能会帮助女性回拨生命的时钟，成为延长受孕年龄的关键。2012 年该技术被《麻省理工科技评论》评为年度十大突破性技术。

故事还要从 Tilly 团队 2004 年在著名学术期刊 Nature 上发表的一篇研究性论文说起。2004 年，Tilly 和其同事 Joshua Johnson 发现，成年小鼠体内的卵母细胞在数量上可以得到补充，因而推测小鼠体内有卵原干细胞存在，即使在成年后仍旧可以发育成为新的卵母细胞[2]。2005 年，该小组进一步于 Cell 发文，声称新生成的卵母细胞来自血液循环中的干细胞，而这些干细胞来自骨髓。

这一发现在震惊世界之余，也带来了广泛的争议，来自全球的多个科研团队纷纷表示无法重复其研究结果，直到 2012 年 Tilly 和其团队有了新的发现。

成为母亲曾是一场与时间的竞赛

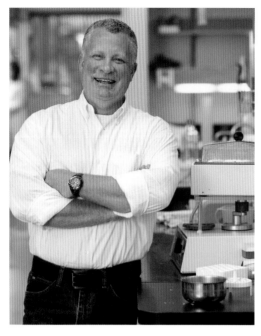

Jonathan Tilly

2012 年，Tilly 在一篇发表于 *Nature Medicine* 的文章中报告说，他们从成年女性的卵巢中分离出一些罕见的细胞，这些细胞在特定的条件下可以自然发育成外观及分子结构上类似卵母细胞的细胞 [3]。为了验证这种新发现的卵原干细胞的功能，研究者将分离出的卵原干细胞置于人的卵巢环境中，并随后将这个卵巢组织植入小鼠体内，一段时间后这些卵原干细胞得到了进一步的发育成熟。在借助小鼠的生殖干细胞实验中，这种由卵原干细胞发育而来的卵子同样可以与精子结合并最终发育成胚胎。

就好像是真正的银行储蓄行为，卵原干细胞的发现对于雌性哺乳动物意味着排卵行为并不是"坐吃山空"，而是"有进有出"。这一发现为现代女性摆脱生命时钟的束缚带来可能，甚至为治疗女性不孕症带来希望。

但对于这个研究结果，仍旧有科学家表示并不认同，部分人认为用来识别生殖细胞的标记蛋白 Ddx4（Mvh）位于细胞质内，而非细胞表面，因而基于抗体的细胞筛选方法仍是值得商榷的。

即使能在技术上得到学界的一致支持，希望通过成年女性卵巢中的卵原干细胞培育完整生命的期待仍旧显得为时尚早。生物技术的应用，不仅需要大量的临床试验作为基础，更要跨越伦理、道德监管的重重障碍。

而有的投资者兼具慧眼与雄心，看准了生殖干细胞巨大的商业潜力，早早地进了场，OvaScience 公司就是这样的代表。

OvaScience 成立于 2011 年，2011 年、2012 年先后获 A、B 轮融资共计 4,000 余万美元，并于 2013 年在纳斯达克上市（股票代码为 OVAS）。2015 年该公司通过使用卵原干细胞技术诞生了世界上第一个"干细胞婴儿"，这也被称为"第四代试管婴儿"。同年，OvaScience 被美国《麻省理工科技评论》评为"2015 年度全球最聪明 50 家公司"，位列第 11，在同年的评选中 Illumina 位列第 3，Juno Therapeutics 位列第 8，Gilead Science 位列第 15。

作为一家生物技术公司，OvaScience 致力于发现新的生育治疗方式，其主营项目包括 Augment 治疗、OvaPrime 治疗、OvaTrue 治疗三部分。OvaPrime 治疗是将卵原干细胞重新植入卵巢皮层，使其发育成为卵细胞，再取出体外受精，相比之下，OvaTrue 的方法给女性带来的痛苦更低，它是将卵原干细胞通过体外培养的方式，使其发育成为卵细胞进而进行体外受精。

与 OvaPrime 治疗、OvaTrue 治疗两种疗法的"整体"思路不同，Augment 治疗更像是在"换零件"。随着年龄增长，女性卵子质量下降的主要原因是细胞内线粒体的衰退。线粒体是细胞的能量工厂，具有独特的遗传系统，

遗传自受精卵形成过程中提供细胞质的母亲。母亲怀孕时年龄越大，卵子中线粒体发生突变的机会就越多，因而怀孕的概率就越小。

既然是线粒体"不合格"，那不如就换掉它，基于这一思路，在 Augment 治疗过程中研究者会将卵原干细胞内的线粒体转移到老化的卵子中，帮助卵子恢复活力，逆转时空。

2015 年 4 月，"干细胞婴儿"的诞生（于加拿大）证明 Augment 项目至少是可行的，这也是世界上首个使用 Augment 体外受精技术诞生的"干细胞婴儿"[4]。

世界上首个使用 Augment 体外受精技术诞生的"干细胞婴儿"

Augment 项目的成功为大量大龄不孕女性甚至是绝经后的女性带来了做母亲的希望。同时，与一般的卵母细胞不同，卵原干细胞在冻融过程中不会受到破坏，因而带来更多可能。

但遗憾的是，伦理道德和监管始终是无法逃避的大问题。由于线粒体中携带有独立的遗传信息，因而如果使用第三人提供的线粒体恢复卵子活力，诞生的婴儿将会有"三个父母"，这在伦理上是无法被允许的。即便线粒体来自母体本身，也存在着婴儿的健康安全问题，成功诞生并不意味后期的稳定发育，卵细胞的衰老常伴随着其基因组质量的下降、染色体结构功能的失衡，"替换"新的线粒体无助于解决此类问题，因而监管部门的重重顾虑也不无道理。

而事实上，OvaScience 相关技术的推广也在屡屡碰壁，自公司创立至今的 7 年来（截至 2019 年），Augment 治疗项目始终未得到 FDA 的认证，因而该公司的项目只能在日本、加拿大等地的部分诊所进行临床试验。

作为第一个吃螃蟹的人总要经历劈山开路的辛苦，但有的时候这种辛苦未必会有回报。商业市场看重技术实力的同时，也不得不受制于时机——入场晚也许还能吃到蛋糕渣，但太早也许连蛋糕都看不到。OvaScience 的运气不太好，在它准备大展拳脚时，甚至连蛋糕房都没有建起来。7 年来，OvaScience 公司没有放弃，没有懈怠，但商业市场已经受够了等待，不耐烦地给出了答复。由于商

业化始终无法展开，曾经股价一年内上涨 9 倍的 OvaScience 连年亏损，股价也从最高 50 美元跌至 0.75 美元，为了不让全盘皆死，2018 年 8 月，OvaScience 不得不委身于 Millendo Therapeutics，同意合并。

Millendo 成立于 2012 年，是一家未上市的专注于罕见内分泌疾病药物开发的公司。在合并后的新公司中，OvaScience 将占股 20%，Millendo 则占 80%，同时新公司 CEO 由原 Millendo CEO Julia Owens 担任，交易于 2018 年第 4 季度完成。

股份的占比很大程度上说明了之后的话语权，OvaScience 的 Augment 治疗项目如今陷入了风雨飘摇、前途未卜的尴尬处境。相比之下，当年与其同列《麻省理工科技评论》"2015 年度全球最聪明 50 家公司"的 Illumina 如今已经成为测序界的绝对霸主，Juno 则在细胞免疫疗法中稳稳地占住了一席之地，成为该领域不可忽略的重要角色。而 OvaScience 却从行业寡头跌落，成为真正的"孤家寡人"，此刻甚至保不住自己的名字。

尽管此时我们并不清楚未来生殖干细胞技术最终将何去何从，但毫无疑问，研究和探索不会停止，关于这个话题的争论也不会停歇。

从生物体内茫茫多的细胞中找到目标干细胞，其难度不亚于在巨大宫殿里寻找隐藏的金子，对于人类来说，干细胞不仅数量稀少、难以获得，更困难的是难以通过有效的蛋白

标记物进行识别。

在植物中,事情就没有这么复杂。切下植物的一部分培养出愈伤组织,进而就可以发育成为一棵完整的植株,这就是植物的细胞全能性。顾名思义,就是指植物的每一个细胞都具备发育成完整个体的遗传能力。研究者将这一思路进行了延伸:既然在动物体内的每一个细胞都具有相同的遗传物质,且增殖分化自同一生命的"种子"——受精卵,同宗同源,那是否意味着可以化腐朽为神奇,即使最常见的皮肤细胞也能转化成为万能的"种子"呢?

事实证明,真的存在逆转生命齿轮的生命"配方",而日本干细胞学家 Shinya Yamana-ka(山中伸弥)就是最重要的贡献者之一 [5]。

20 世纪初,科学界普遍认为与植物不同,动物经胚胎干细胞单向分化发育成为特定的成体细胞的过程中,经过特定的表观遗传修饰或遗传改变,使细胞的分化潜力受限,最终丧失多能性,停留在无法逆转的分化状态。在特定组织和器官中,只有少部分成体干细胞能作为未来细胞替代的来源。

因而只要希望研究胚胎的发育,研究者就跳不过使用胚胎干细胞这个"陷阱"。之所以称之为陷阱,是因为在当时除此之外,研究者无法获得其他具有全能性的替代品,但以胚胎干细胞为研究对象,就意味着研究者不得不破坏胚胎——一个具有发育成完整生命个

体可能的胚胎,显然这种研究残忍且不人道。

而 Shinya Yamanaka 的发现则终结了这种矛盾。既然胚胎干细胞可以保持全能性,那肯定有特定的蛋白可以帮助未成熟的细胞维持这一状态,基于这一想法,Shinya Yamanaka 将 24 个控制其他基因活性的转录因子基因转入普通小鼠的皮肤成纤维细胞中。随后通过检测发现,任何单一转录因子都无法工作,只有 4 种特定因子组合才能发挥作用。

2006 年,Shinya Yamanaka 在 *Cell* 杂志上发表了里程碑式的论文 [6],介绍了 Oct3/4、Sox2、c-Myc 和 Klf4 这 4 种可以将小鼠成纤维细胞转化为多能干细胞的关键转录因子,如今这 4 个转录因子被称为山中因子(Yamanaka Factors),这些具有多能性的细胞被称为 iPSC(induced Pluripotent Stem Cell,诱导多能干细胞)。2007 年,Shinya Yamanaka 与 James Thomson 的研究团队几乎于同一时间宣布,他们利用之前发现的 4 种转录因子,成功地获得了人类的 iPSC。

Shinya Yamanaka 的这一发现不仅是联系成体细胞与胚胎干细胞间的纽带,更使科研与伦理之间在经历了长久的相持不下后达成了和解。这一发现开创了一个崭新的研究领域,Shinya Yamanaka 也因此获得了 2012 年的诺贝尔生理学或医学奖。

许多受制于法律、政策的研究者由胚胎干细胞的研究转投诱导多能干细胞的研究,试图

通过诱导其定向分化获得特定的体细胞、器官甚至生殖细胞，自然而然，关乎人类生存繁衍的人造配子（精子和卵子）成为其中的一个绝对热点。

与一般体细胞的有丝分裂不同，生殖细胞的发育要经历更为复杂的过程，在基因组印记过程中，涉及某些基因的沉默，或表观修饰的擦除。同时生殖细胞的形成也涉及减数分裂，如何在减数分裂期保证染色体交叉互换及染色体平均分配至子细胞中也是一个难题。

2011 年，来自日本横滨市立大学的生殖生物学家 Takehiko Ogawa（小川武彦）带领团队于体外环境中培养来自实验小鼠的睾丸组织并获得精子，随后通过人工授精技术使代孕小鼠怀孕，成功生下 12 只健康小鼠，且这些小鼠具有生育后代的能力。这是人类首次于体外培养出具有功能活性的精子，研究成果发表于 *Nature* 上 [7]。

同年，来自京都大学的 Mitinori Saitou（齐藤通纪）带领团队成功将小鼠的胚胎干细胞转化成精子前体细胞，并将其移入无法产生精子的小鼠体内，获得可以完成受精的精子。随后通过人工授精技术成功生下具有生育能力的小鼠。

同是生殖细胞，但卵细胞的结构更为复杂，且需要到个体青春期才能成熟，因而其形成过程也比精细胞更为难以模拟，但 Mitinori

Saitou 还是找到了办法。2012 年，Mitinori Saitou 和 Katsuhiko Hayashi（林胜彦）研发出通过小鼠胚胎干细胞、诱导性多能干细胞诱导出原始生殖细胞的技术。但局限是，体外培养后，研究人员需要将这些原始生殖细胞移植入成年小鼠体内，才能获得卵母细胞。

2016 年 10 月，Katsuhiko Hayashi 带领团队将小鼠的皮肤细胞诱导出人工卵子，并使之成功受精发育成健康小鼠，这是世界上首次完全体外诱导出人工卵子 [8]。

如果这一设想可以实现，未来的"造人"计划可能只需要夫妻双方的一点点皮肤细胞就可以实现，甚至可能出现男性细胞诱导出卵子，女性细胞诱导出精子，父母双方来自相同性别的情况。

又或者可以直接跳过生殖细胞，直接塑造人造胚胎。这并不是天方夜谭，有的"疯狂"的科学家正在使其成为现实。2017 年 3 月，来自剑桥大学的科学家在 *Science* 上发表报告称，他们首次在体外合成了人造的小鼠胚胎。"人造胚胎"这一技术也被《麻省理工科技评论》评为 2018 年度十大突破性技术 [9]。

在研究中，Magdalena Zernicka-Goetz 和她的团队以细胞质基质搭建三维骨架，使用小鼠的胚胎干细胞、胚外滋养层干细胞（Trophoblast Stem Cell，TSC）构成模拟天然胚胎的类胚胎结构。

但啮齿类动物模型始终与人类是有所不同的，未来研究者将会以人类细胞为研究对象，展开进一步的研究。如果未来的父母双方真的可以不拘于年龄、性别甚至是数量，这种情况是否会被伦理、道德、法律所接纳呢？

对于生殖干细胞、人造生殖细胞、人造胚胎的争论还远远不会结束，因为属于它们的时机还没有到来。是的，焦点又回到了时机上，但何时才是对的，没有人知道。

但时机的定义并不取决于有多少人接纳，而是有多少人需要。就像试管婴儿技术一样，创建之初备受质疑，1978 年，世界上首个试管婴儿 Louise Brown（路易斯·布朗）的诞生震惊了全世界，转眼间 40 年过去了，而今她已经成长为一位健康的中年女性，而这 40 年间更是有数以万计的生命因为这项技术降临人间。

而需要干细胞的绝不仅仅是不孕不育的人群，干细胞这笔延续生命的绝佳财富也不应

James Thomson

该局限在生殖上。2010 年，基于诱导多能干细胞应用提出的干细胞工程被《麻省理工科技评论》评为年度十大突破性技术[10]。

来自美国的发育学家 James Thomson 几乎与 Shinya Yamanaka 一起发现了生成诱导多能干细胞的"生命配方"，或者说，在干细胞领域的研究中，Thomson 入场更早，从胚胎干细胞到诱导多能干细胞，将他称作干细胞领域的奠基人也并不为过。

1998 年，Thomson 带领团队首次分离了人类胚胎干细胞，这是生物界的里程碑式事件，但由于获取过程中不得不破坏人类胚胎，也带来了无穷无尽的争论。但 Thomson 不曾停下探索的脚步，2007 年，他到达了另一个里程碑——生成人类的诱导多能干细胞，从皮肤细胞到可以分化成为任何组织、器官的全能性细胞，这一发现解决了长久以来干细胞领域研究的两大争论：伦理道德与供体短缺。

科学家们看重其临床价值，纷纷将其进行商业转化，Thomson 也是其中的一员。2004 年，Thomson 在麦迪逊创立了专注于多能干细胞应用研究的生物技术公司 Cellular Dynamics（细胞动力），该公司的产品包括由诱导多能干细胞诱导分化而来的心脏细胞、神经细胞、肝细胞等，主要用于药物研发、毒性筛选等其他研究。2011 年、2012 年该公司连续两年被《麻省理工科技评论》评为年度"50家全球最聪明公司"，2015 年，该公司被 FUJIFILM 收购。

近年来，诱导多能干细胞的临床试验也在有条不紊地展开。2014 年，日本理化研究所发育生物学中心干细胞研究学者 Masayo Taka-hashi（高桥政代）领导了全球首例 iPS 细胞移植手术，他们利用 iPS 细胞培育出视网膜色素上皮细胞层，移植到了一名 70 多岁的老年性黄斑变性女患者的右眼中，用以代替损伤的眼部组织。

2018 年 5 月，日本厚生劳动省批准 iPS 细胞应用于心脏衰竭的临床试验。该项研究由来自大阪大学的心脏外科医生 Yoshiki Sawa（泽芳树）带领，手术中，医生将向患者心脏表层植入一层人工培育生成的心肌细胞（厚约 0.1 毫米），植入的细胞可以通过分泌蛋白质等物质来帮助血管生长和心脏功能改善。

2018 年 7 月，日本政府批准启动了又一项临床试验：将 iPS 细胞用于帕金森氏病的治疗。该研究项目由日本京都大学 iPS 细胞研究与应用中心神经外科专家 Jun Takahashi 主导，并与京都大学医院合作完成。在该项研究中，研究者会通过向患者大脑植入约 500 万个经人工"重编程"获得的神经前体细胞，并伴随 2 年的跟踪观察，来治愈由于神经细胞大面积死亡导致的帕金森病。值得注意的是，这项研究中的诱导多能干细胞均诱导自健康捐献者的细胞，对于患者而言不仅可以缩短治疗时间，更可以降低成本。该项临床试验已于 2018 年 8 月展开。

对于患病的成年人来说，通过诱导多能干细胞获取适合自己的成体细胞或组织很大程度上要受限于"生命配方"的获取。万能"种子"固然可得，但如何引导万能"种子"走入正轨，分化成为患者需要的细胞类型，不仅需要时间，多少还需要点运气的成分。

但有的时候，我们甚至可以不依赖这种侥幸就能解决问题。人生并非是一锤子买卖，在人体内还隐藏着一个备选方案——成体干细胞。成体干细胞虽然数量较少，也较为难以获取，但在无其他治疗条件时，仍旧是个值得一试的方法。

2018 年，来自同济大学左为教授带领的团队在 *Protein & Cell* 杂志上发表研究报告称，他们从患者肺部支气管上皮分离出了 SOX9+ 阳性的肺脏干细胞并进行原位移植，经过 3~6 个月的增殖、迁移和分化，干细胞逐渐形成了新的肺泡和支气管结构，完成了对损伤组织的修复替代，术后一年，患者肺功能有效改善且保持良好。

胚胎干细胞、成体干细胞、诱导多能干细胞共同组成了我们"取之不尽、用之不竭"的"种子库"，也为我们提供了生命的 Plan B，为生物提供了另一种可能。但技术的出现往往早于法律、政策甚至是公众的接受程度，随着时间的流逝，后知后觉地显现出价值。这是时机的问题，但也是永远无法避免的问题；这是理想与社会的冲突，也是现实和认知的矛盾。

绘制通向未来的"地图",从大脑开始

在人类疾病发病原理研究及相关药物研发的过程中,实验动物可谓功不可没。从小鼠、猪,到与人类亲缘关系较近的猴子,实验动物承担着模拟疾病发病进程、检验药物毒性等重要工作,因而每一种疾病治愈的背后,除了有科研人员的辛苦付出,更伴随着无数实验动物的牺牲。

但动物模型毕竟不等同于人类,即使是再笃定的结果最终也需要落实于人体。但让真人以身试药,不仅风险不定,也并不人道。那是否可以将器官拆开来,需要什么部位就用什么部位进行试验呢?听起来天马行空,但科学家们却真的做到了:在培养皿中培养器官,或者准确地说是类器官。

类器官(Organoid)模型,是一种 3D 细胞培养系统,一般从干细胞或器官前体细胞发育而来,并能以与人体内相似的方式经细胞分序(Cell Sorting Out)和空间限制性的系别分化实现自我组建,简而言之,就是一种人工培养的微型器官类似物,与真实的器官具有高度相似的组织结构和生理功能。

类器官的研究最早可以追溯到 40 年前,但由于干、前体细胞的分离以及早期高通量筛选技术的限制并未得到快速的发展。近年来,随着诱导多能干细胞技术的进步,研究者得到了获取大量干细胞的捷径,类器官研究也进入了快车道。

10 年间,研究者们先后于体外培养出胃肠道类器官、脑类器官、肝脏类器官、肾脏类器官、视网膜类器官等,这些类器官被大量应用于发育生物学、疾病病理学、细胞生物学、再生机制、精准医疗以及药物毒性等领域,与 2D 培养的生物材料以及动物模型系统相比,类器官的三维空间结构更具有生物学意义。

对于类器官的应用,出乎意料,这一次研究者们并没有优先关注可能的器官移植,而是定了个"小目标",用与正常器官或组织体积比悬殊的类器官开展了临床试验。2018 年 2 月,在一项发表于 *Science* 上的研究成果中,研究者在实验室中培育出源自人类肿瘤的类器官,用于测试癌症药物,从而预测患者对药物的反应,目前由患者衍生的类器官正在被越来越多地接受,成为癌症的临床前模型。

在众多的类器官中,大脑类器官算得上是最

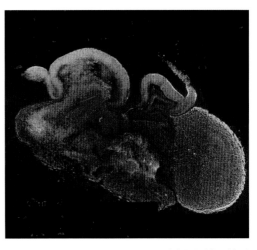

染色的大脑类器官切片

受关注的一个。天才与疯子只有一念之间，而区别就在于大脑。我们的情绪、行为、决定，甚至于人类的文明历史，统统都由这一团细胞决定，而大脑类器官正是解开"人之所以为人"秘密的绝佳手段。2015 年，大脑类器官被《麻省理工科技评论》评为年度十大突破性技术 [11]。

剑桥大学神经生物学家 Madeline Lancaster 可以算得上是大脑类器官的资深研究者，她与类脑的缘分有点奇特。2011 年，当时的她正在 Jürgen Knoblich 实验室做研究，却遇到了一个让她烦恼的问题——实验中的细胞不贴壁，总是形成球状，漂浮在培养液中。经过仔细的观察，兰开斯特惊喜地发现培养中的细胞团内出现了正在发育的视网膜细胞，而视网膜细胞正是发育的大脑具备的结构——这些细胞自发组成了微型大脑，并形成了大脑的不同区域。2013 年，兰开斯特将她的研究结果发表在 Nature 杂志上 [12]。

很快，脑类器官就找到了它大展拳脚的舞台。2015 年，一种叫"寨卡"的病毒肆虐中南美洲，同时，新生儿小头症开始在巴西等美洲国家频发。尽管研究者从孕妇的羊水中检测到寨卡病毒的存在，但这并不能作为寨卡病毒与小头症之间关系的直接证据。研究者随后以大脑类器官为实验模型，使其感染寨卡病毒，并观察其对脑发育可能造成的影响，最终证明了寨卡病毒就是新生儿小头症的元凶。

不仅仅在形态、大小上，大脑类器官与人脑在功能和多样性上也表现出极大的相似性。2017 年 4 月，来自哈佛大学的研究团队在 Nature 上发表文章，介绍了他们关于类脑的研究结果。他们发现在长时间的培养下，类脑器官体中的细胞具有极高的多样性，其中生长过程及神经细胞之间联系的建立都与人类大脑极为相似，不仅如此，经过 8 个月的培养后，类脑中的感光细胞甚至可以对光照产生反应，这意味着类脑在某些方面已经可以成功模拟人脑功能。

类器官作为人类的"替身"，肩负着器官移植、药物毒性研究及疾病模型建立的期望，但和众多超前的研究一样，类器官也没有摆脱争议的命运。以大脑类器官为例，为了进一步探究大脑功能，研究者将这些类器官的细胞团整合到老鼠大脑中，一些大脑类器官甚至可以和小鼠的大脑产生生理联系，这使很多学者对小鼠是否可能产生"人类的意识"产生了深深的担忧。

单单找到这样一个似是而非的"替身"远远满足不了人类希望深入解析大脑的渴望，人们试图抽丝剥茧，一层一层地从形态、结构上深入地认清每一颗细胞。

早在 19 世纪，西班牙病理学家、神经学家 Santiago Ramóny Cajal 就借助简陋的显微镜，凭借切片和染色方法，绘制出了他对大脑微观结构的认识。由于精美的笔触、精准的描绘，以及其对大脑微观结构开创性的认知，

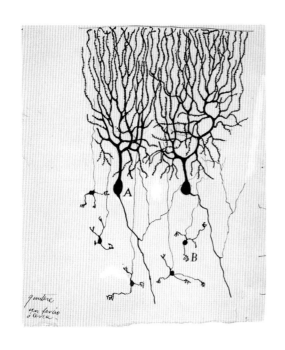

Santiago Ramóny Cajal 绘制的神经细胞图

Ramóny Cajal 被认为是现代神经学之父，并于 1906 年获得诺贝尔生理学或医学奖。

他的认识开创了人类理解大脑结构的先河，并对后来的研究产生了深远的影响。时至今日，即使显微镜变得更清晰，通过形态和功能对神经细胞进行分类仍旧是神经科学的经典方法。

但大脑中的神经元绝非是孤立无援的存在，不同神经元之间组成了错综复杂的信号通路，不同的脑区具有不同的功能，随着显微镜分辨率与成像技术的进步，通过切片技术获取的二维信息已经不足以作为探索脑功能的助力，走入大脑这座宫殿，人类需要一份更精准的三维地图。

顺应需求，BigBrain 脑部图谱（Brain Mapping）计划横空出世。2004 年，德国于利希研究中心（Jülich Research Centre）和蒙特利尔神经疾病研究所（Montreal Neurological Institute）合作，启动了 BigBrain 脑部图谱计划。历时 10 年，最终于 2013 年成功绘制出一幅 3D 的全方位的脑部神经图谱，该图谱以 20 微米的尺度深入而完整地展现了人类大脑结构，为后续进一步研究大脑不同区域的功能及相互作用提供了有力的支持。2014 年，该技术被《麻省理工科技评论》评为年度十大突破性技术 [13]。

在该项研究中，研究者们首先选择一名 65 岁健康女性捐赠者的大脑作为绘制器官图谱的基础，将该样本切成 7,400 余片 20 微米厚的切片，并将切片染色后进行数字化处理，最终生成高清的 3D 模型。

聚沙成塔、集腋成裘，从二维到三维，一层一层 20 微米的切片逐层显影叠加，最终汇集成为生动的立体结构，清晰地呈现出这名女性大脑的皮层、纤维和神经电路结构。也许 20 微米这个数字对于大多数人来说过于抽象，但如果你知道人类头发的直径约为 100 微米，相比之下就很好理解了。

来自美国圣路易斯华盛顿大学的研究团队同样对绘制大脑图谱抱有兴趣，不同的是，他们希望绘制的是属于所有人的"通用地图"。众所周知，人脑可划分为大脑、小脑、脑干及边缘系统等区域，同时又可以根据功能的不同进而划分为更小的区间，由于个体的差异性，从单一样本获得的模型图谱难以被推广应用。

来自圣路易斯华盛顿大学的研究团队借助磁共振扫描技术，对 210 个健康人类大脑样本的褶皱厚度及褶皱数量进行计量，同时记录在不同活动中不同区域的大脑反应，借助机器学习算法，最终绘制出新的大脑图谱。新的大脑图谱将大脑的每个半球都分成了 180 个特定的皮层区，在全部 360 个皮层区中，有 97 个区域第一次被描述，新图谱同时在独立受试者中得到了验证。

但正如前文 Ramóny Cajal 的认识那样，对于大脑功能的描述，最精准的单位不应该是脑区，而应该是神经元。即使精度为 20 微米也并不能让科学家满意，精细些，再精细些，研究者希望能精准到单细胞水平，甚至是分子水平。

人体中约有 200 多种、40 余万亿个细胞，每个细胞都是独立的个体，但又彼此保持联系，形成精密的合作网络。近年来，借助于高效的测序技术、标记及染色技术，以及细胞微流体技术，人类细胞图谱（The Human Cell Atlas）计划正在展开。2017 年，细胞图谱被《麻省理工科技评论》评为年度十大突破性技术 [14]。

从单细胞水平全面揭示人体的构成，可以帮助研究者更好地构建生物学模型，就像 20

世纪 90 年代的人类基因组计划一样，未来这将成为人类无穷的财富。2017 年 10 月，人类细胞图谱计划首批拟资助的 38 个项目正式公布。这 38 个项目由来自美洲、欧洲、亚洲和非洲的 8 个国家参与，涵盖了大脑、免疫系统、皮肤等多个系统，而中国唯一一个项目由清华大学张学工负责。

在众多的子项目中，脑细胞图谱无疑是最热门的一个，而各生物大国也纷纷另开小灶、积极布局，唯恐落于人后。2013 年 4 月，美国政府就已经开启了名为 BRAIN Initiative 的项目，对脑科学的 9 个领域进行资助，预期 10 年，而对大脑细胞分类、绘制大脑细胞图谱便是其中的一项。

在成年人脑中，约有 1,000 亿个神经元，仅大脑新皮质中就有 500 余种、200 亿个神经元，不同的神经元间相互作用，形成信号通路，共同掌控人类的生理、行为、记忆及情感。

面对如此错综复杂的细胞类型和神经回路，依靠位置、形态以及电刺激反应等判断依据的传统分类方法显得不那么精准，研究者亟须从分子水平绘制细胞图谱，了解细胞类型，进而更好地获知神经细胞发育进程、发育行为之间的联系。

2018 年 3 月，来自中国科学院生物物理研究所、北京大学、北京大学第三医院和首都医科大学安贞医院的联合研究团队，通过单细胞转录组测序方法，对 2,309 个人脑前额叶中处于发育阶段的细胞进行 RNA 测序分析，最终确认了 6 大主要类型共计 35 个亚型的细胞，系统地绘制了胚胎发育早期及中期人类大脑前额叶皮层部分的单细胞图谱，揭示了神经细胞的分化、迁移及成熟机制，为进一步从分子及细胞水平了解前额叶皮层的功能调控提供了翔实的基础。

无独有偶，来自美国艾伦脑科学研究所（Allen Institute for Brain Science）的科学家们同样通过单细胞 RNA 测序技术发现了位于人脑皮质顶层、抑制性神经元聚集区的新型神经元。

可以预见，由于特定时期技术的局限性，在为细胞分类的过程中必将面临被后来者完善、甚至反复证伪的"尴尬"，但更值得肯定的是，随着质疑和争辩，人类对于自身的认识必将更趋向于准确和完善，而细胞图谱最终也将会成为人类通往未来的地图。

绘制细胞图谱并不只是为了进行细胞分类，了解细胞间的功能联系及生物学意义，并最终将其应用于人类才是最终目的。

就像我们认识神经细胞后对记忆的理解：一段段记忆就像图书一样存储在大脑这座图书馆中，却难免因意外"遗失"，其中有一种我们无法阻挡的意外，就是岁月。一个人之所以是他自己，就是因为拥有独一无二的记忆，保持记忆或找回记忆对大多数人来说都意义非凡。

那记忆究竟是什么呢？是否有办法"移植记忆"呢？有研究者认为或许是存在于神经细胞中的实体生物大分子充当了记忆的载体，而有的科学家则认为存在于神经网络中突触连接的方式及强度才是正确答案，而这一争辩迄今已持续了近 80 年。

20 世纪 40 年代，加拿大心理学家 Donald Hebb 提出，记忆是由神经元之间的联系——突触产生，并且随着这些联系变得更强和更丰富而得以存储，随后这一观点成为记忆研究方面的主流思想。

20 年后，来自密歇根大学的 James V. McConnell 教授第一次对这种观点发起了冲击。他首先训练了扁虫，并将受训的扁虫喂给未受训的同类扁虫吃。出乎意料的是，未受训的虫子继承了被它们吃掉的同类的行为，因此 McConnell 认为，记忆通过"记忆 RNA"形式在生物间转移了。

2018 年 5 月，来自加州大学洛杉矶分校的 David Glanzman 教授再次用他的研究结果表示了对前一种观点的支持。他选择海兔（aplysia）这种神经网络较为简单的生物作为研究对象。研究发现，将被电击过的海兔的神经系统 RNA 注射入未被电击的海兔，尽管后者之前并未接受过电击，但仍旧会做出与前者一样长时间的防御性收缩行为，这证明通过 RNA 注射，未被电击的海兔获得了"移植"的记忆。

但扁虫与海兔毕竟是简单模式的生物，对于神经细胞功能及信号通路的模拟，有时甚至只是因为一个细胞类型的缺失，动物模型就不足以模拟人类的生理机制。相比于"记忆RNA"存在的观点，许多学者更相信记忆是通过神经元间突触强度的变化而存储的。基于这一概念，更有前卫的学者自认为有能力"移植记忆"，2013 年，这一技术被《麻省理工科技评论》评为年度十大突破性技术 [15]。

与其说是"移植记忆"，倒不如说是重建大脑记忆区块、帮助恢复记忆的能力或某种特定的行为。就像电脑通过特定的指令或算法完成运算，人脑针对每个特定的情绪、行为都有独立的公式进行电信号换算、存储，而研究者们要做的正是找到这一个个公式。

听起来狂妄不羁、不着边际，但科学家们却做到了。天才与疯子只在一念之间，但并不在于谁更理智，更多时候是因为他们是否可以实现自己口中的那些"狂妄"。

来自南加州大学的 Theodore Berger 就是这样一位"狂妄"的科学家，或者说是别人口中的"疯子"，而他如今已经为这项"疯狂"的事业付出了近 40 年的努力。

在神经科学学界，早就达成了海马体是将短期记忆转化为长期记忆的重要脑区这一共识，但究竟是如何完成的，各方研究者莫衷一是。早在哈佛大学读研究生期间，Berger 就开始从事寻找记忆存储的脑区的研究。在研究中，他发现在一段记忆形成时，神经细胞总是伴随有一定规律的动作电位形成。这让他不禁联想到一个问题：在神经细胞接受和传递信息时，对于某一特定行为，输入与输出的电信号是否存在某一定量关系呢，是否存在生命信号的转化公式呢？

这一猜想看似天马行空又无从下手，却从未离开 Berger 的脑海。随着对神经科学认识的深入，以及计算机技术的进步，伯杰准备着手验证他的这一猜想。首先他使用导电聚合物代替金属与硅构成电极，向大鼠海马体发送随机脉冲，并接受来自神经细胞的电信号，构建不同刺激下信号转换的数学模型，而这一模型正是海马区神经细胞所可能行使的转换内容。

为验证这一模型，研究者构建了一块具有海马区功能的芯片，用以模仿海马区发出的电信号。研究团队首先记录下大鼠完成学习任务时大脑中神经信号的变化，并获得该长期记忆的独特编码。随后使用药物干扰大鼠的长期记忆形成，通过体外的电脉冲记忆，使大鼠成功完成选择。

随后该项研究再次在与人类亲缘关系更近的灵长类动物身上得到了验证。这一研究的成功意味着 Berger 教授破解了人类记忆与行为之间的"摩尔斯电码"，找到了海马体神经元之间的信号变化与长期记忆形成的运算公式，这也为人类未来希望通过植入芯片、假体的方式改善或控制行为提供了基础和可能。

Berger 的"移植记忆"存在一定的局限，即只能恢复特定的、已获取电信号编码的行为和能力，算不上真正的记忆移植或恢复。尽管如此，该技术的一些应用，如对瘫痪患者来说，通过无线脑 - 体电子元件绕过神经系统的损伤来实现运动功能恢复，简直可以算得上是改变命运般的意外之喜了。2017 年，这一技术被《麻省理工科技评论》评为年度十大突破性技术[16]。

瘫痪是指一个或多个肌肉群肌肉功能的丧失，在受影响的区域同时也可能伴有部分感觉的缺失。一般来说，瘫痪的主要原因为神经系统受损，尤其是脊髓部位，其他的主要原因也包括中风、意外、小儿麻痹、萎缩性脊髓侧索硬化症（Amyotrophic Lateral Sclero-sis，ALS）、多发性硬化症等。

据相关数据显示，在美国每 50 个人中就有一个人罹患一定程度的瘫痪，而全美目前约有 600 万人正在遭受这种痛苦。缺失的肌肉功能封闭了肉体，同时也禁锢了灵魂。不再灵活的躯体不仅限制了当事人的自由，成为他或她肉体与心灵的双重枷锁，同时也成为家庭的巨大负担。

既然瘫痪的主要原因来自神经系统受损，那是否可以通过体外设备弥补大脑与肌肉、意念与行为之间的衔接部分呢？是否有方法可以读懂意识、解放意念呢？"脑机接口"（Brain Computer Interface，BCI）正是一个绝佳的答案。

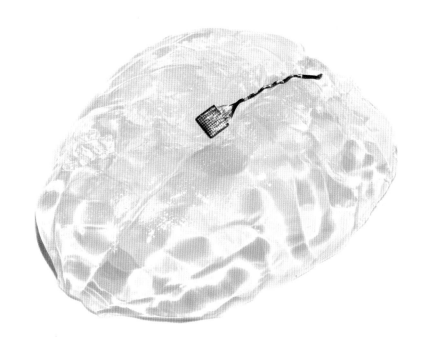

在灵长类大脑的硅胶模型上显示的植入物

脑机接口是指在人或者动物脑部与外部设备间创建的直接连接通路，分为单项脑机接口和双向脑机接口，用来完成脑与设备之间的信息交换，从入侵方式来看，又可分为侵入式脑机接口、部分侵入式脑机接口以及非侵入式脑机接口。

听起来似乎充满科幻感，但事实上，脑机接口早已被广泛应用于恢复感官系统功能丧失的医学领域，如我们十分熟悉的人造耳蜗。

早在 1961 年，医生和发明家 William F. House 测试了第一个人工耳蜗，他通过将声音频率转化为不同部位的电流刺激，使患者重新获得"听觉"，这是人类历史上第一次成功恢复失去的感觉。时至今日，这一设备已经使超过 30 万人受益，而人工耳蜗也成为最常见、最普及的脑机接口。

进入 20 世纪 80 年代，随着计算机技术与神经科学的进一步发展，脑机接口也进入了全面开花的阶段。来自世界各地的研究者们纷纷在不同领域做出了不俗的成绩：1999 年来自美国杜克大学由 Miguel Nicolelis 带领的团队使用恒河猴的运动皮层神经元发出的信号成功控制了机械臂，开创了脑机接口的新时代。2013 年，该团队成功将猴子的大脑信号通过互联网从美国发送至日本，从而激发了机器人在跑步机上的行走。

与此同时，基于人体的临床试验也在有条不紊地展开，2012 年，在患者使用脑机接口移动光标、控制设备之后，布朗大学的 John Donoghue 团队成功地让两名四肢瘫痪的患者使用机械臂进行抓握，甚至喂自己喝水。而这之后，受试者对于机械臂的操控也变得越来越流畅，感觉也更细致。2016 年 10 月，匹兹堡大学的 Robert Gaunt 团队通过在大脑植入电极阵列，让 28 岁的截瘫患者 Nathan Copeland 不仅能够操控机械臂，甚至可以从机械臂获得像自己的手指一样逼真的触觉反馈。

对于大多数的瘫痪患者，他们只是神经系统损伤，自身肢体并没有缺失或损伤。既然目前通过意念控制义肢已经可以达到，那是否可以更进一步，唤醒沉睡的四肢呢？ 2016 年科学家们同样给出了漂亮的答案。

2016 年 11 月，瑞士洛桑理工学院的 Grégoire Courtine 博士带领团队，通过构建"脑脊柱接口"，在历史上首次成功地使脊髓损伤的猕猴恢复了行走功能。该项研究被发表在 *Nature* 杂志上 [17]。

在研究中，该团队首先构建了一个含有无线记录和刺激设备的脑机接口系统，在猕猴的大脑运动皮层中植入微电子阵列，用以记录其运动时皮层的活动状态，并在猕猴的腰椎脊髓内植入电刺激装置，用以刺激腿部控制运动的神经元。在实验中，研究者人为破坏了猕猴的一半脊髓，导致其右腿瘫痪，而科学家们要做的，就是让这条瘫痪的右腿行走起来。

Grégoire Courtine 手持脑脊柱接口的两个主要组成部分

在恢复这一运动能力的过程中，位于脑部的无线记录系统首先获取并分析出猕猴的移动意图，随后将这一信息以无线电信号的形式传输到脊柱的电刺激装置，给予特定的脉冲刺激让右腿恢复行走。尽管猕猴的行走并不完美，却足以向人们展示脑机接口的强大能力——如果愿意，它可以帮助瘫痪患者恢复运动的能力，或者说也可以控制人类的行为。

目前脑机接口的研究很大一部分集中在运动能力的恢复上，部分原因是美国国防高级研究计划署（The Defense Advanced Research Projects Agency，DARPA）的资金优先资助了这一项目，主要用于伤残老兵的战后复原。但另两项由 DARPA 资助的脑机接口项目却同样超前且耐人寻味。

"黑"进个人计算机、"黑"进汽车操作系统，在如今听来并非惊世骇俗的稀奇事，但你是否想过有一天人脑也会被"黑"，甚至

你的情绪都可能被挟持呢？

2017 年，在美国华盛顿特区举办的神经科学学会（Society for Neuroscience，SfN）年会上，由 DARPA 资助的两个研究团队分别对他们的研究内容做了介绍，他们通过大脑植入设备检测情绪障碍引起的异常状态，并通过算法释放电脉冲回击大脑，使大脑在没有医生介入的情况下恢复到健康状态，研究者希望最终通过这一手段为患有抑郁症及创伤后应激障碍等情绪或精神疾病的军人及老兵提供治疗方案。

其中，来自加州大学旧金山分校的研究团队由 Edward Chang 带领，他们通过记录癫痫患者不同时间内大脑活动与情绪变化的细节，成功绘制了人类第一张"情绪地图"，通过这一地图研究人员将可以成功解读人类情绪，并将其运用于对人类情绪的调节或控制中。来自波士顿的马萨诸塞综合医院（Massachusetts General Hospital，MGH）的研究团队则发现，用电脉冲刺激参与决策和情绪生成的大脑区域，可以显著改善参与测试者的专注度表现。

更激进的科学家甚至可以不通过人机接口就能对情绪或行为进行控制，而调控的开关仅仅就是光。

这是一类基于光遗传学技术的研究。光遗传学，顾名思义，同时结合了光学与遗传学的特点，在研究中，实验小鼠的头部会接有一

根用于激光传输的电缆，用以激活特定信号通路。

在一项来自耶鲁大学的研究中，研究者们采用光遗传学的方法，对杏仁核内神经元进行有选择的激活。杏仁核，又称杏仁体，是大脑中负责调控焦虑和恐惧情绪的核心。研究者通过激活杏仁核中不同的神经类型，分离了协调捕食者猎杀的神经回路：一种可以提示动物追捕食物，另一种则可以指示动物使用它的颌与肌肉来咬和猎杀动物。

在研究中，当连接于小鼠头部的激光关闭时，小鼠的行为表现为正常状态，悠闲自在地在实验区闲逛；可当激光打开时，温顺的小鼠会瞬间狂暴起来，追逐甚至撕咬面前的一切东西。但值得注意的是，这种行为并不是出于饥饿，同时并不会针对同类。该研究的相关细节发表在著名科学期刊 *Cell*。

科学就像一把双刃剑，有的时候带来的是惊喜，有的时候却是惊吓。就像上文中介绍的光遗传学技术一样，只是通过小小的一束光，既可以治疗神经性疾病，同时却也能激发潜藏在身体里的"杀手灵魂"——纵使是"胆小如鼠"，也能够杀戮成性。

近年来，随着计算机科学与神经科学的高速发展，基于人工智能和神经科学的脑机接口也得到了越来越多投资者的青睐，一大批世界上最富有的投资者正蜂拥而至，投下赌注。目前全球十几家公司，包括 Elon Musk

（埃隆·马斯克）旗下的创业公司 Neuralink，都在投资、研发能够"读取"人脑活动和将"神经信息"写入大脑的设备。

但技术就像是不添加主观感情色彩的利刃，是好是坏只在于使用的手，在带来社会福利的同时，技术同时也可能是社会秩序的一种破坏。毫无疑问，通过脑机接口治愈瘫痪、改善神经退行性疾病进程可以免除许多患者及其家庭的负担，但如果应用于人类的感官强化，如增强记忆、提升学习能力，将引发新的社会公平问题及歧视问题。

同时，人工智能和脑机接口对人类情绪的控制就像潘多拉的魔盒，错误地使用很可能让患者对于自我情绪和行为的控制产生怀疑。如果被运用到战争中对士兵的控制，使士兵没有怜悯，没有情绪波动，甚至冲动地满脑子只想着厮杀，结果简直是难以想象的。

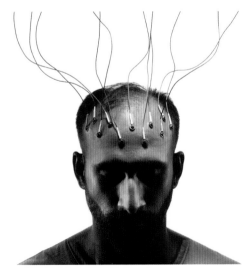

脑机接口

遗忘是岁月最残忍的惩罚，在时光中，人们可能会失去行动的能力，失去记忆，失去某一刻的冲动、激动或感动。很遗憾，此刻我们人类的力量仍旧渺小，不足以与岁月抗衡，但如果最终我们将失去珍贵的独家记忆，那么请珍惜当下。

用更简单的检测手段撕下疾病的"伪装"

失踪的小朋友、走失的老人需要追踪找回，重要文献的传输、重要场合的进入需要个人信息的验证，癌症的预后监测，健康状况的定时检测，甚至是前文所提到的增强记忆、治愈瘫痪，现今社会关系错综复杂，需求五花八门，但如今这些场景通通都可以通过一个手段实现——植入芯片。

罗马并非一日建成，衰老、疾病也如此。以癌症为例，错误的遗传信息在患者体内日积月累，从量变到质变，最终当症状被发觉时，往往已经到了中晚期。人们与癌症的关系就好像是怀揣着炸弹的前行，某种程度上来说，在疾病的治疗过程中，"防"的重要性要大于"治"。未雨绸缪、防患于未然，将疾病扼杀在萌芽中，不仅可以有效地节省医疗资源，同时也可以提升幸福体验。

常规的检验手段，如血常规、尿常规、血生化、胸片、B超，甚至是更具定向性的镜检或肿瘤标记物检测等，由于并不能随时随地进行检测分析，或对身体具有一定的损伤，因而要求这些检测具有一定的周期性，无法

连续地监测健康状况的变化，而这，恰恰为身体中蠢蠢欲动的那些"宵小"留下了可乘之机。

随着健康意识的增强，人们对检测手段的需求也更加明确而直接，人们清晰地表达个人需求，寻求一种可以集快速、高效、精准，且连续性强、人为参与少、侵入性少等各种优点于一体的监测、检测工具。

而植入式芯片则完美地契合了这一需求。以糖尿病这种慢性病（也被称作不死的癌症）来说，患者需要长期检测血糖及胰岛素浓度变化。而在患者皮下植入一系列用于检测特定生物标记物（如胰岛素）的电子元件，可以在每天不需要取血的情况下完成监测。2010年，植入式芯片这一技术被《麻省理工科技评论》评为年度十大突破性技术[18]。

完成芯片植入，首先要考虑是否有生物相容性的问题，来自美国塔夫斯大学的生物医学工程师 Fiorenzo Omenetto 选择使用蚕丝这种柔软韧性的天然而非人工锻造、合成的材料作为芯片的骨架。这种材料可以像光学玻璃一样传递光线，虽然并不能被直接做成晶体管或电线，但可以作为电子元器件组的机械支撑。在人体内，蚕丝并不会引起免疫排斥反应，并且可以随着时间的推移自然降解，因而不需要手术取出，避免了对人体造成二次伤害。

Omenetto 首先通过煮和纯化，从蚕茧中获得

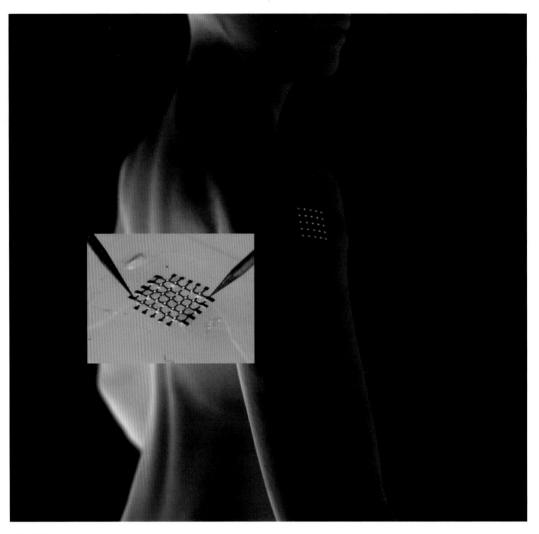

植入式芯片

主体为蚕丝蛋白的水基溶液，并将该溶液倒入模具中获得纳米级柔性结构，包括透镜、反射镜、棱镜、光纤等光学器件，这些元件最终会被用于与植入体内的生物感应器间的光信号传输。根据制作的目的和细节不同，这些蚕丝蛋白水基溶液有时会被混入特定的抗体或酶，当植入者身体出现细微变化时，该植入设备会在第一时间感应并传递信息。

下至血糖，上到癌症标记物，植入式芯片都可以在第一时间获取信息。但这并非它的全部能耐，除了监测、检测功能，植入的电子器件同样可以作为信息储存的载体，对于一些危重病人来说，电子病历的植入可以让医护人员快速获取信息，有效减少突发事件带来的危害。而对于一些涉密场所的防护来说，通过植入式芯片验证个人信息不仅可以在复杂的人员流动中保证安全，更可以节省时间与人力。

甚至,如今患者不再需要开刀,一粒"数字药丸"就可以游走你的全身,跳过主体意识,完成身体与医生间的直接对话。2017 年 11 月,美国食品及药品监督管理局(FDA)通过了首款抗精神疾病的数字药物 Abilify MyCite。数字设备在医药方面的应用意味着医生可以更高效地监督患者的服药状况,避免了药物滥用和不按时服药的情况。

数字药物名字看起来高深莫测,实际上是由药物和内嵌的感应器组成。当患者服下药物,感受器会随药片进入体内,在胃酸的作用下,感受器会像水果电池一样被激活并向外界感应设备发送信号,将患者是否服药、何时服药及药物的吸收代谢等信息"诚实"地传递到贴在左胸腔上的穿戴式接收器上,随后相关数据和信息会通过蓝牙发送到手机 App 上,最终汇总到数据库。在患者的同意下,主治医师和至多四位亲朋可以对信息进行读取。

Abilify MyCite 的药物由日本制药公司大冢制药(Otsuka Pharmaceutical)生产,而内嵌的感应器部分则由普罗透斯数字健康公司(Proteus Digital Health)提供。同样希望在数字药物领域开疆拓土的还有来自佛罗里达的 etectRx 公司,他们正在尝试一种叫作 ID-Cap 的可摄入感受器,用以协同阿片类药物、HIV 药物及其他药物进行治疗。

但将个人信息如此"全面"地呈现在他人面前,对于使用者来说,几乎全无隐私可言,这一潜在危害也引起了相当一部分人的关注:如果人人都随身携带电子标签和"监视器",那么人类究竟和被打上烙印、芯片追踪的牲畜有何分别?

这非但无益于效率,反而可能引发一定的社会矛盾。在数字芯片技术全面铺开之前,我们不得不先回答更迫切的问题——科技究竟是让人更安全还是更不安全了?

相比植入式芯片、数字药物,诊断试纸因为其便宜的价格、简单的操作,同时对人体完全没有侵入性而得到了更广泛的应用。尤其是在一些贫瘠、偏远,缺少基础卫生设施的地区,操作者甚至不需要任何专业知识,就能轻松操作,获取信息,判断病情或疫情。2009 年,诊断试纸这一技术被《麻省理工科技评论》评为年度十大突破性技术 [19]。

来自哈佛大学的 George Whitesides 教授将人类古老文化的产物——纸,与现代科技微流体技术都集合在了这张只有邮票大小的"万能"试纸上。操作时只需让试纸的边缘浸入少量尿液或血液中,受试者的样本便会顺着试纸上天然的细微通道进入微流体测试孔,与不同的化学物质产生反应,并呈现出蓝、红、黄或绿等不同颜色。通过简单的比色,操作者就可以得出相应的测试结果。

试纸作为检测工具,不仅易于获取携带,更

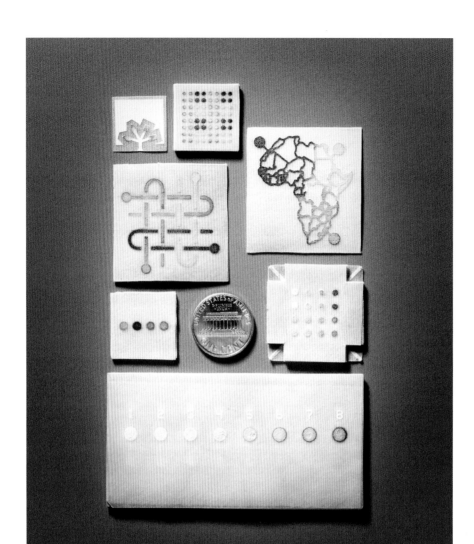

"万能"试纸

容易被销毁。同时，相对于实验室内几天的检测，试纸可以称得上是"即测即得"，这一点对于传染病肆虐的灾区尤为重要。2007年，Whitesides 教授创办了名为"全民诊断"的非营利性组织，旨在为一些贫穷和落后地区的人们提供更多的诊疗机会。

除了蛋白标记物，DNA 同样可以作为一项诊断依据，近年来另一项趋于成熟的检测手段就是液体活检。液体活检，是指通过非侵入式的生物样本及时获得肿瘤细胞或组织生物信息的技术，其中样品来源包括尿液、唾液、血液等，利用高通量测序技术，获取目的内容的基因组信息，而本书"基因"一章中所介绍的产前 DNA 测序就是它的一个经典应用。2015 年，液体活检中的血液检测技术被

《麻省理工科技评论》评选为年度十大突破性技术[20]。2017 年，该技术入选世界经济论坛"2017 年度全球十大新兴技术榜单"。

而应用于早期的癌症诊断，则是它的又一个特长。在临床中，传统获取患者肿瘤样本的方法包括手术活检和穿刺活检两种。但对于年老或衰弱的患者来说，这两种活检方式带来的伤害都无法承受。同时，一般来说，癌症患者的肿瘤往往不止一处，因而对单一部位的取样并不能反映病患的整体病情，而对所有的肿瘤都进行穿刺又不切实际。更严重的是，一旦发现多处肿瘤，癌症往往已经发展到一定程度，手术活检和穿刺活检在病程的追踪上都具有一定的滞后性。

而血液活检则可以有效地改善这些情况，目前，液体活检四种主要肿瘤来源的生物标志物分别是循环肿瘤细胞（Cycle Tumor Cell，CTC）、循环肿瘤 DNA（Cycle Tumor DNA，CTDNA）、外泌体和循环 RNA。在肿瘤患者的血液中，存在着少量循环肿瘤细胞以及由坏死癌细胞释放的少量循环肿瘤 DNA。通过高通量测序技术及基因表达谱分析，研究者可以获得驱动癌症发展的基因突变信息，并找到相应靶向的药物，做到真正的"个人定制"消灭癌症。

相比于传统的活检方法，血液检测成本低、临床取样更简单，且对患者伤害较小。同时可以在癌症相对早期的时候进行诊断，并伴随病程高频取样、随时跟踪。基于患者个人

基因型的癌症检测也为个性化治疗方案提供了基础，大大地提高了"绞杀"癌症的可能。

但通过蛋白标记物或 DNA 检测并不能确定肿瘤或癌症的发生位置。近年来，可以透视内脏器官的超声设备正在趋向于低成本、易携带、平民化，这一发展为弥补这一缺陷提供了条件。

Philips 算得上是拥挤的超声检测行业里的翘楚，其代表产品就是 Lumify，该设备是第一款可以用于院前检测的手持超声设备，使用时只需直接连接到安卓手机即可。2016 年秋天，美国食品及药品监督管理局批准了 Philips 心脏传感器 S4-1，新的附加功能将心脏成像带入便携式诊断领域，允许医生扫描胆囊和肺等其他部位。

2017 年 10 月，Butterfly Network（蝴蝶网络公司）的产品 Butterfly iQ 得到美国食品及药品监督管理局的上市前批准通知，这是美国市场的首个固态超声设备，通过智能手机应用结合云技术、人工智能、深度学习等，Butterfly iQ 实现了单个手持式超声探头通过多种检查模式完成 13 种临床检测需求的操作，包括腹部、成人心脏、小儿心脏、产妇胎儿、泌尿学等几乎全身器官或部位。

随着人工智能（AI）的发展，人们也对它有了更多的期待。在检测、成像之外，这次科学家们希望它可以跨越人工诊断的藩篱之争，更进一步"取代人类"，完成解

读与诊断。

2018 年，FDA 逐渐表现出了全面放开 AI 诊断决策的态度。顾名思义，诊断决策支持系统是用来辅助医生在诊断时进行决策的支持系统。这种主动的知识系统通过病患至少两种以上的数据进行分析，为医生给出诊断建议。医生再结合自己的专业判断，从而使诊断更快更精准。2018 年 2 月，FDA 批准通过了 Viz.AI 针对中风的 AI 诊断软件 ContaCT，该软件能够对患者发生中风的风险进行判断，如发现可疑的大血管阻塞，该软件会分析计算机断层扫描（CT）结果并通知神经血管专家。因为专家仍旧需要在平台上进行进一步的诊断，所以 ContaCT 并未完全取代专业医生。

2018 年 4 月，FDA 再次放宽 AI 诊断的限制，通过了首个应用于一线医疗的自主式人工智能诊断设备，AI 诊断自此正式迎来爆发期。该款被叫作 IDx-DR 的软件程序由 IDx 公司研发，可以在无专业医生参与的情况下，通过查看视网膜照片对糖尿病性视网膜病变进行诊断。该设备同时被 FDA 认定为"突破性设备"。

而无创检测界的另一候选人——可穿戴式技术在未来也将有着更为广阔的空间。可以预测，很快可穿戴式技术将不再局限于目前我们所熟悉的健身追踪器和智能手表这两种初级角色，伴随着迅猛的势头，其必将快速完成进入健康医疗领域的过渡。可穿戴的伴随

式检测设备，将是下一个蓝海。

风起云涌的基因疗法与免疫疗法

随着生物标记物、DNA 检测技术的发展，人们可以轻松高效地完成疾病诊断。但再超前、精确的诊断，如果没有治疗手段的支持，只能使人平添烦恼，毫无意义。

我国国家癌症中心发布的《2017 中国癌症报告》中的数据显示，在我国，平均每分钟就有 7 人、每天约有 1 万人被确诊癌症，各年龄段发病率表现为 40 岁之后快速提升，80 岁达到高峰，在众多引发高死亡率的癌症中，肺癌和消化系统癌症位居前列。

数字触目惊心，却切切实实地在我们身边发生，在追寻健康的道路上，人类可谓是步步涉险。人体内约有 40 万亿～60 万亿个细胞，想从浩渺的健康细胞中找到"黑化"的癌细胞并除之而后快，人类需要一些手段。

对于癌症治疗方法的选择，肿瘤的位置、恶性程度、发展程度以及病人身体状态是需要考虑的主要因素。常规的癌症治疗手段包括手术、化学疗法、放射线治疗等。但它们不是拖泥带水、难以斩草除根，就是杀敌一千自损八百，只能一定程度地缓解病程，并没有办法做到治愈癌症，很多时候甚至得不偿失。

理论上来说，如果可以通过手术完全移除肿

癌细胞,癌症是可以被治愈的。但事实上,癌细胞并不是个安生的主儿,其无限繁殖且可随着血液或免疫系统"游历"整个身体的特点,意味着如果不能移除每一粒"老鼠屎",最终这锅"汤"都会坏。

彻底清除癌细胞而不损害到其他的细胞,这可以说是癌症治疗的完美预期,但现实中却是为了对癌细胞赶尽杀绝,在临床治疗上,不惜接受"宁可错杀不可放过"的做法,无数的健康细胞成为被殃及的池鱼。

杀敌一千自损八百的代表就是化学疗法与放射线治疗,即我们常说的化疗与放疗。化学疗法是指基于癌细胞可以快速分裂生长的特点,借由化学药物干扰细胞分裂,进而杀死癌细胞的一种方法。由于传统的化学药物具有细胞毒性,且无法专一靶向癌细胞,因而也会对正常分裂的健康组织造成伤害。放射线治疗,又称放射性治疗、辐射疗法等,是通过使用辐射线杀死癌细胞,缩小肿瘤的方法,"欲要使其灭亡,先要使其疯狂"这句话恰如其分地概括了其原理。通过一定时间的辐射线照射,癌细胞中的遗传物质被破坏进而影响细胞的生长和分裂,达到抑制癌细胞的目的,但这一方法也无可避免地会对健康组织细胞造成伤害。

以上的这些常规疗法中,无一例外地都缺少一个重要特点——专一性。对于不同的个体来说,99.9% 的遗传信息都是一样的,而那 0.1% 才是区别于其他人的关键。生物所有的生理特征都写在基因组中,当然,也包括疾病的信息。

随着人类对基因认知的清晰和测序成本的降低,人们动起了"DIY"手动修复遗传信息的念头。关于基因疗法(Gene Therapy)的尝试成功开启了人类医疗史上新的篇章,但也因为它的大胆和超前,注定其一路波折的命运。

基因疗法是指通过分子生物学手段,将外源正确的基因以编辑后的病毒、反转录病毒、腺病毒等为载体,通过静脉注射到患者体内,随后呈递到目标靶细胞,以达到纠正或补偿因基因缺陷或异常导致的疾病的目的。

要想修复遗传信息,首先需要解决如何打开细胞和细胞核的大门这个问题。20 世纪二三十年代,科学家们从自然界中得到了启示。人类的基因组涵盖 30 多亿对碱基,而其中接近 8%、约 2.5 亿对碱基来自数百万年间与反转录病毒间的进化与共存,这一研究结果意味着,反转录病毒具有将外源基因成功插入人类基因组的能力。

到 20 世纪 80 年代,人类首次在实验室内获得了基因插入的小鼠,初次品尝到成功让科学家们按捺不住兴奋,匆忙地开展了人体试验。1990 年,基因疗法成功治愈了一名患有重症联合免疫缺陷(Severe Combined Immunodeficiency,SCID)的 4 岁女童。但首战告捷未必是好事,成功的喜悦促使更多的患者

1990 年，基因疗法成功治愈了一名患有重症联合免疫缺陷的 4 岁女童（前排右一）

参与到实验中来，但随后由于部分病毒载体的错误载入诱发原癌基因表达，大量接受临床试验的患儿患上白血病，直至 1999 年，一名 18 岁的美国男孩由于免疫反应带来的细胞因子风暴死亡，随之基因治疗跌入低谷，而这一连串的打击让本该可以治病救人的基因疗法成为人人避之不及的不祥之物，而这一沉寂，就是 10 年。

近年来，随着逆转录病毒、腺病毒之外更安全的腺相关病毒的发现，一部分科学家决定复兴、升级基因疗法，即创造基因疗法 2.0。2017 年，基因疗法 2.0 被《麻省理工科技评论》评选为年度十大突破性技术 [21]。

2012 年，来自荷兰的生物技术公司 UniQure 于欧洲上市药物 Glybera，用于治疗一种脂蛋白酯酶缺乏遗传病（Lipoprotein Lipase Deficiency，LPLD，又叫作家族性高乳糜微粒血症），这是全球最早的基因治疗药物。随后全球制药巨头 GlaxoSmithKline（葛兰素史克

公司，简称 GSK）也参与到竞争中来，2016 年，它同样于欧洲上市了药物 Strimvelis，用于腺苷脱氨酶 - 重症联合免疫缺陷症（简称 ASA-SCID）的治疗。

尽管基因疗法的第二次登场在技术上更为成熟和完善，但这不是一个成功的商业化案例。由于两款药物针对的都是罕见的遗传疾病并定价高昂，导致本就受众极为稀少的这两款药物更是无人问津，2017 年，Glybera 于上市 5 年后草草谢幕以退市终了，而这中间也有且只有 2015 年治愈了一名患者。

但惨淡的遗传病市场并没有浇灭研究者和投资者的热情，越来越多的人涌入基因疗法市场。2017 年，全球共有 504 项基因治疗临床试验在进行中，其中 34 项已经进入实验的最后阶段。而 FDA 也再次为基因疗法敞开了大门。

2017 年 10 月，Spark Therapeutics 公司针对莱伯氏先天性黑朦（Leber Congenital Amaurosis）的疗法 Luxturna 得到了美国食品及药品监督管理局独立专家小组 16:0 的投票，并最终于同年 12 月正式被批准上市，这也是美国批准的首个直接纠正基因缺陷的治疗方法。

对于癌症治疗，免疫相关功能的激活和增强同样是一种有效的手段。上亿年间，生物进化出各自独一无二的免疫系统，人类也不例外。如果将身体比喻成社会生活，免疫系统

就好像是维持社会秩序的警察。当外源有害物质进入体内时, 免疫系统会第一时间识别、清理并记录, 保证健康环境并防止有害物质下次入侵。免疫疗法多种多样, 其中单克隆抗体疗法、癌症疫苗疗法、免疫细胞疗法等在近年来得到了迅速发展, 未来潜力无限。2010 年双效抗体技术被《麻省理工科技评论》评选为年度十大突破性技术 [22], 2016 年免疫工程技术同获此殊荣 [23]。

免疫疗法是指利用人体内的免疫机制对抗肿瘤细胞的方法, 目前已开展的免疫疗法中, 癌症疫苗疗法和单克隆抗体疗法得到了较好的发展, 而免疫细胞疗法则是近年来的后起之秀。

单克隆抗体疗法所依据的原理是通过使用高专一性的单克隆抗体直接结合到肿瘤细胞特有的蛋白质或是细胞激素, 影响肿瘤细胞的生长, 引起免疫系统反应或是其他功能, 相关药物包括针对乳癌的曲妥珠单抗和针对白血病的吉妥单抗已进入临床使用。

曲妥珠单抗, 国际非专利药品名称为 Trastuzumab, 商品名为赫赛汀或贺癌平, 是一种作用于人类表皮生长因子受体 II, 可以抑制 HER2 基因的单克隆抗体, 主要用于部分 HER2 阳性乳癌治疗。

但事情远没有想象中的那么简单, 癌细胞在肆虐的过程中并不安分守己, 其往往会纠集各方"势力", 因而癌症往往有多种细胞参与, 且在无限增殖的过程中, 一路放飞自我, 不停地产生新的突变进而产生耐药性, 因而单一药物很难对其一网打尽。

只要有残余势力, 癌症就可能死灰复燃。

在之前的研究中, 研究者发现在很多哺乳动物体内, 一些抗体具有绑定第二种抗原的能力, 但这种结合十分微弱。来自美国加州 Genentech 的 Germaine Fuh 却从这种脆弱的能力中看到了"一举两得"的希望——如果可以通过同一抗体同时结合两种癌症的分子特征, 毫无疑问, 不仅可以大大提高治疗成功率, 同时也可以有效降低医疗成本。

Germaine Fuh 决定试一下, 她首先与团队在 Herceptin 抗体上引入不同的突变, 并在 100 亿突变克隆中筛选出能够同时有效结合 HER2 与 VEGF 以抑制肿瘤生长的突变株系。VEGF (Vascular Endothelial Growth Factor), 即血管内皮生长因子, 在癌症中被认为可能促进肿瘤生长。双效抗体的创造首次将两种无关联的蛋白通过同一抗体同时靶定, 开启了双重标靶型治疗的大门。

科学家们形象地将双效抗体形容成"买一赠一", 但如此划算的"买卖"并没有让他们感到满足, 2017 年 9 月, 由美国国家卫生研究院 (US National Institutes of Health) 和著名制药公司 Sanofi (赛诺菲) 联手, 来自哈佛大学医学院 (Harvard Medical School)、美国斯克利普斯研究所 (The Scripps Research Institute）以及麻省理工学院（Massachusetts Institute of Technology）的科学家们通力合作，合成"三合一"HIV 广谱中和抗体。

中和抗体是通过抑制乃至中和抗原或感染源的生化功能，进而对细胞进行保护。这种"三合一"抗体是由 VRC01、PGDM1400 及 10E8v4 这三种抗体组成的新抗体——三特异广谱中和抗体，可分别识别 HIV 病毒的重要围护结构：CD4 结合位点、膜近外侧区（Membrane Proximal External Region，MPER）及 V1V2 葡聚糖位点（Glycan Site），并可以中和 99% 的目前已有 HIV 菌株，对实验恒河猴的保护率更是高达 100%。未来或可成为高效广谱的长效药物和有效预防手段。

癌症疫苗同样是免疫疗法中的重要一支，从 1796 年人类第一次使用牛痘疫苗对抗天花开始，疫苗便开始了造福人类之路，从流感疫苗、破伤风疫苗，到狂犬病疫苗、乙肝疫苗，各种疫苗遍布我们身边的角角落落，却从未涉及癌症领域。

相比于外源入侵的细菌、病毒，对于原本是"自己人"的癌细胞，免疫系统实在无从下手。由于癌细胞只是由于自身机体细胞 DNA 损伤失控形成，而非入侵者，免疫系统对它来说形同虚设。因而想要激活自身免疫，必须有一个免疫触发点。

由于人体内的免疫警察无法区分识别癌细胞，癌症疫苗所做的就是将"黑化"的细胞"头像"散布在细胞内，并"吹响警哨召集警察"。2017 年，来自美国和德国的两组研究者同时选择黑色素瘤作为研究对象进行癌症疫苗临床试验。黑色素瘤，又称恶性黑色素瘤，是一种由黑色素细胞发展而来的癌症。

制作癌症疫苗的第一步就是绘制癌细胞"头像"，来自美国的研究团队通过对患者肿瘤蛋白进行测序，进而选择突变的蛋白片段作为疫苗的主要成分。来自德国的研究团队虽然细节不同，但思路异曲同工，他们将近 10 种编码患者突变蛋白的 RNA 作为疫苗的主要成分，随后将疫苗的主体成分与药剂混合注射，进而激活患者的免疫系统。

对于相同癌症的不同个体，或是相同个体的不同病程或癌变组织，癌细胞都会表现为不同的基因型或遗传特点，基于患者肿瘤细胞特征的癌症疫苗高度特异，因而保证了治疗的高效性，但相同的原因，也使该治疗方法相对于病情发展具有一定的滞后性。

对于如此力不从心的免疫细胞，是否有办法把它们抓出来进行特训，进行"警力"升级呢？当然，免疫细胞疗法就此登场。

与其将癌细胞"头像"随机散落在"免疫警察"的辖区，那为何不更进一步，将"头像"直接交到免疫细胞手中呢？基于这一想法，近年来以 CAR-T 和 TCT 为代表的免疫细胞疗法得到了飞速的发展，其中 CAR-T 更是在

第九章
生物医疗，用智慧辨识破坏，用科技逆转伤害

2017 年大放异彩，一时风头无二。

CAR-T（Chimeric Antigen Receptor T-Cell Immunotherapy），即嵌合抗原受体 T 细胞免疫疗法，是从患者体内分离 T 细胞，进而通过基因工程技术给 T 细胞加入一个能识别肿瘤细胞的靶基因，使其可以特异性识别癌细胞，在体外扩增后再次注入患者体内，达到消灭癌细胞的效果。目前 CAR-T 疗法对急性淋巴细胞白血病、非霍奇金淋巴瘤等血液肿瘤都表现出较高的缓解率。

2017 年 8 月，美国食品及药品监督管理局全票批准了来自 Novartis（诺华）的全球首个 CAR-T 疗法 Kymriah（CTL019），用于治疗复发或难治性儿童和年轻成人 B 细胞急性淋巴细胞白血病（Acute Lymphocytic Leukemia，ALL），目前 Kymriah 的定价为 47.5 万美元。

几乎同时，制药巨头 Gilead（吉利德）豪掷 119 亿美元收购 Kite（凯德药业），并携其 CAR-T 疗法 Yescarta 高调入场癌症免疫疗法，凭此跻身第一梯队。同年 10 月 18 日，FDA 批准 Gilead 的 CAR-T 疗法 Yescarta（KTE-C19）上市，定价为 37.3 万美元。

事实上，在 CAR-T 疗法的竞赛场上，本应是 Juno Therapeutics（朱诺）拔得头筹，但一切美好的前景都因为几起临床死亡事件而暂时搁浅。2016 年，5 名患有急性淋巴细胞白血病（Acute Lymphocytic Leukemia，ALL）的患者在接受过 Juno 名为 ROCKET 的临床试验

后，相继死亡，这个叫 ROCKET 的项目是用于 Juno CAR-T 疗法的主打产品——JCAR015 的临床测试，共有 38 名 ALL 患者参与。2016 年 11 月，Juno 再次报道 2 例死亡。2017 年 3 月，Juno 叫停了 JCAR015 的临床试验。

面对如此挫折，Juno 并未一蹶不振，相反，它再次用实力证明了自身的价值。2017 年 12 月，Juno 公布的最新临床数据显示，另一款产品 JCAR017 在治疗复发或难治的 B 细胞非霍奇金淋巴瘤中表现出色。

2018 年 1 月，这家创立于 2013 年的年轻的生物技术公司，被 Celgene（新基医药公司）斥资 90 亿美元收购。至此，CAR-T 疗法市场上以 Novartis、Gilead 及 Celgene 为主导的鼎立之势已成。

但这块"蛋糕"的诱惑实在是太大了，没有人甘愿将利益拱手相让，其中就包括 Kite 的创始人、首席执行官 Arie Belldegrun 和原 Kite 研发执行副总裁兼首席医学官 David Chang 博士，二人再次携手，一个回马枪杀回 CAR-T 疗法竞赛场。在完成 Gilead 对 Kite 的收购后，二人高调宣布成立 Allogene Therapeutics 公司，并 A 轮融资 3 亿美元再次杀回 CAR-T 研发界，这一次他们背靠的金主是制药业的又一巨头——Pfizer（辉瑞）。

与之前几家公司所主打的个人定制免疫疗法不同，Allogene Therapeutics 公司是通过基因编辑技术获得成品 CAR-T 细胞，这种"即用

型"产品的原始细胞来自健康的捐献者，并具有周期短、价格便宜等特点。对于那些曾接受过放、化疗而无法获得足够的免疫细胞，或是患有激进型癌症的患者来说，即用型免疫疗法给了他们新的希望。

值得一提的是，尽管具有相同的原理、针对相同的病症，但来自不同公司的 CAR-T 疗法的效果并不相同，这意味着即使目前多家公司已入场布局争霸，后来者仍旧有成为黑马的可能。

无论如何，癌症或疾病都不应成为生命的终结者。在与自然的赌局中，我们的先辈们曾侥幸获胜，而今我们可以凭借实力也必须凭借实力赢得这一场豪赌。先进的科技与医疗手段使我们有了选择的余地，多了奋力一搏的机会。

毫无疑问，从这个角度看，科技的确使我们的生活变得更美好，但事实上，新生事物往往伴随着风险甚至是生命的代价，那是否还值得去尝试呢？超前的技术与手段往往伴随着伦理道德的批判、社会公平的争论，使那些行业的先驱者们饱受争议，如果一定要经历这些预料到的结果，那么对先驱者而言，是要等待时机，还是应该在时代的风潮中逆风飞翔呢？

这是我们无法避免的阴暗面，就像人类无法拒绝自然所给予的突变一样，无法拒绝它的好，同时也无法躲避它的坏。

但技术是中性的，是否有罪关乎的仅仅是使用它的那只手。火可以取暖，但同样也可以灼人。在指责的同时，人们更需要的是自问一句：是谁将技术带上了色彩？

对于由之引发的忧虑情绪，更应该正确对待。对于新生事物，畏惧与享受、紧张与兴奋，这种对立矛盾的情绪缺一不可，我们不应厌恶前者，正是因为它的存在才让后者显得更弥足珍贵，充满期待。

10 年，在生物亿万年的演化史中简直不值一提，却足以产生逆转生物亿万年演化的力量。这里是科技 10 年带给你我的沧海桑田，下一个 10 年将会有更多的精彩，而未来，值得期待。

如果你问我科技最终是救了人类还是毁了人类，这都是我的答案。

参考文献

[1] WEINTRAUB, K. Egg Stem Cells. MIT Technology Review (2012).

[2] Johnson, J., Canning, J., Kaneko, T., Pru, J. K. & Tilly, J. L. Germline stem cells and follicular renewal in the postnatal mammalian ovary. Nature 428, 145-150, doi:10.1038/nature02316 (2004).

[3] White, Y. A. et al. Oocyte formation by mitotically active germ cells purified from ovaries of reproductive-age women. Nature medicine 18, 413-421, doi:10.1038/nm.2669 (2012).

[4] Weintraub, K. Rejuvenating the Chance of Motherhood? MIT Technology Review (2016).

[5] Singer, E. Human Stem Cells Created without Viruses. MIT Technology Review (2009).

[6] Takahashi, K. & Yamanaka, S. Induction of pluripotent stem cells from mouse embryonic and adult fibroblast cultures by defined factors. Cell 126, 663-676, doi:10.1016/j.cell.2006.07.024 (2006).

[7] Takuya Sato, K. K., Ayako Gohbara, Kimiko Inoue, Narumi Ogonuki, Atsuo Ogura, Yoshinobu Kubota & Takehiko Ogawa. In vitro production of functional sperm in cultured neonatal mouse testes. Nature 471, 504–507 (2011).

[8] Hikabe, O. et al. Reconstitution in vitro of the entire cycle of the mouse female germ line. Nature 539, 299-303, doi:10.1038/nature20104 (2016).

[9] Regalado, A. Artificial Embryos. MIT Technology Review (2018).

[10] SINGER, E. Engineered Stem Cells. MIT Technology Review (2010).

[11] Juskalian, R. Brain Organoids. A new method for growing human brain cells could unlock the mysteries of dementia, mental illness, and other neurological disorders. MIT Technology Review (2015).

[12] Lancaster, M. A. et al. Cerebral organoids model human brain development and microcephaly. Nature 501, 373-379, doi:10.1038/nature12517 (2013).

[13] Humphries, C. Brain Mapping. A new map, a decade in the works, shows structures of the brain in far greater detail than ever before, providing neuroscientists with a guide to its immense complexity. MIT Technology Review (2014).

[14] Connor, S. The Cell Atlas. Biology's next mega-project will find out what we're really made of. MIT Technology Review (2017).

[15] Cohen, J. Memory Implants. A maverick neuroscientist believes he has deciphered the code by which the brain forms long-term memories. MIT Technology Review (2013).

[16] Regalado, A. Reversing Paralysis. Scientists are making remarkable progress at using brain implants to restore the freedom of movement that spinal cord injuries take away. MIT Technology Review (2017).

[17] Capogrosso, M. et al. A brain-spine interface alleviating gait deficits after spinal cord injury in primates. Nature 539, 284-288, doi:10.1038/nature20118 (2016).

[18] BOURZAC, K. Implantable Electronics. MIT Technology Review (2010).

[19] GRIFANTINI, K. Paper Diagnostics. MIT Technology Review (2009).

[20] Standaert, M. Liquid Biopsy. Fast DNA-sequencing machines are leading to simple blood tests for cancer. MIT Technology Review (2015).

[21] Mullin, E. Gene Therapy 2.0 Scientists have solved fundamental problems that were holding back cures for rare hereditary disorders. Next we'll see if the same approach can take on cancer, heart disease, and other common illnesses. MIT Technology Review (2017).

[22] RUSSELL, S. Dual-Action Antibodies. MIT Technology Review (2010).

[23] Regalado, A. Immune Engineering. Genetically engineered immune cells are saving the lives of cancer patients. That may be just the start. MIT Technology Review (2016).

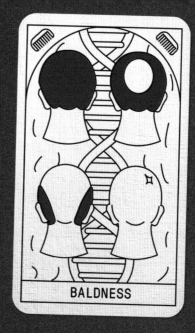

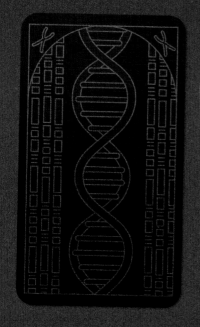

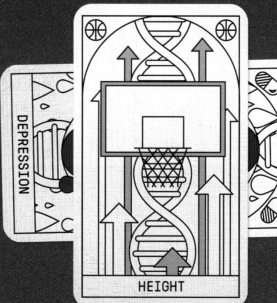

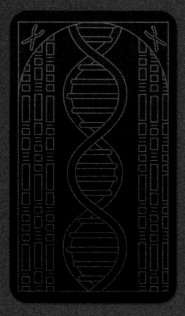

第十章
基因研究，
让人类更了解生命

撰文：沙吉惠

主要技术：

入选年份	技术名称
2009	$100 Genome 100 美元基因测序
2011	Seperating Chromosomes 分离染色体
2011	Synthetic Cells 合成细胞
2011	Cancer Genomics 癌症基因组学
2012	Nanopore Sequencing 纳米孔测序
2013	Prenatal DNA Sequencing 产前 DNA 测序
2014	Genome Editing 基因组编辑
2015	Supercharged Photosynthesis 超高效光合作用
2015	Internet of DNA DNA 的互联网
2016	Precise Gene Editing in Plants 精确编辑植物基因
2016	DNA App Store DNA 应用商店
2018	Genetic Fortune-telling 基因占卜

在生命体了解自己之前，生命就已经诞生了。"我从何
而来"不只是一个哲学问题，没有人能够说清楚生命从
何而来。

一种解释认为生命可能源于一团自我复制的 RNA 分子，
而后在有限资源的竞争中，由于在复制上更有效率，
DNA 成为最主要的复制物。膜的形成使遗传物质拥有了

215

更稳定的物理及化学环境，形成了原始的细胞。在 40 亿年的演化中，生命最终成为如今复杂且多样的形态。

在生命演化的漫漫长河中，人类不过是一闪而过的繁星，可当繁星认识到了自己，便也开始了探索自己。生命从一个细胞开始，一个圆圈，将生命与外界环境隔开，而人类认识自己，首先就从拆分这个生命单位开始。

遗传信息是物种、个体间独特的代码，里面写满了生命的秘密。早在 19 世纪，奥地利人 Gregor Johann Mendel（孟德尔）通过豌豆实验提出，生物的所有性状都是通过"遗传因子"这一独立的遗传单位传递的，这也是基因概念的雏形。

从那之后，科学家们便开始踏上了寻找基因这一遗传性状载体的道路。1903 年，Walter Sutton（沃尔特·萨顿）和 T.H.Boveri（鲍维里）提出了"遗传因子位于染色体上"的"萨顿 - 鲍维里假想"。随后，Oswald Theodore Avery（奥斯瓦尔德·埃弗里）的肺炎双球菌转化实验首次证明了 DNA 是遗传物质的载体。

1953 年，美国分子生物学家 James Dewey Watson（詹姆斯·沃森）和英国物理学家 Francis Harry Compton Crick（弗朗西斯·克里克）在 Maurice Hugh Frederick Wilkins（威尔金斯）和 Rosalind Franklin（罗莎琳德·富兰克林）X 射线衍射分析的基础上，提出了著名的 DNA 双螺旋结构模型。这一结构的提出为之后基因的功能、性质研究奠定了重要基础，开创了分子遗传学的新纪元，也为人类解读自我的生命密码提供了可能。

解读生命，首先要从弄清 DNA 的组成及序列开始，1990 年，美国启动了人类基因组计划，该项目历时近 20 年，花费超过 30 亿美元，先后由美、英、日、法、德、中等国家共同参与完成。随着人类基因组计划的基本完成，人们拥有了绘制个体生命蓝本的能力。现代医学诊疗、农业发展及个人健康等方面对基因测序、解读的热切需求，催生了一系列价格更低、时效更短、准确度更高的测序技术及设备，其中多项相关技术被《麻省理工科技评论》评为年度十大突破性技术，包括作为基因测序基础的分离染色体（2011 年）技术、创建测序速度和读长新逻辑的纳米孔测序（2012 年）技术以及 100 美元基因测序（2009 年）技术。如今人类对基因的理解、应用已经进入了一个全新高速的发展阶段。

人类带着疑问去比对个体间的基因"密码"差异，试图从中找到基因与疾病等表征之间错综复杂的关系，癌症基因组学（2011 年）就是其中的一个典型分支。相同癌症的不同患者甚至相同患者肿瘤的不同部位，基因型都可能有所不同，这也意味着相同的药物对于同一种癌症的不同患者，或者同一患者的不同治疗时期，都可能有不同的疗效。因而未来基于基因测序的癌症诊疗将更加趋向于个性化、精准化，这将带来财力及资源更加高效的使用，同时也对传统的癌症以肿瘤来源组织细胞类型和其生物学行为进行命名的方式提出了挑战。

旧时王谢堂前燕，如今终于飞入寻常百姓家，与医疗机构、科研院所同样对基因测序充满期待的还有活跃而又巨大的消费级市场，普通民众希望用一种更"接地气"的方式获取和解读他们所关心的关键问题，产前DNA测序（2013年）、DNA应用商店（2016年）及基因占卜（2018年）就是适应市场的产物，而这些位于基因测序市场中下游的产业同样吸引了包括测序界巨头Illumina的参与布局。截至2019年6月，全球约有2,600万人购买了消费级基因检测，这标志着消费级基因测序的市场才刚刚起步，尤其是对于

人口众多的中国来说，未来基因检测领域将具有无限的潜力。但纵使眼前看来消费级测序市场将带来十拿九稳的利益，但科研级测序仍是未来抗衡世界各方医药研发力量的基础和重点。

消费级基因测序也有无法忽视的信息安全问题，但如果因噎废食而将个人信息封存又是一种巨大的资源浪费。每一份测序结果都具有不可取代的价值，如何既能不让其湮灭在浩渺的数据中又能保证其安全，研究者们可谓是"费尽心机"。全球基因组学与健康联盟（Global Alliance for Genomics and Health，GA4GH）试图建立DNA互联网（2015年）数据互通的技术标准，带来基因测序的健康红利最大化。而初创公司Nebula Genomics则希望通过区块链来完成数据价值和信息安全的双重实现。

基因测序和解读为人类打开了了解自己的窗口，但并未带来满足。既然人类已知某些疾病是由于基因编码错误导致，那为什么不能亲自执命运之手，将其改"邪"归正呢？很幸运，人类找到了基因组编辑（2014年）的有力工具：CRISPR、TALEN和ZFN，并将其运用于人类遗传疾病治疗、植物优良性状改善提升，包括精确编辑植物基因（2016年）、超高效光合作用（2015年）等方面，并取得了可观的成果。

有了和自然母亲较量的成功经历，人类开始了天马行空的想象，如果说基因编辑只是让

基因测序——巨大的消费级市场

原本美丽的图画更加细致，那么这一次，人类想从构图开始决定，做一次真正的造物者——合成细胞（2011 年）。与之前解读生命恰恰相反，这一次，人类需要写出生命的代码并"运行"。2010 年，John Craig Venter（克莱格·文特尔）的团队成功培养出有史以来第一种具有一套完整人造基因组的丝状支原体的细菌，这是人类科学史上的重要里程碑。

兜兜转转，磕磕跄跄，人类从拆开细胞的窥视生命，到合成细胞的读懂生命，科技 10 年，就像是一个懵懂的孩童，从陌生到熟悉，逐渐用自己的力量去勾勒生命这个圆圈。打开一个圈到关上一个圈，人类对基因的探索从未停歇，虽然仍不完整，但正在变得越来越圆满。

初识自我，拆分生命的单位——基因

苍茫的原野上，一只猎豹正在伺机而动，为了寻找最佳的时机，它已经潜行了许久。忽然它一跃而起扑向垂涎已久的猎物，电光火石之间，一场厮杀仿佛还没开始就已经结束了。

胜利者肆意地享受胜利的滋味，它所仰赖的是写在生命里、流淌在血液中的天赋——速度。

不错，这一切的秘密就藏在它的每一个细胞中。作为生物结构和功能的基本单位，细胞像积木一般堆砌构成生命体，当然，人也不例外。但细胞并非"孤岛"，每个细胞都像

一个独立的工作室一样，既彼此分离又协调统一，共同维持着生物的生命活动、行为及思想等。

在这个"工作室"中，既有作为"发电站"的线粒体为细胞供能，又有"蛋白工厂"核糖体为细胞完成蛋白翻译，更重要的是里面还有一个操控全局的"控制室"——细胞核。

以人类为例，约 30 亿个 DNA 碱基对共同书写了人类基因组的全部信息，其中具有遗传效应的 DNA 片段被称为基因。数以万计的基因排列在 23 对染色体上，共同影响着每个人的生老病死。这 46 条染色体，一半来自父亲，一半来自母亲，遗传、演化、突变共同导致了人类遗传信息的多样性，因而对于同一种疾病来说，不同患者的治疗方案很可能会大相径庭，因此"解读自己"显得尤为重要，而这一切首先就要从厘清遗传信息这一团乱麻开始。

1990 年，美国启动人类基因组计划，旨在破解基因及序列，绘制人类基因组图谱，该项目历时近 20 年，花费超过 30 亿美元，先后由美国、英国、日本、法国、德国和中国（其中中国完成了约 1% 的测序工作）等国家参与合作。人类基因组计划的开展，成功地将人类对生命科学的认识带入以生物信息学为主导的新时代，同时推开了基因诊断、个性化医疗的大门。

但花费如此浩大的基因组测序也是白璧微

瑕，因为即使是同一个人的等位基因，也常常有着不同的"个性"。在二倍体生物细胞中，同源染色体是形态、结构基本相同的染色体，因而可以将成对出现的染色体简单地理解为同源染色体，分别位于两条同源染色体上对应排列的基因被称为等位基因。分别来自父母的同源染色体上携带着序列不同的等位基因，两个拷贝共同影响生物基因的表现形态。

当科学家们进行全基因组测序时，他们往往忽略了染色体是成对出现的这个事实，将分别属于两条染色体的基因信息汇聚成了一个序列。对于数据库生成来说这也许并不算什么，但对于个人基因诊断，却可能是致命的失误。

举例来说，如果已有的测序结果无法正确分辨两条同源染色体，那么当在致病基因中检测到两个突变，结果可能是两种情况：同一个拷贝上有两个突变，或是两个拷贝各有一个突变。毫无疑问，这两种诊疗结果相差了十万八千里。一个正常拷贝的等位基因很可能就足以保障健康或是使患者的病情并没有那么严重，因而将两条同源染色体"拆开看"将是个性化治疗方案的关键。

来自美国斯坦福大学的 Stephen Quake 教授不久便打破了这一僵局，2010 年他通过一项基于芯片的单细胞测序技术，成功让同源染色体"分道扬镳"，并凭此技术入围 2011 年《麻省理工科技评论》杂志评选的十大突破性技术 [1]，他本人也曾名列该杂志 2002 年评选的"35 位 35 岁以下创新家"榜单 [2]。

下图显微镜下的橡胶芯片就是该项微流控技术的关键，就像是一个复杂的迷宫，这个芯片由微小的通道、舱室及泵组成，中间由细小塑料管连通着多种试剂及 650 余个微型阀门。

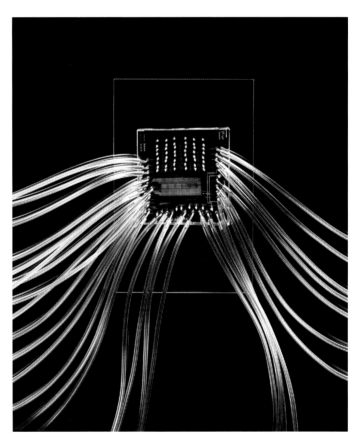

染色体芯片：这一火柴盒大小的装置通过微小的阀门、通道及舱室进行染色体分离

研究者将处于特殊时期（准备分裂）的细胞通过细管注入芯片，液体运载的细胞通过一连串显微管道和微阀门，单个的细胞最终会进入单独的舱室中，随后细胞膜被打破，流出的染色体会随机进入 48 个更小的舱室中，最终单个小舱室中可能有多条染色体，但很难出现两条同源染色体进入同一个舱室的情况。

随后被提取出的 DNA 经过复制，被用于进一步测序分析。除了可以分离细胞及染色体，这项基于芯片的技术还可以将细胞与化学试剂混合起来，并通过检测反应过程中的荧光发射情况获得它们的基因编码。至此单条染色体的碱基序列被检测，同源染色体中的差异也被识别，隐藏在人类基因组中"遗失"的秘密得以重见天日。

"毫无疑问，这将是下个前沿科技，"来自斯克瑞普斯研究所（Scripps Research Institute）的统计遗传学家 Nicholas Schork 对此评价道，"一直以来，由于人类的染色体是成对出现的而研究者又从未分开考虑，我们错过了太多的生物学现象。"

而今，这种"错过"必将越来越少。为了更好地实现单细胞研究及微流控芯片技术的商业化，1999 年，Stephen Quake 携手 Gajus Worthington 于美国加州共同创办了生物技术仪器公司 Fluidigm（富鲁达），这也是第一家能够在单细胞水平完成基因测序的生物技术公司。2009 年该公司被评为"世界微流控设备制造的领导者"，2012 年 Fluidigm 正式

入驻中国，总部位于上海。目前该公司主要从事生物仪器及微流体芯片销售，实时检测、蛋白分析等平台的组建。

作为单细胞研究领域的领跑者，Fluidigm 从未停歇，从 DNA 到 RNA 再到蛋白质，这家相对年轻的公司试图用他们自己的方式来拆分梳理生命科学中的三大基本要素。

与其说如今 Fluidigm 的成功得益于其过硬的技术和研发，倒不如说是胜在其独到的眼光、敏锐的触觉。这家将微流控芯片技术与单细胞研究完美结合的公司从一开始就对测序市场表现出了准确的预判——"单细胞"测序，而今，细胞测序市场正是一派盎然生机。

DNA 由含有不同碱基——鸟嘌呤（G）、胞嘧啶（C）、腺嘌呤（A）与胸腺嘧啶（T）的四种脱氧核糖核苷酸构成，这些基本单位就像拼图一样，拼凑出不同生物、个体独一无二的遗传信息。自 1953 年 James Dewey Watson 和 Francis Harry Compton Crick 建立 DNA 双螺旋结构以来，解读生命密码成为可能。

自 20 世纪 70 年代 Frederick Sanger 开创了第一代 DNA 测序技术——链终止法开始，DNA 测序经历了以 Illumina 为代表的第二代测序技术，以及如今以高通量、单分子测序为代表的第三代测序。纵观测序技术走过的近 50 年，没有一种技术像纳米孔（Nanopore）这样慢热，也从未有一种技术像它一样卷挟着颠覆所有的力量。

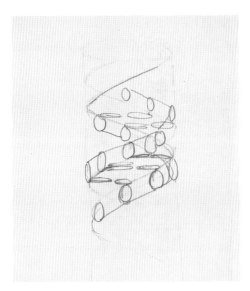

Francis Harry Compton Crick 于 1953 年绘制的 DNA 结构草图

说来也颇具戏剧性，1989 年的一天，一个突如其来的想法击中了正在加州的公路上飞驰的生物学家 David Deamer[3]，他匆忙停车，在一张黄色的便签纸上飞快地画出了脑海中的图案：一条 DNA 链穿过一条微孔。而这电光火石间的念头，和几分钟的描绘，却用了 20 多年才实现。

1996 年，来自哈佛大学的 Daniel Branton 与来自加州大学圣克鲁兹分校的 David Deamer 共同在美国著名科研期刊 *PNAS*（*Proceedings of the National Academy of Sciences*，美国国家科学院院刊）上发文，指出可以用膜通道检测多核苷酸序列。

让单链 DNA 或是 RNA 穿过蛋白孔，同时快速检测碱基通过时微小的电流变化[4]。纳米孔测序技术的核心思想就是这么简单粗暴，

但真正的执行远没有预想的这般顺利。

在实施之初，研究者不得不面对几个问题：如何大量生成大小一致的纳米孔？如何控制 DNA 通过纳米孔的速度？在开始的几年，纳米孔测序技术进展异常缓慢，直到 2003 年，美国 NIH（National Institutes of Health，美国国立卫生研究院）前瞻性地提出了 1,000 美元基因组计划，越来越多的研究者将目光投向了纳米孔这种速度更快、成本更低的测序手段，纳米孔测序技术才真正地登上了实业的舞台。

实业转化路上的成功就像行船看云，似乎这一刻很近，下一刻又很远。纳米孔测序技术的发展也是这样。

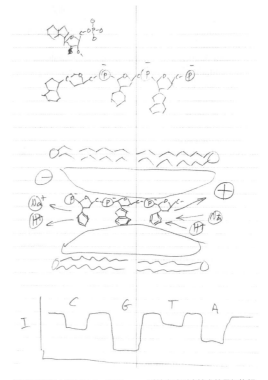

这张便签纸上记录了 David Deamer 对纳米孔测序技术的最初构想

2005 年，Hagan Bayley 与 Gordon Sanghera、Spike Wilcocks 等人成立了 ONT（Oxford Nanopore Technologies，牛津纳米孔科技公司）。2008 年，计算生物学家 Clive Brown 加入该公司，担任 CTO 至今。

那是测序市场最为蓬勃且多变的几年，初创公司可以单凭几个技术或平台就开门立户，而各大公司也可以轻松地将其收入麾下为自己所用，合作、收购再平常不过，而看上 ONT 的则是如今测序帝国的绝对霸主 Illumina。

2009 年，Illumina 与 ONT 签订合作协议，注资 1,800 万美元，共同开发纳米孔测序技术。有了测序界的大佬作靠山，ONT 本应势如破竹，但接下来的 3 年对它来说却堪称一段噩梦：表现平平、毫无新意。很快 Illumina 便对合作伙伴这种不争气的表现感到不满，并对这段合作存在的价值产生了怀疑。

面对各方质疑，唯一的还击方式就是用实力证明自己。是的，ONT 亟须一个产品来验证曾经的豪言壮语及美好设想。2012 年 2 月，在多重压力下，ONT 的 CTO 布朗在基因生物学技术进展年会（Advances in Genome Biology and Technology，AGBT）上首次发布他们的第一款纳米孔测序仪 MinION，一时间技惊四座。

MinION 的大小和重量都与一副扑克牌相似，通过电脑的 USB 接口运行，每秒可以处理 20~400 个碱基。小巧便捷、运行简单、测序速度快，这每一条颠覆性的特点都足以让与会的科学家们兴奋尖叫，因而一经发布，纳米孔测序这项技术便入选了《麻省理工科技

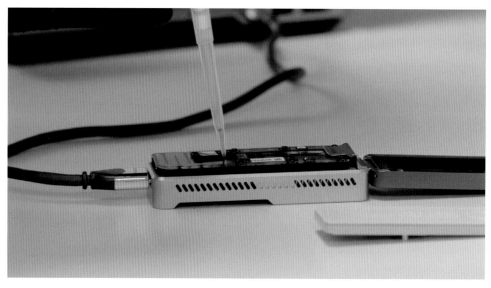

MinION DNA 测序仪重 100 克，通过 USB 供电

评论》2012 年度十大突破性技术 [5]。

但这一针"强心剂"显然来得有些仓促，承诺面世的时间正在一点点过去，产品量化过程中又不停有新的问题产生。对于当时的测序市场，如此颠覆性的技术，以及一而再、再而三的延迟推出，不得不让人猜测整个美好的故事只是个科技骗局。

最终，合作伙伴也坐不住了，2013 年 11 月，ONT 与占据基因测序 70% 市场份额的 Illumina 正式终止了合作，这也为两家公司最后的对簿公堂埋下了伏笔。

背水一战是 ONT 唯一的选择，与其打磨一个完美的产品，倒不如让市场来试错。基于这一想法，ONT 将其第一代产品寄送给 500 个研究团队，而 MinION 也由此以一个跌跌撞撞的形象走上了测序舞台，它的研发完善也因此按下了快进键。

结果证明，绝境下的选择是正确的，各种反馈信息铺天盖地地涌来，MinION 在基因快速检测市场上初露锋芒，ONT 实现了其成本低、速度快、读取片段长的承诺，整个局盘活了。

2014 年 5 月，英国伯明翰大学的传染病专家 Nick Loman 得到了 3 台 MinION，很快 MinION 便有牛刀小试的机会。在 6 月的一场沙门氏菌爆发中，洛曼通过使用 MinION，仅用了 2 个小时就完成了对 16 份菌株的测序，找到

研究人员通过 MinION 测序仪对寨卡病毒的起源进行研究

了爆发的源头。相比于传统测序几周甚至上月的时间，MinION 精准度不高的问题也变得可以接受。

常规的测序方法无法避免巨大且昂贵的显微镜及精密的化学过程，这两个部分使得测序成本和时间居高不下。而 MinION 简单直接的运行原理决定了它的使命——生而为测序。MinION 表面的高分子膜具有很高的电阻，膜上有 500 个纳米级的蛋白孔。仪器使用时，在膜的两端施加电压，电流就会从纳米孔流过，当 DNA 链穿过纳米孔时，不同的碱基会使通过的电流发生微弱的变化，捕捉这一变化便可以快速地确认碱基类型，即 DNA 序列[4]。

在接下来的两年内，MinION 进步神速：准确度大大提升，运行速度快了 5 倍。由于不需要将 DNA 链切碎，MinION 在读取长读长序列上的表现可以说是一骑绝尘。相比 Illumina 的设备平均只能读取 150 个核苷酸 DNA 短片段，对 MinION 来说 10,000 个核苷酸的读取也是稀松平常，它的纪录是一次性读取 88.2 万个 DNA 核苷酸。

长读长带来的并不只是节省时间这一项好处，就像拼图游戏一样，识别每个片段只是游戏的开始，最终的目的是为了拼成完整的图案。读长的长短决定了拼图的块数，100 块与 10,000 万的拼填难度显然不在一个数量级。不仅如此，对于一些基因突变类遗传疾病，如由基因异位或拷贝数变异引起的疾病，显然长读长的检测方式更为精准和简便。

MinION 的舞台从来都不曾被局限，随着众多精通技术的科学家们的参与，MinION 暴露的问题被逐一完善升级，一些擅长生物信息技术的研究者着力于开发开源工具。在多方努力下，MinION 已经变成了众人希望的样子，带着攻陷测序界的决心，走出了实验室和研究院所，开始了它的征程：星辰和大海。

无论是在南极冰川山谷里的生命检测，还是国际空间站内的基因测序[6]，MinION 都留下了它的足迹。但由于测序规模的限制，目前 MinION 的应用主要集中在流行病学、细菌及微生物分析这类规模较小的基因组分析。显然，ONT 的野心不止于此，要想与 Illumina 并驾齐驱，就要有一款和它匹敌的竞品，Promethion 应运而生。

这款被称为"Illumina 杀手"的测序设备更适合人类或其他具有大基因组的生物测序，尽管只有打印机大小却拥有上万个可以同时工作的纳米级蛋白孔，几小时内便可读取上万亿的序列。相比 Illumina 公司价值 100 万美元的高端测序仪 HiSeq X，Promethion 的价格远没有那么贵[7]。

不仅如此，相对于其 15 亿美元的估值，ONT 2016 年的销售额仅为 600 万美元，可见上升空间巨大。随着其精准度的提升，以及

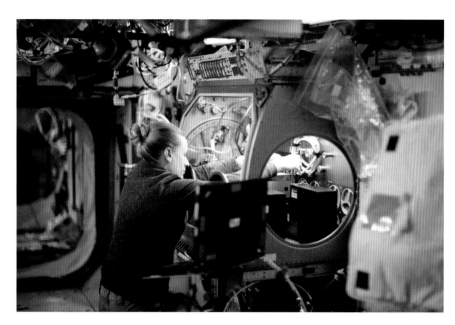

宇航员 Kate Rubins
在国际空间站上进行
DNA 测序

价格上的巨大优势，可以预见，其未来在测序市场上所占份额将持续上升，也许有一天我们将见证其与 Illumina 的短兵相接，值得期待。

与其说 ONT 的成功是个人的决策，笔者倒希望将其归功于时代。生物全基因组测序的全面展开，临床疾病诊断的大量需求等都决定了市场对低成本、短周期、高准确度的急切期待，而纳米孔测序技术恰好满足了这些要求。更重要的是，开源是这个时代的特色，也正是这一特色使不同领域的专家参与其中，从应用实践，到软件开发、平台搭建，如今的 ONT 凭的并非一己之力。正因为这个时代，才使得当初在大卫·迪莫脑海中一闪而过的灵感成为现实，这是之前纳米孔测序技术沉寂 20 余年所无法比拟的真正力量。

而今，测序技术正在成为描绘这个世界的画笔，以自然为幕，将生物种类、起源、演化逐笔地在人们眼前勾勒、填色，最终清晰地呈现。随着人类基因组计划的基本完成，研究者开始了临床应用的考量。2006 年，美国首先提出作为试点项目开展癌症基因组图谱（The Cancer Genome Atlas，TCGA）计划，而随后测序技术的成熟则又将该项目推上了一条快速路。

在医学上，肿瘤是指身体出现的细胞异常病变，即部分细胞组织不正常地增生。一般来说，肿瘤分为良性肿瘤和恶性肿瘤两种，而癌症就是最常见的恶性肿瘤。

与良性肿瘤相比，癌症除了具有超常的增生能力，还可以由局部侵入周遭正常组织甚至经由体内循环系统或淋巴系统转移到身体其他部分，目前已知的癌症种类超过 100 种。癌症的诱因众多，包括环境污染、不良生活习惯、病毒感染等，致癌因子一般通过改变细胞内遗传物质的表达，如激活原癌基因表达或使肿瘤抑制基因（也称抑癌基因）功能异常，使正常细胞进入癌变状态。通常来说，一个正常的细胞最终转化为恶性肿瘤细胞需要经过多次突变，如果突变发生在生殖细胞中，那么很有可能传给后代。

由致癌物质诱发的基因突变是癌症产生的必需条件，因此可以将癌症定义为一种慢性的、恶性的基因病。由于突变是随机的，在癌症研究中患者的样品信息都十分复杂。即使对于同一种癌症，不同个体间基因变异的种类和组合都不相同，甚至即使是同一患者不同部位的样本中也都可能含有不同的基因突变。

这意味着相同的癌症治疗药物对于同一病症的不同个体，甚至是同一个体的不同病程，都可能有着不同的效果。因而正确地识别和区分患者个体的差异性，进而个性化定制治疗方案将会大大地提升肿瘤治疗效果。

基于此设想，近年来肿瘤基因组学这一概念开始被提及。肿瘤基因组学又称癌症基因组学，是基因组学中一门新兴的子学科，主要是通过高通量测序手段揭示癌症与基因之间的联系。2006 年，美国首次提出癌症基因组图谱计划，旨在揭示 20 余种癌症发病的真实原因，并最终绘制肿瘤基因组全景图，为之后的癌症研究及药物研发提供平台。

这一计划一开始就吸引了一众热衷于 DNA 测序技术的科学家们，Elaine Mardis 就是其中的一个 [8]。来自美国华盛顿大学医学院基因组研究所（Genome Institute at Washington University School of Medicine in St. Louis）的 Elaine Mardis 如今在基因测序领域里已经有着 30 年的工作经验，是为数不多的几位女性佼佼者之一。长期从事 DNA 测序技术的开发，使其对于癌症基因组测序的生物学意义有着超于常人的嗅觉。

2006 年秋天，一台新的测序仪被运到了圣路易斯，比起之前的设备，它的解读速度要快上上千倍，而成本却要低廉很多。Elaine Mardis 很快便开始使用这台机器对癌变的组织进行测序，她所参与的正是癌症基因组图谱计划。在近 5 年的时间里，Mardis 和她的团队完成了数百份样品的测序，并识别出数万种基因突变，其中一些直接影响了癌症疗法，而另一些则帮助研究人员开辟了新的研究道路。

2008 年，第一个肿瘤基因组学的检测由 Mardis 的团队完成，该团队通过比较一名典型急性髓性白血病（Acute Myelocytic Leuke-mia，AML）患者的肿瘤基因组与正常细胞基因组的信息，发现了 10 个与 AML 相关的基因突变，其中 8 个为首次发现，研究成果发表在 Nature 杂志上 [9]。该项研究首次使用基因组测序的方法研究肿瘤细胞，并一"战"成名，为肿瘤基因组学在癌症治疗中发挥作用奠定了重要基础，同时也为 AML 及其他

Elaine Mardis

癌症的诊断、治疗提供了新的思路。2011 年，癌症基因组学（Cancer Genomics）被《麻省理工科技评论》评为年度十大突破性技术。

随后，更多的研究者加入癌症基因组图谱计划，近 10 年来，共有来自 16 个国家的 150 余名科学家参与了该项研究，他们共耗资 3.75 亿美元，分析了来自 33 种癌症的超过 11,000 个肿瘤样本，鉴定到了超过 1,000 万个突变[10]，研究成果发表在多种学术期刊上，随着近期泛癌症图谱（Pan-Cancer Atlas）在 *Cell* 杂志上的发布，癌症基因组图谱项目至此完美收官。

时至今日，人们并没有发现任何一个遗传变

异或者表观遗传被确定是所有癌症的靶标，因而目前并没有广谱治疗癌症的药物。而今通过高通量手段将基因测序与癌症治疗结合起来，可以个性化地靶向特定信号通路或分子标记物，针对不同患者制定特殊的治疗方案。同时不再侧重于癌症的起源器官，而是将焦点转向基因组特性上，提升癌症治疗效果、改善预后。不仅如此，有了良好的数据信息平台，更可以在发病早期甚至是未发病时进行提前诊断，为患者争取更多的治疗时间。

当然，新的突变总会发生，这是自然界的常态，正是由于突变，才导致了生物演化与个体差异。但突变并不一定致病，随着大量肿瘤基因组学及基因变异数据的积累，癌症基因图谱将会被描绘得更加细致全面，同时也将关注除了基因组水平之外的表观遗传及转录水平变化。

尽管此项技术为医疗工作者提供了更好的诊断、治疗平台，但对于普通人来说，动辄数千美元的全基因组测序仍旧过于昂贵。对此，一些测序公司发出豪言壮语：实现百元（美元）测序。他们希望通过自己的努力，使基因测序这旧时王谢堂前燕，最终真的飞入寻常百姓家。

BioNanomatrix（后更名为 BioNano Genomics）就是其中最有野心的一家。自 1990 年启动人类基因组计划开始，科学家们历时近 20 载，花费 30 亿美元完成了第一个人类全基因组

227

测序，到了 2007 年，全基因组测序的成本已经降到了 30 万美元左右，而 2008 年，这个价格已经降到了 6 万美元左右。

在科学家们憧憬着全基因组测序何时可以跨入千元美元的门槛时，BioNanomatrix 显然对这个目标不够满意，2009 年，该公司提出将在未来 5 年内将人类全基因组测序成本控制在 100 美元内。

豪言壮语，令人咋舌，只因他手握"利器"——一种纳米流体（Nanofluidic）芯片，这种芯片只有指甲大小，通过纳米流控技术，拖拽 DNA 通过一系列不断变窄的通道，最终形成 DNA 分子长链。相比传统测序方法将 DNA 破碎为只有 1,000 个左右的读长，BioNanomatrix 公司的芯片可以一次解开 100 万对碱基的双链长度。整个人类基因组通过也只需要 10 分钟的时间，尽管同样需要拼接最终的读取结果，但相比于 1,000 个碱基左右的读长，无论是从时间还是金钱成本上都大大减少。

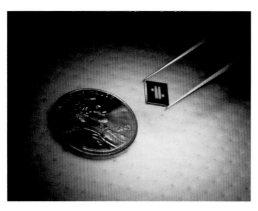

BioNanomatrix 公司的纳米流体芯片

能快速高效地分离 DNA 双链只完成了百元测序计划中技术要求的一部分，而如何读取碱基序列，即测序才是重中之重。为实现这一目标，该公司与来自硅谷的 Complete Genomics 公司（2013 年已经被深圳华大基因研究院收购）开展了合作。

与其他测序方法逐个识别碱基"字母"不同，Complete Genomics 的方法则是匹配"单词"。研究者首先生成 6 个碱基"字母"所能组成"单词"的所有（4,096 种）可能，并将这些探针用不同的荧光标记物进行标记。当待读取的 DNA 链通过时，特定的互补片段（带有荧光标记物的探针）将会与其结合，随后特定的相机将会进行记录。不同的荧光信号代表 DNA 链上特定的遗传序列，通过特殊"单词"的重复匹配，整个 DNA 分子完成测序，这种快速测序的方法每分钟大约可以检测 20 万个碱基[11]。

一旦该技术最终被成功实现并商业化，患者只需支付 100 美元及花费数小时的时间就能完成自身全基因组测序，也意味着只通过一次 X 光片的价格就能获得自身遗传信息及治疗方案。这无疑对未来疾病的个性化治疗提供了巨大的帮助，因而概念一经提出，2009 年便被《麻省理工科技评论》评为十大突破性技术。然而如今时间早已过了 5 年，从官网公布的信息来看，BioNano Genomics 已经将基因组测序的成本降低到了 500 美元[12]，但与预期的 100 美元仍旧有一定距离。而此时测序界的霸主 Illumina 似乎已经接近了最终答案。

2014 年,Illumina 推出了 HiSeqX,真正把全基因组测序的成本降到了 1,000 美元。2017 年,Illumina 再次推出 NovaSeq 系列,并宣布该系列设备会使人类全基因组测序价格进入 100 美元时代。该系列的设备包括 Nova-Seq 5000 和 NovaSeq 6000 两种,运行速度超过现有仪器的 70%,只需 1 个小时便可完成一个样本的全基因组测序,售价分别为 85 万美元和 98.5 万美元。

对于专业的研究机构、医院来说,这无疑是一个天大的好消息,测序成本的降低以及时间的缩短,可以帮助研究人员及医生争取更多的诊断、处方时间,为个性化治疗奠定了良好的基础。同时,测序成本的降低也意味着门槛变低,这对于精准医疗、基因组与疾病关联的诊断推广具有极大的促进作用,也为普罗大众真正了解自己打开了大门。

基因测序就仿佛是一本密码册,揭开了生命密码,但如何将生命密码与表观、思维、行为最终联系起来,还需要进行解读,而这正是生物大数据需要做的,找到其中复杂的关系,并直观地呈现在普通人眼前,才能让阳春白雪最终“接地气”。

解读生命密码,了解那些“命中注定”

对于普通人来说,基因测序获得的数据就好比“天书”,一段段由 A、T、G、C 组成的序列就好像一段段暗码,玄而又玄又不知所云。因而专业的解读,帮助人们解析个人遗传信息与健康风险、身体特征以及血缘关系显得十分必要。

对于目前的测序市场,主要有科研级和消费级两种市场需求的基因检测。对于科研级来说,专业的测序为诊断、治疗提供了精准的遗传数据,但始终曲高和寡,不够“接地气”。对于一部分普通人来说,解读自己更多的是出于好奇,比如祖先从何而来,自己患有高血压、糖尿病的风险有多大,甚至包括自己可能会长多高、活多久。对于这一部分受众来说,精准的全基因组测序显得大材小用,因而最近几年,以 40 岁以下人群为主体的消费级基因测序开始蓬勃起来。

平民化的需求,要求基因的获取方式必须简单易得,因而与传统的基因检测从血液或细胞组织中提取遗传物质不同,消费级的基因测序多通过唾液获得,进而用来了解疾病风险。同样,与严肃的临床应用不同,消费级的基因测序只需要提取消费者关注的遗传信息,因而并不需要全基因组测序,更多的是只选择重要的外显子部分进行测序储存,而这样又无形中降低了测序成本。

尽管只是一种商业化、娱乐化的解读,但个人信息安全的问题仍不容小觑。正是由于如今测序技术的巨大进步,极少量的基因样本便足以追根溯源,了解样品提供者的亲缘关系,甚至可以推测个人特征,在一些情境下甚至可能导致基因歧视。随着商业化基因测序被广泛接纳，个人遗传信息安全的意识也必须全面加强。

如今智能手机遍布生活的每个角落，随着智能化、线上交易的发展，消费者可以通过使用不同的应用软件选购、支付生活必需品、娱乐项目，提升生活品质。以 iPhone 为例，消费者可以在应用商店中下载不同的软件，用来实现购物、运动、学习等目的。这些应用软件所带来的生活便利如今早已司空见惯，但你是否想过，也许某一天消费者也可以通过智能手机解读自己的遗传信息，定制私人生活呢？

相比传统的科研级基因测序给患者带来绝对精准严肃的医疗信息，对于消费级基因测序来说，消费者关心的可能只是何种运动、饮食更适合他，或一天是不是必须睡够 8 小时才健康这种五花八门而又"无关痛痒"的问题。而 Helix 正是立志要满足消费者的所有需求——创立 DNA 应用商店。它希望通过与应用程序开发人员、生物公司和提供基因检测服务的医疗机构合作，直接为普通消费者提供有关祖源、娱乐、家庭（遗传病携带者筛查）、健身、健康和营养等方面的基因检测产品和服务，使在线获取基因信息成为可能。

Helix 是 Illumina 在 2015 年成立的公司，旨在打造全球最大规模面向大众的基因信息服务平台，在创立之初，便获得了超过 1 亿美元的投资。基于"一次测序，多次查询"

（Sequence Once，Query Often）的经营理念，消费者只需通过采集唾液的方式向该平台提供遗传信息样本，便可以根据自身需求，在手机上购买相关应用查询个人信息。由于其创新性的商业模式，为普通消费者提供了更为方便快捷、成本低廉的方式了解个人风险和遗传倾向，在公司创立之初，便被《麻省理工科技评论》评为 2016 年度十大突破性技术[13]。

2017 年 7 月 25 日，Helix 的 DNA 应用商店（DNA App Store）正式上线，开启了消费级基因组学新纪元。这家位于旧金山的初创公司正式实现了他的商业梦想，成为"基因测序领域的苹果"。就像手机上的应用商店一样，通过 Helix 的应用平台，消费者可以轻松地探秘个人的遗传信息，而初始的基因测序，只需要 80 美元（有折扣时价格甚至低至 20 美元）。

Helix 首先对消费者的外显子组进行测序并且将这些遗传信息存储起来，根据消费者需求将这些信息提供给其 App 商店平台上的其他公司。通过该平台，消费者可以通过支付一定的费用，在祖源、娱乐、家庭遗传病风险、健身、营养及健康等多个方面，选择自己感兴趣的进行基因解读，甚至获得个性化定制服务。该平台真正做到让普通人可以接近自身遗传信息、解读自我，实现个人基因组一站式消费体验。

2018 年 1 月，Helix 宣布了与内华达州的合作项目 Healthy Nevada Project。根据协议，Helix 将为上万名内华达州居民提供外显子测序服务，一旦该项合作成功，未来很可能复制到其他地区，潜在利润十分可观。

2018 年 3 月，Helix 宣布完成 B 轮融资的第一轮，并计划 B 轮融资 2 亿美元。Helix 称未来资金将主要用于开发基于下一代测序技术的创新型健康产品，医疗保健领域将会是下一个重点。

消费级基因检测领域正处于飞速上升的时期，据估计，截至 2019 年 6 月，约有 2,600 万人购买了消费级基因检测，而其中一半以上来自 2019 年。广阔的受众以及良好的市场接纳度为未来消费级基因检测市场提供了无限的可能，同时 Helix 低廉的价格、多元化的应用平台给了消费者更多的选择，未来的成绩值得期待。

然而对于 DNA 应用程序的商业化推广，部分专家持谨慎态度。来自马萨诸塞州综合医院的 Daniel MacArthur 认为，关于生活方式、营养及健康方面的基因测试往往缺乏科学根据，过度地消费基因检测带来的过高期待，很容易使普通民众对临床上的基因检测价值产生怀疑。

因而内部监管必不可少，对于普通公众来说，很难对一款 DNA 应用的科学价值做出判断，为了避免噱头式的骗局发生，Helix 必须加强对平台的监管，在每一款应用上架前都必须进行测试验证，保证程序质量。同时，美国食品及药品监督管理局也在随时关注基因测序的信息安全问题。

除了满足消费者的猎奇心理，消费级的基因检测也有一定的实用价值，目前来说，消费级基因测序在产前无创 DNA 测序的应用中最为成熟。使用产前 DNA 测序，不仅可以对胎儿进行常规遗传疾病的诊断，如唐氏综合征等，甚至可以预测未来的身体特征及智力等私密的个人信息。这项技术也对公众的道德提出挑战：是否应该在婴儿并没有选择权的情况下帮助婴儿选择 DNA 测序，甚至因此改变婴儿的命运。2013 年这项技术被《麻省理工科技评论》评为年度全球十大突破性技术，却引发了巨大的伦理争议 [14]。

产前诊断是指在怀孕中，为侦查生育缺陷，如神经管缺陷、染色体异常、遗传疾病等症状，而对胎儿进行的筛查或诊断性检查。产前诊断方法包括侵入性方法和非侵入性方法。目前侵入性方法仍旧是确诊唐氏综合征等染色体疾病的主要方式，并以羊膜腔穿刺最为常用，该种诊断方法存在一定的流产风险。

1997 年，香港地区的科学家卢煜明通过研究发现，孕妇的血液中含有数以万亿计的胎儿 DNA 碎片，其中来自胎儿的 DNA 高达 15%，这使得无创筛选成为可能。2010 年，卢煜明等人再次发表研究成果，证明孕妇体内游离的 DNA 片段可以用来重建胎儿的完整的基因组，并可用于无创性产前诊断。

只需要几毫升来自孕妇的外周血，研究者便可以收集其中胎儿的 DNA 碎片，并通过高通量测序技术结合生物信息分析，计算胎儿患染色体非整倍体疾病的风险。此技术能同时检测 21- 三体、18- 三体及 13- 三体，还可发现其他染色体非整倍体及染色体缺失 / 重复。由于这种无创的筛查方式更加安全方便，一经提出便被广泛接受，成为有史以来普及最迅速的检测之一。

为了扩大自身在测序市场上的强大优势并布局临床应用，2013 年 Illumina 以 3.5 亿美元的价格成功收购了美国产前诊断公司Verinata Health。Verinata 是一家位于加州的初创企业，其业务主要是利用孕妇的血液为她们提供产前诊断服务。但在此之前该公司几乎没有任何收入，而这项收购发生时距该技术面世仅有一年的时间，足以见得该技术的突破性以及广阔的应用前景。

但产前 DNA 测序技术一经提出，便面临着巨大的道德争议。完整的基因测序就像是打开了潘多拉的盒子，将一个还未谋面的胎儿的所有信息都展现在眼前，很难预判这种信息的获取会带来什么样的结果。就比如关于发色的信息，未来婴儿头发是直是弯，或是否会秃顶。显然，几乎没有人会因为这种情况终结一个胎儿的生命，但也并不意味着不会发生。

由此引发的人为"完美婴儿"的担忧并非多余，对于一些并不致残、致命的缺点，不同人的接受度不同。甚至对于一些目前定义为疾病的遗传缺陷，未来很有可能在婴儿发病前就已攻克，而在这之前胎儿并没有机会决定自己的命运。在未出生前，胎儿的所有优缺点都已被一览无余，与可以自主选择是否接收全基因组测序的成年人不同，胎儿无权选择是否接受基因检测，而讽刺的是，这些检查结果却可能决定他的一生。

同时无创产前基因检测也存在一定的技术局限：目前不能检测易位导致的染色体异常；不能检测基因遗传疾病；不能预测晚期妊娠并发症等。随着国内二孩政策的展开，越来越多的高龄产妇选择产前 DNA 检测为胎儿的健康保驾护航，但值得注意的是，无创DNA 产前筛查属于筛查范畴，而羊水穿刺是诊断范畴，尽管二者具有相似的准确度，但两者有本质的区别，前者无法代替后者。

同时，过度强调基因的重要性会使人们远离探索自我的初衷，对基因风险的过度解读会使公众只关注可能带来的弊端，因而增加无谓的恐惧和焦虑等情绪。很显然，可能患病并不等同于一定患病，但很多人会将这种可能性当作确定性对待。

DNA 测序似乎进入了一个困局，它存在的价值是因为可以"预告"人生，但一旦预先知道了这样的可能，人生还会继续吗？研究者不禁陷入了迷茫，难道就因为公众对于可能性的误读就要因噎废食，将如此价格低廉又高效的方法束之高阁吗？

当然不会，既然这种可能性说起来虚无缥缈，那为什么我们不将其量化、精准化呢？基于这一想法，研究者提出了基于基因的风险评估体系，也被称为基因占卜，2018 年被《麻省理工科技评论》评为年度十大突破性技术之一 [15]。同时，2018 年也曾被预测为该技术的爆发元年。

基因占卜是从海量的遗传数据中捕捉细微的遗传差别所带来的致病可能性。对于单个基因突变引起的遗传疾病，如镰状细胞性贫血（由单碱基突变导致），毫无疑问，一次简单的基因测序便可以确诊疾病。但是像这种突变和疾病之间一一对应的情况，并不存在于大多数疾病中，相反，大多数疾病的复杂诱因直到今天仍旧是未解之谜。

人类从不孤军奋战，而身体中的器官、细胞，甚至基因也是一样。对于人体中一种特性的控制，常常有多个基因共同参与，而对于不同人，每个基因又有着成千上万种不同的编码可能。来自得克萨斯大学的心脏病专家 Amit Khera 正在架构一个叫作"多基因评分"的体系。所谓"多"，指的是他的运算不只涉及单个基因，而是涵盖了数千个基因。

而构建这样的平台，首先需要一个浩大的数据库作为支撑，例如最近的一次研究中，研究者为了探究失眠的原因，使用了 131 万余

人的遗传信息，创下了纪录。在英国生物样本库（UK Biobank）里涵盖了约 50 万英国人的 DNA 和医疗记录，遗传学家通过对此类的大数据库进行深挖，解密这些人的基因组信息与疾病、个性甚至习惯之间的联系。

通过海量的研究信息捕捉细微的遗传变化带来的影响，听起来似乎有些矛盾，但如果将基因的评分比作一本账簿就好理解多了。为了建立多基因评分平台，凯拉使用了个体人类基因组中的 660 万个位置信息。每个位点都有一个 DNA 碱基，可能在我的体内是 G

英国生物样本库中冻存着由 50 万名英国志愿者捐赠的 DNA 样品，轨道上的机器人正在此搜索样品

而你的体内则是 A。在以往的研究中，遗传的随意性加大了理解疾病的难度，但基于遗传大数据，凯拉现在可以查找在某特定位点是 G 的人，患心脏病的风险会有什么变化，也许它只会让风险增加 0.1%；其他位置的 G 也有可能让风险减少 0.2%。这些影响微不足道，但微小的遗传影响合计起来便会产生不容忽视的后果。

"在我所想象的未来，你可以在很小的时候就获得一份（身体状况）报告，"Khera 说道，"上面将提供你在 10 种疾病上的评分，比如你将有 90% 的可能性患有心脏病，50% 的可能性患有乳腺癌，至少 10% 的风险患有糖尿病。"

这种评分对普通人来说或许只是一种可能性，但对于一些制药公司的药物研发及临床试验却很有价值。相比于其他基于表观的检测方法，DNA 检测具有独一无二的预见性，并可以随时检测，同时结果并不会随年龄或环境发生变化。2017 年，来自加州大学圣地亚哥分校的脑科学研究者 Anders Dale 称，他计划推出一款阿尔茨海默症风险计算器。该风险计算器可以对用户是否会患病及何时患病进行预估。

尽管该项服务还未启动发行，但几家药物公司早已开始与其接洽。目前在阿尔茨海默症药物研发方面各大制药公司已经投入数十亿美元，但纷纷折戟。其中一个重要的原因就是已知的受试者均已发病，目前并没有办法

得知未来谁会患病，因而也很难得知预防性药物是否真的有效。如果制药公司可以在阿尔茨海默症高危人群中试用药物，一切就变得简单多了。未来的药品将有可能贴有这样的标注："建议多基因风险评分达 90 分及以上人群使用"。

然而，评分系统的这个概念并非新创，而是越来越丰富的数据使得它变得更加精准、更加完善。来自 Helix 的高级科学家 Sharon Briggs 猜测，未来几年内，来自 Helix 的 DNA 应用商店中的绝大多数产品都将采用风险评估体系。

不仅如此，拥有如此庞大的数据信息，研究者甚至可以反追疾病背后的"犯罪团伙"。10 年前，人类基因组计划完成之初，医学研究人员发起了首个现代基因搜索，他们仍旧希望通过几个主要的遗传元凶来解释糖尿病等常见病的病因。"我猜测，糖尿病将和 12 个基因有关，而这些基因的真身将在两年内陆续揭晓。"现任美国国家卫生研究院院长的 Francis Collins 于 2006 年自信地宣布，他也是人类基因组测序的领军人物之一。

时间如期而至，但结果却不尽如人意。2009 年，柯林斯和其他的遗传学家不得不郁闷地开始谈论"缺失的遗传可能性"。那么导致疾病的基因究竟在哪里？答案是，无处不在。到 2014 年，研究者终于有了足够的遗传信息库去证明这个结果。随着参与糖尿病相关基因搜索研究的人数从 661 人变为 1 万人，

最终升至 8 万多人，背后的一个个答案也蜂拥而至。现在我们已经知道在人类 DNA 中超过 400 个位点与 2 型糖尿病相关，每一个影响都微小且难以检测，而并非之前预测的 12 个基因。

不难看出无论是基因占卜还是确定疾病的幕后黑手，其命门都是数据库。那么海量的数据信息从何而来，又是谁手中握有如此大量的遗传数据呢？

医疗科研机构自然是其中之一，但最大的主力你也许并未想到——消费级测序公司。2018 年，全球共有 1,200 万人完成了基因测序，而通过 23andMe 和 Ancestry.com 公司的服务获取了遗传信息及家族谱树的消费者就有 1,000 万之多。以基因测序公司 23andme 为例，消费者只需要支付 99 美元（折扣时低至 69 美元）就可以获得自己的祖源信息，如果支付更多，那么消费者将会在原始数据的基础上获得多项解读。但测序、解读的费用并不是 23andme 从消费者身上获取的全部收益，制药公司也喜欢为这部分信息买单。单就 2015 年年初卖给 Genentech 用于帕金森研究的数据库一笔生意，23andme 就赚了 6,000 万美元。

一方出售，一方购买，看起来再平常不过。但对于普罗大众来说，使用或获取数据库信息时却远没有这么便捷。如今互联网已经让地球成为地球村，人们已经习惯了从互联网获取、分享信息，但基因信息的交流仍旧闭塞。在测序技术平民化的今天，无法获取大量信息的原因并不是技术限制，而是研究人员不愿意分享，由于隐私方面的法律法规，贸然将人们的基因组信息上传到互联网有可能触犯法律。

而全球基因组学与健康联盟（Global Alliance for Genomics and Health，GA4GH）要做的正是帮助人们打破这最后的限制，通过建立让 DNA 数据库互通的技术标准和平台，尽可能地连通每一个基因组信息，将基因测序带来的健康红利最大化。根据这一设想，研究者最终将构建一个包含数百万基因组的全球网络，即 DNA 的互联网。

这一想法的提出首次将遗传数据的应用从个体诊断推及到整个群体的参与，而这些共享的数据也必将给一些罕见病及未知疾病的诊疗带来深远的影响，因而 2015 年 DNA 互联网这一技术被《麻省理工科技评论》评为年度十大突破性技术 [16]。

如今看来，这是时代所需的必然产物，但在基因测序方兴未艾，尤其是个人消费级基因测序刚刚起步时提出这一构想，是相当具有前瞻性的。

全球基因组学与健康联盟成立于 2013 年，是一个由医疗机构、研究型大学和生命科学公司等组成的非营利性组织，最初由 50 名来自 8 个国家的科学家共同建立，旨在搭建一个共享基因及临床数据的平台。建立之初，该组织将工作重点集中在基因组数据、临床数据、安全和隐私、监管及伦理四个方面。

早在 2014 年，该组织就发布了名为"灯塔"（Beacon）的基础 DNA 搜索引擎，他们将数据库比喻成"灯塔"，每一个愿意加入的团体或个人只需要安装一个服务器程序，而这个安装的过程则被称为"点亮灯塔"。系统中的用户可以对其他数据库进行简单的问询，而其他灯塔可以回复"是"或"否"的答案。在这个过程中数据库的数据并没有被移动，因而保证了遗传信息的相对安全与私密。虽然这个过程很简单，但首次连通了孤立的数据库，是遗传信息交流的一个重要开端。

随着近几年基因测序领域井喷式的发展，海量的遗传信息正在涌现。2017 年 10 月，全球基因组学与健康联盟公布了名为"GA4GH Connect"的未来五年战略规划，呼吁联盟的 500 多名成员开发新的数据共享标准，用于当前重大的国际基因组学数据计划。

一群人想着从科研机构入手，而另一群人则是直接瞄准了每个基因组的拥有人——普通消费者。遗传信息与普通可销毁的信息不同，一旦被外界获取，整个人就如同"裸体"一般示于人前，家庭关系、身体特征、缺陷等都被一览无余。很多人出于隐私或花费的考虑，并不愿意接受基因测序或共享遗传信息。而今，由哈佛大学遗传学专家 George Church 牵头创立的公司 Nebula Genomics 就很好地均衡了信息共享与隐私问题，他们承诺可以以低于 1,000 美元的价格帮助顾客完成基因组测序，并通过区块链保障信息的安全，甚至消费者可以亲自参与到自身遗传信息的决策中，依照自身的意愿通过区块链决定储存或交易遗传信息 [17]。

"这是一种应对基因组学挑战的新方法，这个方法综合考量了测序花费、遗传信息保护、数据管理以及基因组大数据的处理，基于区块链技术，让更多人真正地'拥有'自己的遗传信息。"丘奇说道。

区块链具有去中心化、公开安全及难以篡改的特点，以区块链为媒介完成消费者遗传信息的保存及分享，可以使普通人直接面向制药公司，选择是否交易个人遗传数据。在交易中，购买方的身份要求绝对透明，而数据提供者则可以保持匿名状态。事实上，生物技术公司和医药公司并不能下载消费者分享的数据，而只是"借用"部分信息。

这一构想不仅可以保障遗传信息所有者的隐私安全，同时可以将遗传数据转化成加密货币，实现真正的价值。但随着 DNA 测序及解读的飞速发展，未来很可能会因此滋生一些怪相，比如根据智商预测为孩子选择学校，或根据身体条件评估决定是否录用职员这类荒唐事，更严重的甚至可能引发由于遗传信息决定的社会分级。残酷的是，你的分级并非因为测序，而是从出生的那一刻就已经决定了，并无法更改。

但这些由于发展过快带来的脱节最终都将会被弥补，并且可以预见，未来科研相关的基因检测仍将是核心与重点，而消费级的基因检测将会成为热点。值得注意的是，尽管目前消费级基因检测的市场看起来已经繁花似锦，但这些也只是序曲，消费级基因检测的时代还远未到来，随着测序成本的降低、解读应用的完善以及个人信息安全保护机制的实现，未来5年内，消费级基因检测必将进入一个新的舞台。

改写生命，体验"造物"

生命本不完美，甚至是残缺的。随着测序技术的进步，人们在读懂世界的同时也在认识自己。对于大多数人来说，周正的五官、灵活的四肢、清晰的思维简直再平常不过，而对于一些人，这称得上是一种奢望，从诞生的那一刻起，他们便无可选择，只能接受写在生命里的残缺。

而今，科学家们找到了可以改写遗传信息的画笔，基因组编辑技术的发展和成熟使得编辑过程变得高效且广泛，编辑的对象从DNA到RNA，从双链到单个碱基，基因编辑技术正在改写所谓的"命中注定"，为生命带来无限可能与希望。

世界从不属于循规蹈矩的孩子，而科学家们则是其中最"淘气"的那一类，他们试图获取画笔，歪歪斜斜地去改写自然母亲所制定的规则，CRISPR、TALEN和ZFN便是他们

现在手中握有的画笔。

锌指核酸酶（Zinc Finger Nucleases，ZFN），又称锌指蛋白核酸酶，是科学家们找到的第一支画笔。锌指核酸酶是一种人工合成的限制性DNA核酸内切酶，由锌指DNA结合域（Zinc Finger DNA-Binding Domain）与限制性内切酶的DNA切割域（DNA Cleavage Domain）融合而成。研究者通过加工改造ZFN的锌指DNA结合域，靶向定位于不同的DNA序列，从而使得ZFN可以结合复杂基因组中的目的序列，并由DNA切割域进行特异性切割。

尽管对基因组编辑的效率不错，但由于制作过程比较烦琐且价格昂贵，很快便促生了另一项基因编辑工具类转录激活因子效应物核酸酶（Transcription Activator-Like Effector Nuclease，TALEN）。相比于ZFN，TALEN更便宜、快捷、高效，但由于分子较大，因此导入效率较低。

当全世界还沉浸在这两种基因编辑为未来带来的无限可能中时，另一种更具颠覆性的基因编辑方法瞬间就冲淡了二者的光芒，这一基因组编辑上的新生力量就是CRISPR/Cas系统。

CRISPR簇是一个广泛存在于细菌和古生菌基因组中的特殊DNA重复序列家族，全称为Clustered Regularly Interspersed Short Palindromic Repeats，即成簇的规律间隔的短回文重复序列，在其上游存在一个多态性的

家族基因，该基因编码的蛋白均可与 CRISPR 序列区域共同发生作用。因此，该基因被命名为 CRISPR 关联基因（CRISPR associated, Cas）。Cas 基因与 CRISPR 序列共同进化，形成了在细菌中高度保守的 CRISPR/Cas 系统。

CRISPR/Cas 系统是一种存在于大多数细菌或古细菌中的一类后天获得性免疫，当外源遗传物质入侵时，CRISPR/Cas 系统首先会将入侵的噬菌体或外源质粒 DNA 信息整合到自身的 CRISPR 序列中，当病毒再次入侵时，CRISPR/Cas 系统可对其进行识别并摧毁。正是由于其精准的 DNA 靶向功能，CRISPR/Cas 系统被认为是继锌指核酸内切酶（ZFN）、类转录激活因子效应物核酸酶（TALEN）之后出现的第三代"基因组定点编辑技术"，并可能带来整个生命科学领域的技术革命。

目前，已经发现的 CRISPR/Cas 系统中，以 CRISPR/Cas9 系统最为简单方便，也应用得最为广泛。CRISPR/Cas9 基因编辑系统的成熟，使得科学家们的天马行空的设想成为现实。2014 年，中国科学家用 CRISPR 培育出带有自闭症基因的猴子，验证了灵长类动物基因编辑的可能性。2014 年，这项技术入选《麻省理工科技评论》年度十大突破性技术 [18]。

2013 年，中国科学家开始了使用该项基因编辑技术对灵长类动物基因组进行修饰的尝试。研究者通过微注射系统，首先在体外将精子导入卵子中，9 个小时后，当受精卵仍旧处于单细胞阶段时，研究人员采用相同的系统将 CRISPR 体系成分注射到受精卵中，对基因组中的 3 个基因进行编辑。同年 11 月，随着名为"明明"和"玲玲"这对双胞胎恒河猴在昆明科灵生物科技有限公司（Kunming Biomedical International）和云南灵长类动物生物医学研究重点实验室里的诞生，人类通过 CRISPR 技术在灵长类动物体内完成靶向遗传修饰的目标得以实现，这标志着通过基因编辑技术修饰灵长类动物，并以此为模式生物的医学新时代的到来。

虽然恒河猴与人类的亲缘关系更近，但由于作为模式生物的成本过于昂贵、生长周期长，研究者将视线转向了"二师兄"——猪。相比于恒河猴，猪生殖发育快、繁殖周期短，一窝多崽，能有效帮助科研者减少时间及资金成本。不仅如此，猪的生理构造及解剖特征也与人有极高的相似性，因而被公认为是

经过基因编辑的恒河猴明明和玲玲

理想的大动物模型。

经过 4 年的努力，由暨南大学粤港澳中枢神经再生研究院、美国埃默里大学（Emory University）以及中国科学院广州生物院共同参与，2018 年 3 月，中国成功诞生了世界首例神经疾病基因敲入猪。研究人员通过 CRISPR/Cas9 技术，用一长段含有 150 个 CAG 的重复序列替换掉猪成纤维细胞的内源 HTT 基因，随后通过体细胞核移植技术，获得亨廷顿舞蹈症基因敲入猪模型，分别为 F0 代 6 只、F1 代 15 只、F2 代 10 只，最终获得的基因敲入猪模型表现出和人类相似的大脑条状神经细胞死亡的病理特征，行为上表现出"舞蹈"状的异样，同时这些病理及行为学表型都可稳定地遗传给后代。

当然，编辑动物细胞并不能满足部分狂热科学家的野心，早就有人摩拳擦掌想，在人类胚胎上大展手脚。目前为止，世界上共有 4 例胚胎编辑实验，而中国均有参与。

2015 年，来自中山大学的黄军就教授带领团队首次发表编辑人类胚胎的相关论文，宣布他们在实验室中使用 CRISPR/Cas9 系统，将胚胎中 β - 地中海贫血症相关基因敲除，完成了世界上"首例胚胎编辑"实验。但事实上，由于镶嵌现象和脱靶效应，整个胚胎并没有被完全编辑，同时以这种方式出生的孩子可能面临未知或是无法承受的风险，因而严格意义上来讲，这次胚胎编辑并不能算是成功。

2016 年 3 月，世界上第二例人类胚胎编辑实验同样由中国团队完成。来自广州医科大学附属第三医院的范勇教授利用 CRISPR/Cas9 系统对人类受精卵进行基因编辑，以抵制艾滋病毒感染。2017 年，广州医科大学附属第三医院刘见桥教授带领团队再一次完成了"世界首次"——将 CRISPR 初次应用于人类二倍体胚胎，在胚胎层面对携带遗传突变基因的胚胎进行修复。

2017 年 8 月，*Nature* 杂志发文介绍了美国首例基因编辑人类胚胎的研究，该项研究由来自俄勒冈健康与科学大学的 Shoukhrat Mitalipov 团队完成[19]。他们通过 CRISPR/Cas9 技术锁定并移除了 42 个胚胎内肥厚型心肌病有关的变异基因。

科学家们始终在科研与道德的底线试探游走，没有人愿意贸然跨过那道界限成为众矢之的，但终究还是有人会跨过去——开展临床试验，而美国人 Brian Madeux 就是这第一位愿意直面未知的勇士。

2017 年 11 月，马德于美国加利福尼亚州接受了全球首例人体基因编辑，用以治疗一种叫作"亨特综合征"（Hunter syndrome）的代谢性疾病。这是一种由于基因突变导致的遗传性疾病，患有亨特综合征的患者，体内缺乏一种可以分解某些碳水化合物的酶。因而这些碳水化合物在细胞中不断地积累，引起发育迟缓、器官问题甚至大脑损伤，最终导致整个身体机能的破坏。

在临床治疗中，研究者将上亿个正确的基因拷贝和用来对他本体基因进行精准编辑的工具一起随静脉注射进入他的体内。值得注意的是，此次所使用的基因组编辑方法并不是 CRISPR，而是 ZFN。

目前对于基因编辑疗法，马赛克效应、脱靶效应及免疫排斥反应是无法回避的几大难题。目前并没有确凿证据证明基因编辑是危险的，换言之，也并没有证据证明基因编辑是绝对安全的，未来布莱恩·马德会面临什么，没有人知道。

相比这位勇士所走的未知之路，对于植物来说，结果就确定很多。在所有人都为基因编辑技术拍手叫好的同时，植物学家也在努力将这一技术应用到自己的研究中，其中"超高效光合作用"及"精确编辑植物基因"这两项技术分别被《麻省理工科技评论》评为 2015 年度[20]、2016 年度[21]十大突破性技术。

所谓光合作用是指植物、藻类等生产者和某些细菌，利用光能把二氧化碳、水或硫化氢变成碳水化合物的过程。对于绝大多数生物来说，光合作用都是其赖以生存的基础和关键。

根据光合作用第一步产物的不同，可以将光合作用分为 C3 光合作用和 C4 光合作用，相应地，采取对应光合作用形式的植物被称为 C3 植物或 C4 植物，常见的 C3 植物有水稻、小麦，C4 植物有玉米、甘蔗。相比于 C3 植物，C4 植物的二氧化碳固定效率更高，有利于植物在较为恶劣的情况下生长。

同样，在相同的灌溉条件下，C4 类粮食作物将有更高的产出。在中国，同样一英亩（1 英亩约 0.4 公顷）地种植 C4 类稻谷作物能多养活 50% 的人。玉米产量虽高，但对大多数人来说都不是首选的主食。矛盾再次被抛至眼前，但作为养活全世界几乎 40% 人口的主要作物，水稻和小麦的产量近年来几乎无法保持平稳，越来越难满足全球快速增长的食物需求。

既然人们在口味上偏爱水稻、小麦，在产量上又看好 C4 类粮食作物，那为何不使用基因编辑的手段对这些优点进行融合呢？来自菲律宾 IRRI（International Rice Research Institute，国际水稻研究所）的 Paul Quick 和来自英国剑桥大学的 Julian Hibberd 教授首先完成了这次突破。他们将 5 条 C4 类光合作用的核心基因植入了稻谷作物大米。结果显示，接受了基因改造的稻谷作物可以和原生 C4 类光合作用植物一样捕捉二氧化碳。

问题还没有完全解决，虽然接受了基因改造，但水稻的光合作用方式仍以 C3 类光合作用为主，C4 类只占了很小的一部分。如果希望对水稻进行彻底的改造，科学家猜测未来需要引入的基因数量可能高达几十条，这在以前简直无法想象，但随着新的基因组编辑技术的出现，精确操作植物的基因组已经成为可能。

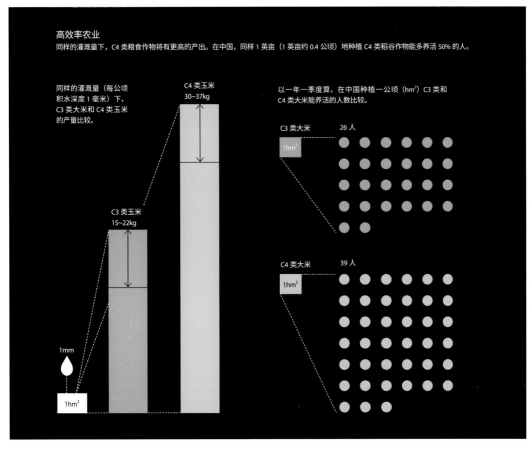

C3 植物与 C4 植物光合作用的效率

与传统的转基因技术相比，如今的基因组编辑技术并不一定需要引入新的外源基因，这对于那些对转基因植物持强烈反对态度的公众来说更容易接受。对于研究者来说，精确编辑植物基因不仅可以省去诱变、筛选等复杂而漫长的繁育过程，同时可以规避关于转基因作物冗长而昂贵的法规审查过程。因而目前像 CRISPR 这种基因编辑技术正在被越来越多的研究机构、小公司及植物育种者所采用，背后蕴藏着巨大的市场价值。

从聆听到发问，人类从不断获取的知识中对生命的构造有了更深的理解，从接受命运到改写生命，人类对新的挑战早已跃跃欲试。既然已经熟知生命的元素和构造，那是否可以体验一下造物的快感呢？

J. Craig Venter 便是热衷于合成生命的先驱。这位基因测序领域的绝对巨匠，常被其他生物学家戏称为生物学界的"坏小子"，当年他曾以一己之力公然挑战"国际人类基因组计划"，并用霰弹枪法为基因测序与世界团队展开竞争。同时，Venter 还创建了自己的研究机构 J. Craig Venter Institute（克雷格·文特尔研究所，简称 JCVI），并出任 CEO。

就是这样一个桀骜不驯的领导者，带领他的团队制造出全球首个"合成细胞"。2010 年，在文特尔的带领下，该团队成功地培养出有史以来第一种具有一套完整人造基因组的丝状支原体的细菌——丝状支原体 JCVI - syn1.0（Mycoplasma mycoides）[22]。这一成果打破了自然物种与人之间的界限，标志着人类对生命的认识已经从拆分理解到组装合成，是人类科学史上的重要里程碑。

既然 JCVI - syn1.0 的 901 个基因（1079kb）就已经足够维持生命，那么创造一个生命的底线是多少呢？带着这一疑问，该团队在 JCVI - syn1.0 的基础上开展了深入的实验。

经过不停地尝试，2016 年，该团队发表了他们的最新成果：仅有 473 个基因的（531kb）Syn3.023。其中包含参与转录和翻译过程中的关键基因，但仍旧有 149 个基因的功能未知。这一革命性的突破一经发表，便引来 Science、Nature 等众多国际顶尖学术期刊的报道，英国《卫报》将其誉为人类理解生物学的里程碑事件，同时这一最小"合成细胞"的构建成功，也标志着人类进入"定制时代"的大门正在缓缓打开。

但是值得注意的是，这里所谓的合成细胞，是指将人工合成的基因组放到无基因组的细胞成分中，形成新的细胞。而并非从基因组、细胞器到细胞膜的完全合成。但 40 亿年前，生命正可能是源于能够自我复制的 RNA 分子，而后参与竞争，DNA 由于更高的效率成为最终主要的复制物。因而对于如今的合成细胞是否可以称之为"合成生命"，则是仁者见仁智者见智。

至此，人类跌跌撞撞地从打开细胞、窥探生命的奥秘开始，到合成基因组，做造物之手，轮回之间，人类以基因为尺，几乎已经完成了对生命的丈量。而未来基因行业将会出现围绕"深度、共享、个性化"这几个关键词的发展方向。

在基因测序方面，毫无疑问 Illumina 拥有着近乎垄断的优势，其同时在上游、中游、下游全面布局。不同于一般硬件供应商"割韭菜"式的盈利方式，Illumina 采取的是"溜缝式"逐级填充市场。2014 年推出的可以短时间内完成人类全基因组测序的"霸王"设备 HiSeqX，成功将全基因组测序的成本降到 1,000 美元之内。2017 年推出的 NovaSeq 系列不仅在测序速度上有了更大的提升，同时体积更小、价格更低廉。但这两个系列动辄上百万、上千万美元的花费显然不是一般的科研机构所能承担的，因而这类科研机构目前只能依靠专业的基因测序公司进行付费测序。

2018 年，Illumina 在一年一度的 JP Morgan 大会上发布了全新的 iSeq 100 系统，这一产品主打低成本、小尺寸、高精度的标签，售价仅为 1.99 万美元，这一亲民的售价对小型实验室充满诱惑力。

HiSeqX、NovaSeq、iSeq 100 这三个系列的产品就如同大石头、小石头、砂石一样，逐级填充，全面覆盖了测序市场的需求。但这一布局对科研来说未必是一件幸事，从实验的精度来说，如果不同的实验室各行其令，很容易造成研究数据及标准的混乱。同时这也将加剧垄断，除非有其他的设备供应公司可以另辟蹊径，发掘某些关键的革新技术，才有可能与其在个别技术细节上抗衡一二。但鉴于 Illumina 在研发上的强大投入与雄厚的资金实力，这种可能性可以说是微乎其微。

对于消费级基因测序市场，未来很可能会出现短暂的乱象丛生时期（如过度夸大基因对智力的影响，而忽略了环境等因素的重要作用），以及价格、质量市场混乱，良莠不齐，经营模式并不规范等问题，未来急需健全、成熟的法律条文对其加以规范。

在中国，目前只有约 200 万人进行过消费级基因测序，基于人口基数可能带来的红利，2020 年这个数字可能一跃达到 5,000 万。这是一个疯狂而又蓬勃的市场，可以预见，随着消费级基因测序服务的全面推开，未来几年内，遗传信息解读方面专业人才将成为热门需求，同时将会存在一个巨大缺口。

同时，2018 年之后也会迎来一个数据共享的高潮，在新技术和大数据的助力下，癌症免疫疗法、精准肿瘤学、基因疗法等将更加趋向于个性化定制，临床医学将是基因研究的一个重要受益者（相关技术已在"生物医疗"一章详细介绍）。

一切从细胞开始，最终又回到了细胞。人类对基因的探索经历了读、改、编三个阶段，而这些技术也将越来越多地运用在造福人类上。虽然这仍不是征程的终点，但已经足够彻底改变人类。

专家点评 ①

—— 季维智 ——

（中国科学院院士，昆明理工大学灵长类转化医学研究院院长）

温故而知新。自 2001 年开始，《麻省理工科技评论》从各个领域中甄选当年 10 项最有可能改变未来的突破性技术。《麻省理工科技评论》还将过去 10 年（2009~2018 年）评出的技术汇编成书进行详细解读。仿佛让我们搭乘了时光列车，看到在过去的十几年里，围绕基因和基因组的生物技术如何改变我们对生命的认知和逐步融入人们的日常生活的历史。

从 20 世纪初染色质和 DNA 作为遗传信息的载体的提出并证明，到 DNA 双螺旋结构的发现和半保留复制的提出，再到 DNA Sanger 测序技术的问世和人类基因组计划的完成，人们对生命的认知从基因到基因组经历了整整一个世纪。这期间高通量二代测序的诞生大幅度降低了测序的成本和时间，将曾经耗时 20 年、花费近 30 亿美元才能绘制成的人类基因组降到了只需几个实验室，用不到 1 万美元在几周时间就能实现的巨大进步。之后，基于纳米孔和单分子成像技术的新测序技术进一步降低成本和缩短时间，这不仅让个人基因组和精准医疗得以实现，也促生了近几年庞大的消费级测序产业，以满足大众对健康的重视和对自身的好奇。

高通量测序的发展在近 10 年也给功能基因组学的应用打开了一扇大门，其中尤为显著的就是单细胞组学的兴起。这项入选 2007 年《麻省理工科技评论》十大突破性技术，将基因表达和染色质状态的研究从组织水平提升到细胞级的分辨率，在组织异质性和细胞新类型等方面颠覆性地丰富了我们对器官结构、胚胎发育、干细胞，以及肿瘤发生的认知。在此基础上，近几年针对人类所有器官全部细胞类型的细胞图谱计划被提上日程，于 2017 年再度被《麻省理工科技评论》评为突破性技术。相信在不久的将来，这个堪比基因组计划的国际合作项目，将进一步拓展我们对自身的认知并为生物医学产业提供更多可能。

在不断了解基因组和细胞转录组的同时，科学家们也一直试图利用靶向基因修饰建立疾病模型、作物育种，甚至治疗遗传疾病。率先进入视野具有特定 DNA 结合能力的锌指核酸酶（ZFN）和随即出现的特异性更高的 TALEN，让我们成功地在细胞系和多种动植物中实现靶向基因修饰。更有甚者，设计更为便利的 CRISPR/Cas9 技术，将靶向基因修饰推至前所未有的热度。2014 年，全球首例靶向基因编辑灵长类动物疾病模型在昆明诞生；2016 年，定向修饰抗逆抗病植物在多家实验室发芽；2017 年，基于靶向基因编辑的基因治疗在人类体细胞中开始尝试，基于 CRISPR/Cas9 的精准性和效率更高的方法也在不断推出。

伴随着我们对生命不断深入的认知和方法学的创新，每项技术突破不但是想法本身的实现，而且为未来理想的实现提供了更多的可能。在安全性得到充分评估和保障之后，《麻省理工科技评论》的很多预测，甚至是过去的科幻场景都可能会在未来变成现实。例如，基因和干细胞治疗、体外再造器官、人脑界面等。随之而来的法律法规的建立和完善，对伦理的哲学思考也亟须解决。

在惊叹近 10 年科技发展日新月异之余，细细想来，这些技术的诞生似乎源于一个灵光，而其却离不开基础研究的深入和学科交叉。如始料未及的 CRISPR/Cas9 系统，最早从细菌防御病毒的基础研究里发现，通过多学科科学家的努力，终究成为探讨生命科学基础理论，农业和畜牧业乃至临床应用的利器。学科交叉和高水平工程制造的发展，是技术创新的基础。在世界科技与日俱进之际，相信在我国大力支持原创基础研究、鼓励学科交叉和合作的大环境下，在不久将来会看到越来越多中国科学家的身影活跃在国际生物技术发展和产业化的舞台。

专家点评 ②

—— 赵瑞林 ——

（辰德资本合伙人）

人类从何而来，往何处去？这是个永恒的话题。古语曰"十年磨一剑"。散发着墨香的《科技之巅 3》，对 10 年突破性技术进行总结，浓缩了过去 10 年的基因技术发展。笔者用优美而通俗的文笔，总结了这 10 年的行业趋势和动态。我作为亲历者，阅读时仍觉耳目一新，甚至拍案叫绝。一晃，10 年过去了，银丝爬上了我的两鬓，而人类在探索自身奥秘的征途上，取得了惊人的进步。机械化、电气化和自动化成就了前三次工业革命。以生物技术和信息化为基础的第四次工业革命已经拉开序幕。人类基因组计划与曼哈顿计划、阿波罗登月计划并称为 20 世纪三大科学计划。如果说摩尔定律定义了信息技术进步的速度，那基因组技术已经以超过摩尔定律的速度改变着人们的生活。20 年来，基因技术已经缓缓地从科学圣殿上走下来，在过去 10 年，它加快了脚步，逐渐迈向寻常百姓家。

文章作者列举了这 10 年推进技术进步的功臣。降低测序成本的功臣首推"测序帝国的霸主——Illumina"。同时，市场也成就了 ONT、Bionano

Genomics 和 Complete Genomics 等基因测序平台。Illumina 的市值在过去的 10 年间翻了 6 倍，达到现在的 400 多亿美元。当科学家们在庆幸全基因组测序进入 1,000 美元门槛（HiSeq X）后不久，Illumina 推出 NovaSeq 开始向 100 美元进军。正是这样快速的测序成本的降低使得测序真正走向医疗领域，成为精准医疗的核心。

文章作者回顾了人类对基因读写和编辑的探索的经历。过去的 10 年，人类在编辑基因方面功臣辈出。在 ZFN 和 TALEN 之后出现的 CRISPER 技术是真正具有颠覆性的基因编辑方法。资本市场在这方面的嗅觉也更加灵敏，这更加速了从基础科学的研究到临床的转化。2017 年，全球首例人体基因编辑用于治疗亨特综合征是具有划时代意义的。然而脱靶效应、马赛克效应，免疫排斥反应以及其不恰当使用带来的伦理问题仍然是这个领域不可回避的难题。但人类追求美好生活的步伐不会停止，人类将持续寻找造物的密码，基因技术必将在人类的进步史上写下灿烂的一笔！

每个人的全基因组包含超过 30 亿的碱基对，数据量之大惊人。通过大量的人群分析来寻找遗传信息的关联性，人们很快意识到这个问题本质上是个大数据的问题，需要借助人工智能的帮助。英国生物样本库（UK Biobank）和全球基因组学与健康联盟（GA4GH）也由此诞生，成为推进数据分析进步的功臣。得益于测序成本的降低，消费级基因产业在过去几年呈爆发趋势。面向大众的基因信息服务平台 Helix 在 2015 年也应运而生。消费级测序的两家龙头企业 23andMe 和 Ancestry.com 在大数据的积累上更是进展飞速：目前已经拥有超过 1,000 万人的遗传信息以及家族谱系。

GA4GH 的伟大愿景是搭建百万级基因组的全球网络，将基因测序带来的健康红利国际化。可喜的是，在过去 10 年间，中国也造就了一大批优秀的测序行业的龙头企业，同时中国市场已经成为全球第二大市场。基于我国整体在生物样本量和资本量呈现可持续的优势的大前提下，我个人一直坚信未来的中国将是全球的第一大测序市场。

一口气读完《科技之巅 3》的总结。掩卷之余，我在想，过去的 10 年尚且如此辉煌，那未来的 10 年会给我们带来什么样的惊喜和震撼呢？

参考文献

[1] CHEN, I. Separating Chromosomes. MIT Technology Review (2011).

[2] Review, M. T. 35 Innovators Under 35. MIT Technology Review (2013).

[3] Bourzac, K. Speed-Reading DNA Inches Closer. MIT Technology Review (2009).

[4] SCHAFFER, A. Nanopore Sequencing. MIT Technology Review (2012).

[5] Regalado, A. Radical New DNA Sequencer Finally Gets into Researchers' Hands. MIT Technology Review (2014).

[6] Regalado, A. Now They're Sequencing DNA in Outer Space. MIT Technology Review (2016).

[7] Regalado, A. Oxford Nanopore's Hand-Held DNA Analyzer Has Traveled the World. MIT Technology Review (2017).

[8] SINGER, E. Cancer Genomics. MIT Technology Review (2011).

[9] Ley, T. J. et al. DNA sequencing of a cytogenetically normal acute myeloid leukaemia genome. Nature 456, 66-72, doi:10.1038/nature07485 (2008).

[10] Ding, L. et al. Perspective on Oncogenic Processes at the End of the Beginning of Cancer Genomics. Cell 173, 305-320 e310, doi:10.1016/j.cell.2018.03.033 (2018).

[11] Singer, E. The $100 Genome. MIT Technology Review (2008).

[12] Bionano Genomics 网站, Bionano Genomics.

[13] Regalado, A. DNA App Store An online store for information about your genes will make it cheap and easy to learn more about your health risks and predispositions. MIT Technology Review (2017).

[14] Regalado, A. Prenatal DNA Sequencing Reading the DNA of fetuses is the next frontier of the genome revolution. Do you really want to know the genetic destiny of your unborn child? MIT Technology Review.

[15] Regalado, A. Forecasts of genetic fate just got a lot more accurate. MIT Technology Review (2018).

[16] Regalado, A. Internet of DNA A global network of millions of genomes could be medicine's next great advance. MIT Technology Review (2015).

[17] Mullin, E. This new company wants to sequence your genome and let you share it on a blockchain. MIT Technology Review (2018).

[18] Schaffer, C. L. a. A. Genome Editing The ability to create primates with intentional mutations could provide powerful new ways to study complex and genetically baffling brain disorders. MIT Technology Review (2014).

[19] Connor, S. First Human Embryos Edited in U.S. MIT Technology Review (2017).

[20] Bullis, K. Supercharged Photosynthesis Advanced genetic tools could help boost crop yields and feed billions more people. MIT Technology Review (2016).

[21] Talbot, D. Precise Gene Editing in Plants CRISPR offers an easy, exact way to alter genes to create traits such as disease resistance and drought tolerance. MIT Technology Review (2016).

[22] Gibson, D. G. et al. Creation of a bacterial cell controlled by a chemically synthesized genome. Science 329, 52-56, doi:10.1126/science.1190719 (2010).

[23] Hutchison, C. A., 3rd et al. Design and synthesis of a minimal bacterial genome. Science 351, aad6253, doi:10.1126/science.aad6253 (2016).

附录 / 《麻省理工科技评论》2019 年全球十大突破性技术

01 灵巧机器人（Robot Dexterity）

重大意义： 机器正在通过自我学习学会应对这个现实世界。如果机器人能学会应对混乱的现实世界，那么它们就可以胜任更多的任务。

主要研究者： OpenAI（人工智能非营利组织）、卡耐基梅隆大学、密歇根大学、加州大学伯克利分校。

成熟期： 3~5 年。

尽管人们一直在讨论机器取代人类工作的话题，但目前工业机器人仍然表现得较为笨拙且灵活性欠佳。虽然机器人可以在装配线上不厌其烦地重复同一个动作，同时还能保持超高的精度，但哪怕目标物体被稍微移动了一点，或将其替换成不同的零件，那么机器人的抓取过程就会变得十分笨拙甚至是直接抓空。

如今，虽然我们还无法让机器人做到和人一样，在看到物体后就明白如何将其拿起，但现在它可以通过在虚拟空间里进行反复的试验，最终自主学会处理眼前的物体。

位于旧金山的非营利组织 OpenAI 就推出了这样一套 AI 系统 Dactyl，并已成功操控一个机械手让其灵活地翻转一块积木。这套神经网络软件能够通过强化学习，让机器人在模拟的环境中学会抓取并转动积木后，再让机械手进行实际操作。这套软件开始时会进行随机的尝试，并在不断地接近最终目标的过程中逐渐加强网络内部的连接。

通常我们无法让机器人将模拟练习中获得的知识应用到现实环境里，因为我们很难模拟出像摩擦力或是材料的不同性质这样的复杂变量。而 OpenAI 团队则通过在虚拟训练中引入随机性来克服了这个问题。

现阶段，我们还要取得更多的突破才能让机器人变得更加灵活。但如果研究人员能够很好地利用这种学习方法，未来的机器人将有望能够学会组装电子产品，将餐具摆入洗碗机里，甚至是能够将卧床的人从床上扶起。

02 核能新浪潮（New Wave Nuclear Power）

重大意义： 先进的核聚变和核裂变反应堆正在走进现实。在减少碳排放和限制气候变化的努力方面，核能的作用似乎正变得越来越不可或缺。

主要研究者： Terrestrial Energy（陆地能源）、TerraPower（泰拉能源）、NuScale（纽斯凯尔）、General Fusion。

成熟期： 新型核裂变反应堆到 21 世纪 20 年代中期有望实现大规模应用；核聚变反应堆仍需至少

10 年时间。

在过去的一年中，新型核反应堆发展势头强劲，核能的使用将会变得更安全，成本也更低。新型反应堆的发展包括颠覆了传统设计的第四代核裂变反应堆、小型模块化反应堆，以及似乎永远也无法实现的核聚变反应堆。第四代核裂变反应堆的开发者，比如加拿大的 Terrestrial Energy 和总部位于华盛顿的 TerraPower，已经开始与电力公司建立研发合作关系，力争在 2020 年代实现并网发电（这个估计可能有些乐观）。

小型模块化反应堆可以产生的电力，通常为数 10 兆瓦（相比之下，传统核反应堆可以产生约 1,000 兆瓦的电力）。像俄勒冈州的 NuScale 这样的公司表示，小型化的反应堆可以节约资金成本，并降低环境和金融风险。

核聚变方面也有进展。虽然没人指望可控核聚变技术会在 2030 年以前实现交付，但像 General Fusion 和 Commonwealth Fusion Systems 这样的来自麻省理工学院的初创企业，正在取得一些积极进展。许多人认为可控核聚变只是黄粱美梦，然而，由于核聚变反应堆不会出现堆芯熔毁，也不会产生衰变期长、放射性高的核废料，它所可能会面临的公众抵制应该会比常规核反应堆少很多。

03 早产预测（Predicting Preemies）

重大意义：每年有 1,500 万婴儿过早出生，这是 5 岁以下儿童死亡的主要原因。

主要研究者：Akna Dx。

成熟期：可在 5 年内进入临床测试。

简单的验血可以预测孕妇是否有过早分娩的风险。我们的遗传物质主要存在于细胞内。

但是少量的"无细胞"DNA 和 RNA 也漂浮在我们的血液中，通常由垂死细胞释放。在孕妇体内，这些游离的遗传物质碎片来自胎儿、胎盘和母亲的细胞。斯坦福大学的生物工程师 Stephen Quake 已经找到了一种方法来解决医学界最棘手的问题之一：大约 1/10 的婴儿过早出生。

自由漂浮的 DNA 和 RNA 携带者以前需要侵入性抓取细胞的信息，例如，对肿瘤进行活组织检查或刺破孕妇的腹部进行羊膜穿刺术。不一样的是现在更容易检测和分析血液中的无细胞遗传物质。

在过去几年中，研究人员开始通过从血液中检测肿瘤细胞的 DNA，以及通过血液检测对孕妇进行唐氏综合征等疾病的产前筛查。这些检测依赖于寻找 DNA 中的基因突变。

RNA 是调节基因表达的分子物质，能够决定从基因中产生多少蛋白质。通过对母亲血液中的自由漂浮的 RNA 进行测序，Quake 筛选出与早产有关的 7 种基因表达的波动。这让他可以识别可能过早分娩的女性。一旦被警告，医生可以采取措施避免早产，并给予孩子更好的生存机会。

Quake 说，血液检测所运用的技术快速、简便，每次测量不到 10 美元。他和他的合作者已经创办了一家创业公司 Akna Dx 将其商业化。

04 肠道显微胶囊（Gut Probe in Pill）

重大意义：一种小型的、可吞咽的设备，不使用麻醉也可以捕捉到肠道的详细图像，甚至在婴儿和儿童体内也可以。这一设备使肠道疾病的探测和研究变得更为容易，其中包括使贫困地区的数百万儿童发育不良的一种疾病。

主要研究者：MGH（麻省总医院）。

成熟期：目前在成人体内使用；婴儿试验将于 2019 年进行。

环境性肠功能障碍（EED）可能是你从未听说过的花费最高昂的疾病之一。以肠道发炎、肠道泄露和营养吸收不良为特征，这一疾病在贫穷国家广泛传播，这也是这些地区许多人营养不良、发育迟缓、未能达到正常身高的原因之一。

没有人知道引起 EED 的具体原因是什么，也没有人知道怎样预防或治疗这一疾病。切实可行的检测手段可以帮助医务工作者了解何时应该干预及怎样治疗。在婴儿中已经有了治疗方法，但诊断和研究这些幼儿肠道疾病通常需要麻醉，并将一个称为内窥镜的管子插入喉咙。这种方法昂贵、不舒服，且在 EED 盛行地区难以开展。

因此，MGH 的病理学家和工程师 Guillermo Tear-ney 研发了一种小型设备，这种设备能够检测 EED 的表现症状，甚至可以进行组织活检。与内窥镜不同，它在基础保健检测过程中应用简单。

Tearney 的可吞咽胶囊显微镜附在可弯曲的线型导管上，被连接到一种叫作光学相干断层成像系统（OCT）的设备上。在病人将胶囊吞咽后，医疗人员在将纤维胶囊拉回的过程中，能够无死角对整个消化道进行纤维断层扫描。这种胶囊在消毒后可以重复利用（这听起来有点令人不适，但是 Tearney 的团队已经研发出一种技术，据他们说，这种技术不会造成不适）。它还带有以单细胞分辨率拍摄消化道表面的技术，以及捕捉几毫米深度的三维横截面的技术。

这项技术有几种应用；在 MGH, 它被用来检测巴雷特食管，一种食管癌的前身。关于 EED, Tearney 的团队研发出了一种更小的版本，可以给不能吞咽药丸的婴儿使用。这已经在盛行 EED 的巴基斯坦地区的青少年身上验证过了，此外，计划在 2019 年进行婴儿试验。

这一小型探测仪将帮助研究者们回答关于 EED 进展的相关问题——例如，它会影响什么细胞，是否有细菌涉及其中，并评估干预手段和潜在疗法。

05 定制癌症疫苗（Custom Cancer Vaccines）

重大意义：通过识别各肿瘤的特异性突变，激发人体的天然防御能力，从而对癌细胞进行针对性破坏。传统化学疗法对健康细胞有很大影响，而且对肿瘤的治疗效果并不总是理想。

主要研究者：BioNTech、Genentech。

成熟期：已在临床试验。

目前，科学家正处于将首支个性定制疫苗商业化的关键时刻。如果其效果真如预期的话，该疫苗就能够通过肿瘤独特的突变触发人体免疫系统对其进行识别，从而有效地阻止多种癌症的发生。

更重要的是，与传统化学疗法不同，疫苗是通过使用人体的天然防御系统来选择性地破坏肿瘤细胞的，对健康细胞的损害较有限。

此外，在初始治疗后，攻击性免疫细胞也将会对游离的癌细胞保持警惕。在人类基因组计划完成 5 年后的 2008 年，当遗传学家公布了癌细胞的第一个序列时，这种疫苗的诞生就不再是天方夜谭了。

此后不久，研究人员开始将癌细胞的 DNA 与健康细胞、其他肿瘤细胞的 DNA 进行比较。研究证实，所有这些癌细胞都含有数百个甚至数千个特定的突变，其中大多数是这些肿瘤各自特有的。几年后，一家名为 BioNTech 的德国初创公司提供了令人信服的证据，证明含有这些突变拷贝的疫苗可以催化机体的免疫系统产生 T 细胞，从而做好发现、攻击和摧毁所有含有这些突变癌细胞的准备。

目前正在进行的试验针对至少 10 种实体癌症，目标是在全球各地招募 560 名以上的志愿者。目前，这两家公司正在设计新的生产技术，以期能廉价快速地生产数千种私人订制疫苗。

但这会是块"硬骨头"，因为制造疫苗需要对病人的肿瘤进行活检，对其 DNA 进行测序和分析，并将这些信息迅速传递到生产现场。一旦生产出来，疫苗就必须及时送到医院，而任何延误都可能是致命的。

06 人造肉汉堡（The Gow-Free Burger）

重大意义： 实验室培育的人造肉和植物制成的素肉，能在不破坏环境的情况下接近真实肉类的味道和营养价值。人造肉的出现，可以缓解畜牧业生产造成的毁灭性的森林砍伐、水污染和温室气体排放。

主要研究者： 美国人造肉企业 Beyond Meat。

成熟期： 目前已经有成形的植物性素肉；2020 年左右可研制成功实验室人造肉。

根据联合国的预测，世界人口数量将在 2050 年达到 98 亿，人口富裕水平也会上升。但这对气候变化来说可不是什么好事——人类一旦脱贫致富，就往往要吃掉更多肉。据预测，到 2050 年，人类吃掉的肉会比 2005 年多 70%。事实证明，饲养供人类食用的动物，是对环境的最大伤害之一。根据动物种类的不同，以西方工业化方法生产 1 磅（1磅约等于 0.45 千克）肉类蛋白要比生产等量植物蛋白多用 4 ~ 25 倍的水、6 ~ 17 倍的土地、6 ~ 20 倍的化石燃料。

而问题在于，人肯定不会马上就戒掉肉类。也就是说，实验室培养的人造肉和植物制成的素肉可能是抑制环境恶化的最好办法。实验室人造肉的过程，是从动物身上提取肌肉组织，然后放入生物反应器进行培育。虽然最终成品的口感可能有待提高，但外形上已经与我们正常吃的肉差不多了。荷兰马斯特里赫大学的研究人员已在为实验室人造肉的量产而努力。

他们认为，到 2020 年，人造肉汉堡的生产成本可能都比牛肉汉堡还低。但人造肉也不完美，生产人造肉对环境到底有多大改善，我们还只能粗估。世界经济论坛最近的一份报告说，实验室人造肉的温室气体排放量也只比生产牛肉少大概

7%。对环境更友好的肉类替代品，就是 Beyond Meat 和 Impossible Foods 等公司研发的植物制成的"素肉"。

他们用豌豆蛋白、大豆、小麦、马铃薯和植物油来还原动物肉的质地和口感。Beyond Meat 公司在加州新开了一家占地 26,000 平方英尺（约 2,400 平方米）的工厂，已经在 3 万家商店和餐馆售出了超过 2,500 万个汉堡。密歇根大学可持续系统中心分析显示，Beyond Meat 制作汉堡产生的温室气体可能比传统牛肉汉堡少 90%。

07 捕获二氧化碳（Carbon Dioxide Catcher）

重大意义：实用且经济地从空气中直接捕获二氧化碳的方法，可以吸走超量排放的温室气体。从大气中去除二氧化碳可能是阻止灾难性的气候变化最后的可行方法之一。

主要研究者：Carbon Engineering、Climeworks、Global Thermostat。

成熟期：5~10 年。

即使我们降低目前的二氧化碳排放速度，温室气体造成的变暖效应依然会持续数千年之久。为防止气温攀升至危险范围，联合国气候变化委员会当前得出的结论是，在 21 世纪，全世界将需要从大气中去除高达 1 万亿吨的二氧化碳。

2018 年夏天，哈佛大学气候科学家 David Keith 计算之后惊喜地发现，一种叫作直接空气捕获（Direct Air Capture，DAC）的方法，理论上可以将机器捕集二氧化碳的成本降低到每吨 100 美元以下。先前估计的成本要比这个数字高出一个数量级，因而许多科学家曾认为这项技术太过昂贵，不具备可行性。不过，直接空气捕获仍需至少数年的时间，才可能将成本降低到接近 100 美元的范围。

然而，一旦成功实现了二氧化碳的捕集，还要想办法处理。由 Keith 在 2009 年参与共同创办的加拿大初创企业 Carbon Engineering（碳工程公司），计划扩大其试验工厂的规模，来提高合成燃料的产量。这种合成燃料的关键原料之一，就是所捕获的二氧化碳。

直接从大气中吸取二氧化碳，是一种高难度的应对气候变化的方法，但我们已经没有多少选择了。

总部位于苏黎世的 Climeworks 在意大利的直接空气捕获工厂，将利用捕集到的二氧化碳和氢气一起生产甲烷，而他们位于瑞士的第二家工厂则会把二氧化碳出售给汽水企业。纽约的 Global Thermostat 也是如此，该公司于 2018 年在阿拉巴马州完成了第一家商业化碳捕集工厂的建设。

不过，如果二氧化碳被用于合成燃料或生产汽水，那么它们中的大部分最后还是会回到大气中去。我们的终极目标是实现温室气体的永久封存。其中的一些会被封存在类似于碳纤维、聚合物或混凝土这样的产品中去，但更多的需要深埋于地下。目前，还没有可行的商业模式来支持这项成本高昂的工作。

事实上，从工程学的角度来看，从空气中吸取二氧化碳是应对气候变化最困难也是最昂贵的方法之一。但鉴于目前我们降低排放的进程太过缓慢，我们并没有多少别的选择。

08 可穿戴心电仪（An ECC on Your Wrist）

重大意义： 随着监管机构的批准和相关技术的进步，人们可以轻松通过可穿戴设备持续监测自己的心脏健康。可检测心电图的智能手表可以预警如心房颤动等潜在的危及生命的心脏疾病。

主要研究者： Apple、AliveCor、Withings。

成熟期： 现在。

健康监测装置并不是真正的医疗设备，剧烈的运动或表带没系紧都会干扰传感器读取脉搏。而心电图则是在病人中风或心脏病发作之前，医生就可以用其来诊断心脏异常，但需要去正规诊所才能检查，因此人们经常不能及时就诊。

随着监管部门新法规的出台和软、硬件的相关创新，心电监测智能手表已经问世，它具有可穿戴设备的便利性，并且能够提供接近医疗设备的精度。硅谷初创公司 AliveCor 推出了一款与 Apple Watch 兼容的腕带，该腕带可以检测出心房颤动，这是导致血栓和中风的常见原因。

2018 年，Apple 公司发布了带有心电图 (ECG) 功能的 Apple Watch，并且该功能已经通过 FDA 认证。随后，健康设备公司 Withings 也宣布计划发布一款配有心电图功能的手表。现阶段的可穿戴心电图监测设备仍然只有一个传感器，而真正的心电图设备则有 12 个传感器。目前还没有任何一种可穿戴设备能够诊断心脏病。

但这种情况可能很快就会改变。2018 年秋天，AliveCor 就一款应用程序和双传感器系统向美国心脏协会 (American Heart Association) 提交了初步审查，据称该系统可以检测到某种类型的心脏病。

09 无下水道卫生间（Sanitation without Sewers）

重大意义： 节能厕所可以在没有下水道系统的情况下使用，并且可以就地分解粪便。23 亿人缺乏安全的卫生设施，并且许多人因此死亡。

主要研究者： 杜克大学、南佛罗里达大学、Biomass Controls、加州理工学院。

成熟期： 1~2 年。

全球大约有 23 亿人没有良好的卫生条件。由于缺乏卫生的厕所，人们将粪便倾倒在附近的池塘和溪流中，这会传播细菌、病毒和寄生虫，从而导致腹泻和霍乱。全世界每 9 名儿童中就有 1 名死于腹泻。

现在，研究人员正在努力开发一种新型厕所，这种厕所对发展中国家来说也足够便宜，不仅可以处理粪便，还可以对其进行分解。2011 年，比尔•盖茨提出重新发明厕所挑战，并设立了 X 大奖。

自从挑战开始以来，有几个团队已经将设计的厕所原型投入使用。所有的粪便都是就地处理的，不需要用大量的水把它们送到遥远的处理厂。

大多数的厕所原型都是独立的，不需要下水道，但它们看起来像传统的厕所，装在一个小隔间里并且有马桶。由南佛罗里达大学设计的 NEW-generator 马桶用一种厌氧膜过滤污染物，这种厌氧膜的孔径比细菌和病毒都小。另一个来自康涅狄格州 Biomass Controls 的项目则像是一个海运集装箱大小的炼油厂,它能加热粪便,使其转化成一种富含碳的物质,用作土壤肥料。但是这些厕所有一个缺点,它们并不是在所有场合都能使用。

例如,Biomass Controls 的产品每天能为成千上万的用户提供方便,因此它不太适合较小的村庄。相反,杜克大学开发的另一套系统则只能供少数家庭使用。

所以,现在的挑战是如何让这些厕所更便宜,更能适应不同规模的社区。

来自南佛罗里达大学、领导 NEWgenerator 小组的 Daniel Yeh 副教授表示:"建造一两个原型厕所非常棒,但要真正让技术影响世界,唯一的办法就是让这些设备进行大规模生产。"

10 流利对话的 AI 助手(Smooth-Talking AI Assistant)

重大意义:捕捉单词之间语义关系的新技术正在使机器更好地理解自然语言。人工智能助手现在可以执行基于对话的任务,如预订餐厅或协调行李托运,而不仅仅是服从简单命令。

主要研究者:Google、阿里巴巴、Amazon。

成熟期:1~2 年后。

我们已经习惯了人工智能助手——Alexa 在客厅里播放音乐,Siri 在你的手机上为你定闹钟——但它们并没有真正做到所谓的智能。它们本应简化我们的生活,却收效甚微。它们只识别很小范围的指令,稍遇偏差就很容易出错。

但最近的一些进展将增加你的数字助理的功能。2018 年 6 月,OpenAI 的研究人员开发了一种技术,可以在未标记的文本上训练人工智能,以减少人工对数据进行分类标记时花费的成本和时间。几个月后,Google 的一个团队推出了一个名为 BERT 的系统。该系统在研究了数百万个句子

后学会了如何预测漏掉的单词。在一个多项选择测试中,它在填空方面的表现和人类一样好。

这些改进加上更好的语音合成系统,让我们从简单的向人工智能助手下指令转向与它们交谈。它们将能处理日常琐事,如做会议记录、查找信息或网上购物。这样的人工智能助手已经面世,如 Google 助手的逆天升级版 Google Duplex,可以帮你接听电话,甚至过滤掉垃圾邮件及电话推销。它还可以打电话帮你预订餐厅或沙龙。

在中国,消费者正在习惯阿里巴巴的 AliMe。AliMe 通过电话协调包裹递送,还可以与顾客讨价还价。

尽管人工智能程序能更好地找出你的需求,但它们仍然不能理解一个完整的句子。脚本化或由统计生成的回答反映了向机器灌输真正的语言理解是多么困难。一旦我们解决了这个难题,我们也许会看到人工智能的另一种进化:从物流协调员到保姆、老师,甚至朋友。